高职高专计算机类专业系列教材——大数据技术与应用系列

高等职业院校大数据技术与应用专业系列新形态教材

Python 数据分析与可视化

李 良 主 编

电子工业出版社·

Publishing House of Electronics Industry

北京·BEIJING

内 容 简 介

本书采用案例和理论相结合的形式，以 Anaconda 和 PyCharm 为开发工具，系统地重点阐述了利用 Python 进行数据预处理、分析与可视化等相关知识，讲解了 Python 各种数据处理展示的函数方法的使用方法。全书共有 6 章，分别是数据分析概述、Python 基础、利用 Pandas 进行数据预处理、利用 Pandas 进行数据分析、利用 Matplotlib 进行数据可视化、Python 数据分析与综合应用。在教学设计中安排了知识图谱、学习目标、知识指南、任务实训、结果分析、巩固训练、每章测试等模块。

本书既可以作为本科和高职院校各专业数据分析相关课程的教材，也可以作为企业电子商务、市场营销、数据分析人员的参考资料。

图书在版编目（CIP）数据

Python 数据分析与可视化 / 李良主编. —北京：电子工业出版社，2021.1
ISBN 978-7-121-40374-3

Ⅰ. ①P… Ⅱ. ①李… Ⅲ. ①软件工具—程序设计 Ⅳ. ①TP311.561

中国版本图书馆 CIP 数据核字（2021）第 006394 号

责任编辑：贺志洪（hzh@phei.com.cn）
印　　刷：中煤（北京）印务有限公司
装　　订：中煤（北京）印务有限公司
出版发行：电子工业出版社
　　　　　北京市海淀区万寿路 173 信箱　邮编　100036
开　　本：787×1092　1/16　印张：17　字数：435.2 千字
版　　次：2021 年 1 月第 1 版
印　　次：2023 年 12 月第 7 次印刷
定　　价：49.00 元

凡所购买电子工业出版社图书有缺损问题，请向购买书店调换。若书店售缺，请与本社发行部联系，联系及邮购电话：(010) 88254888，88258888。
质量投诉请发邮件至 zlts@phei.com.cn，盗版侵权举报请发邮件至 dbqq@phei.com.cn。
本书咨询联系方式：(010) 88254609 或 hzh@phei.com.cn。

前　言

随着我国经济的迅猛发展，企业间的竞争也变得日趋激烈，很多企业越来越认识到数据分析的重要性。企业通过各类数据的采集、预处理、分析、挖掘和可视化，可以提高营销的针对性和有效性，实现降费增效。同时，大数据技术和人工智能等新专业也已经纷纷在各个高职和本科院校开设，数据分析技术已经成为许多本科和高职院校大数据、经济管理、电子商务等专业的基础课程。

Python 在程序设计、数值计算、数据分析、数据可视化等方面都有非常成熟的解决方案，在行业和学术研究中使用 Python 进行数据分析和可视化的趋势越来越明显。对于想要从事数据分析岗位的初学者，学习 Python 数据分析是一个不错的选择。根据"实用为主、突出实践"的写作宗旨，编者整理了多年来的教学积累，以及广泛参与数据分析项目的实战经验，编写了本书。

本书以培养职业能力为主要目标，共有 6 章，主要包括数据分析概述、Python 基础、利用 Pandas 进行数据预处理、利用 Pandas 进行数据分析、利用 Matplotlib 进行数据可视化、Python 数据分析与综合应用。重点介绍了数据导入、去空去重、填充替换、排序排名、分组分段、交叉透视、柱形图、条形图、饼图等数据分析方法在实际项目中的应用，以及 Python、Pandas 和 Matplotlib 的使用方法与应用案例。

本教材采用的软件为 Anaconda 和 PyCharm。本书既强调基础，又力求体现新知识与新技术，在编写体例上采用简约的文字表述，配合详细操作步骤的图片，图文并茂，直观明了。注重理论和实践相结合，设置了知识图谱、学习目标、知识指南、任务实训、结果分析等模块。为了让读者能够及时地检查自己的学习效果，把握自己的学习进度，每节都附有丰富的巩固训练，前五章还配有测试题，并通过配套的技能训练项目来加强学生技能的培养。

本书具有以下特点：

1. 能力导向。以培养学生的职业能力为主要目标，设计适合高职院校学生的实践项目。

2. 案例丰富。教材中选取了近年来餐饮、电商、房产、工业等行业的实例进行分析。

3. 兼顾理论。在进行操作训练的同时，也适时补充了一些必要的统计学知识，便于今后进一步提高。

本书的参考学时为 64 学时，建议采用理论实践一体化的教学模式，各章的参考学时见下面的学时分配表。

学时分配表

章序号	课程内容	学时
第 1 章	数据分析概述	2
第 2 章	Python 基础	16
第 3 章	利用 Pandas 进行数据预处理	16
第 4 章	利用 Pandas 进行数据分析	12
第 5 章	利用 Matplotlib 进行数据可视化	12
第 6 章	Python 数据分析与综合应用	6
课时总计		64

本书由李良主编，本书的数据得到了八爪鱼云采集服务平台的支持，在此表示感谢。由于编者水平和经验有限，书中难免有欠妥和错误之处，恳请读者批评指正。

编者

2020 年 5 月

目　录

第1章 数据分析概述

随着我国经济的迅猛发展，企业间的竞争也变得日趋激烈，很多企业也越来越重视数据分析的重要性。企业通过各类数据的采集、整理、预处理、分析和挖掘，可以提高营销的针对性，并降低生产成本。Python 语言在最近几年发展迅猛，大量的数据分析从业者都会选择Python 完成数据分析工作。

本章将重点介绍数据分析的流程、Python 语言特点与第三方库，以及 Python 环境的安装。

 ## 1.1 认识数据分析

【学习目标】

1.了解数据分析的流程。
2.了解常见的数据分析应用场景。

【知识指南】

在公司的众多运营活动中，每天都会产生大量的数据，这些看似毫无关系的数据，通常具有深层次的逻辑关系，这些数据对于公司的运营和发展都有十分重要的作用和意义。随着大数据时代的来临，数据分析已经成为公司的管理者们极为重视的一项工作内容。

一、数据分析背景

随着计算机的发展，企业的生产与运营产生的数据量与日俱增，因此需要利用有效的工具帮助企业通过统计分析对数据加以提炼，研究数据的内在规律，提高效率。数据分析作为大数据技术的重要组成部分，已经越来越受到重视。明确数据分析的概念、流程和工具是进行数据分析的第一步。数据分析是指用恰当的方法对收集的数据进行分析，提取有用信息，并对数据加以研究和总结的过程。

二、数据分析流程

数据分析的流程一般分为 6 个步骤：明确目的、数据收集、数据处理、数据分析、数据可视化、报告撰写。

1. 明确目的

明确目的是指在数据分析之前，挖掘用户数据分析的需求，了解用户数据分析的目的，提供数据分析的方向，这是数据分析的第一步，也是关键的一步，错误的分析方向可能会导致错误的结果。

2. 数据收集

数据收集是数据分析的基础，是指根据数据分析目的收集相关的数据。数据收集主要有两种方式，一种是本地数据，另一种是外部数据。本地数据是指在本地数据库产生的数据，外部网络数据是指存储在互联网中的数据。本地数据可以通过数据库导出为 Excel、TXT 等格式的数据；而存储在互联网中的数据分为电商数据和网络调查数据，电商数据可以通过八爪鱼等网络抓取工具提取出来，而网络调查数据通过问卷星等网络调查网站直接导出数据。

3. 数据处理

数据处理（也叫数据预处理）是数据分析过程中的一个重要步骤，尤其是在数据对象包含噪声数据、不完整数据，甚至是不一致数据时，更需要进行数据的处理，以提高数据对象的质量，并最终达到提高数据分析质量的目的。噪声数据是指数据中存在错误或无效（超出正常范围）的数据，如百分制的成绩中出现了 200 分；不完整数据是指想要分析的属性没有值，如成绩表缺乏某些成绩会影响平均成绩的计算；而不一致数据则是指数据内涵出现不一致情况，如出现了两个相同的学号。数据处理是指对数据进行清洗、转换、提取、计算等一系列的过程。

4. 数据分析

数据分析是指通过描述性统计分析、交叉对比、连续数据分组化、图表分析、回归分析、方差分析、因子分析、关联规则分析等多种方法对收集的数据进行处理与分析。如果需要分析企业运行指标的情况，可以使用描述性统计分析；如果需要预测未来一段时间的某个数据时，可以使用回归分析；如果需要分析不同影响因素对于某个结果的影响时，可以使用相关分析、假设检验、方差分析和因子分析；如果需要分析二元对象（如销售成功或失败）的影响因素时，可以使用决策树；如果需要分析不同商品之间组合销售时，可以使用关联分析。

5. 数据可视化

数据可视化是指将数据以图形的方式表示，并利用数据分析工具发现其中的未知信息的处理过程。数据可视化的基本思想是将大量的数据构成数据图像，同时将数据的各个属性以多维数据的形式表示，可以从多个维度观察数据，从而对数据进行更为深入的观察和分析。如果需要分析二维数据关系时，可以使用柱形图和折线图，折线图更能反映变化趋势；如果需要分析总体各个部分占比时，可以使用饼图；如果需要分析多维数据时，可以使用雷达图。

6.报告撰写

数据分析报告实质上是一种沟通与交流的形式，主要目的在于将分析结果、可行性建议及其他有价值的信息传递给相关人员。它需要对数据进行适当的包装，让阅读者能对结果做出正确的理解和判断，并可以根据其做出有针对性、操作性、战略性的决策。

三、数据分析应用

1. 客户分析

客户分析是指根据客户的数据信息进行行为分析，通过界定目标客户，根据客户的需求、性质、经济状况等基本信息，使用统计分析方法预测客户可能会选购的商品，实现精准化营销。客户分析的重点是如何应用数据更好地了解客户以及他们的爱好和行为，企业非常喜欢搜集社交方面的数据、浏览器的日志，分析出文本和传感器的数据。为了更加全面地了解客户，比如通过数据分析，电信公司可以更好预测出流失的客户，超市能更加精准地预测哪个产品会大卖，汽车保险行业会了解客户的需求和驾驶水平。

2. 营销分析

营销分析包括产品分析、价格分析、渠道分析等多种分析。比如产品定价的合理性分析，需要进行数据试验和分析，研究客户对产品定价的敏感度，将客户按照敏感度进行分类，测量不同价格敏感度的客户群对产品价格变化的直接反应和容忍度。通过这些数据试验，为产品定价提供决策参考。

3. 设备管理

随着越来越多的设备和机器能够与互联网相连，企业能够收集和分析传感器数据流，包括连续用电、温度、湿度和污染物颗粒等无数潜在变量。通过分析可以预测设备故障，安排预防性的维护，以确保项目正常进行。

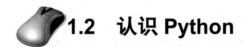

1.2 认识 Python

【学习目标】

1.了解 Python 语言的特点。
2.了解 Python 常用库的名称及作用。

【知识指南】

一、Python 的发展趋势

Python 是一种跨平台的计算机程序设计语言，是由 Guido van Rossum 在 20 世纪 80 年代末和 90 年代初，在荷兰国家数学和计算机科学研究所设计出来的。自从 20 世纪 90 年代初 Python 语言诞生至今，已逐渐广泛应用于系统管理任务处理。自从 2004 年以后，Python 的使用率呈线性增长。目前，Python 已经成为最受欢迎的程序设计语言之一。Python 2 于 2000 年 10 月 16 日发布，稳定版本是 Python 2.7。Python 3 于 2008 年 12 月 3 日发布，不完全兼容 Python 2。

二、Python 的特点

1. 易于学习

Python 的关键字相对较少，结构也比较简单，与其他程序语言相比，学习起来更加简单。比如 Python 变量不需要声明就可以直接使用；再比如，一些第三方库集成了很多计算功能，大大简化了编程的难度。

2. 易于阅读

Python 代码定义清晰，比如语句的组织依赖于缩进而不是用符号标记，如循环结构的"开始/结束"可直接用缩进而不需要使用其他的符号。

3. 开发效率高

Python 是一种面向对象的解释型计算机程序设计语言，具有丰富和强大的库。高级数据结构可以在一个单独的语言中表达出很复杂的操作，比如调用第三方库中的很多方法，就可以避免写很多循环语句。

4. 可移植性强

基于其开放源代码的特性，Python 已经被移植（也就是使其工作）到许多平台。

三、Python 的常用库

1. NumPy

NumPy 是 Numerical Python 的简称，是 Python 语言的一个扩展程序库，支持大量的维度数组与矩阵运算，此外也针对数组运算提供大量的数学函数库。NumPy 的前身 Numeric 最早由 Jim Hugunin 与其他协作者共同开发；2005 年，Travis Oliphant 在 Numeric 中结合了另一个同性质的程序库 Numarray 的特色，并加入了其他扩展而开发了 NumPy。

NumPy 支持大量的维度数组与矩阵运算，底层是用 C 语言实现的。由于针对数组运算提供了大量的数学函数库，计算速度比较快，运算效率极好，是机器学习框架的基础类库。

2. SciPy

SciPy 是构建在 NumPy 基础之上的数据计算库，它提供了许多操作 NumPy 的数组的函数。SciPy 是一款方便、易于使用、专为科学和工程设计的 Python 工具包，它包括了统计、优化、整合，以及线性代数模块、傅里叶变换、信号和图像图例、常微分方差的求解等。

SciPy 的子模块如表 1-1 所示。

表 1-1　SciPy 的子模块

模块名	功能简介
scipy.cluster	向量量化
scipy.constants	数学常量
scipy.fftpack	快速傅里叶变换
scipy.integrate	积分
scipy.interpolate	插值
scipy.io	数据输入输出
scipy.linalg	线性代数
scipy.spatial	空间数据结构和算法
scipy.special	特殊数学函数
scipy.stats	统计函数

3. Pandas

表格容器 Pandas 是基于 NumPy 的一种工具，该工具是为了解决数据分析任务而创建的。Pandas 纳入了大量的库和一些标准的数据模型，提供了高效操作大型数据集所需的工具。Pandas 提供了大量快速便捷处理数据的函数和方法，使得 Python 成为强大而高效的数据分析环境的重要因素之一。

Pandas 使用一个二维的数据结构 DataFrame 来表示表格式的数据，同时使用 NaN 来表示缺失的数据，而不用像 NumPy 需要手工处理缺失的数据，并且 Pandas 使用轴标签来表示行和列。同时，Pandas 可以对数据进行导入、清洗、处理、统计和输出，所以 Pandas 库就是一个数据分析库。

4. Matplotlib

Matplotlib 是 Python 在绘制 2D 图形领域中使用最广泛的套件，它能让使用者很轻松地将数据图形化，并且提供多样化的输出格式。通过 Matplotlib，用户可以仅需要几行代码，便可以生成绘图。一般可绘制折线图、散点图、柱状图、饼图、直方图、子图等。Matplotlib 使用 NumPy 进行数组运算，并调用一系列其他的 Python 库来实现硬件交互。

Matplotlib 中应用最为广泛的模块是 matplotlib.pyplot 模块，该模块为 Matplotlib 提供的一套和 MATLAB 类似的绘图 API，将众多绘图对象所构成的复杂结构隐藏在这套 API 内部，以方便快速绘图。我们只需要调用 pyplot 模块所提供的函数，就可以实现快速绘图及设置图表的各种细节。matplotlib.pyplot 模块对外提供函数式的接口，其内部实际保存了当前图表及当前子图等信息。

5. Seaborn

Seaborn 是一种基于 Matplotlib 的图形可视化 Python library。它提供了一种高度交互式界面，便于用户能够做出各种有吸引力的统计图表。

Seaborn 其实是在 Matplotlib 的基础上进行了更高级的 API 封装，从而使得作图更加容易，在大多数情况下使用 Seaborn 就能做出很具有吸引力的图，而使用 Matplotlib 能制作具有更多特色的图。应该把 Seaborn 视为 Matplotlib 的补充，而不是替代物。同时它能高度兼容 NumPy 与 Pandas 数据结构及 SciPy 与 Statsmodels 等统计模式。掌握 Seaborn 能很大程度上帮助我们更高效地观察数据与图表。

Seaborn 主要具有如下特点：

（1）基于 Matplotlib aesthetics 绘图风格，增加了一些绘图模式。

（2）增加调色板功能，利用色彩丰富的图像揭示用户数据中的模式。

（3）运用数据子集绘制与比较单变量和双变量分布的功能。

（4）灵活运用处理时间序列数据。

（5）利用网格建立复杂图像集。

6. Scikit-learn

Scikit-learn 是 SciPy 的扩展，建立在 NumPy 和 Matplotlib 库的基础上。利用这几大模块的优势，可以大大地提高机器学习的效率。Scikit-learn 简称 Sklearn，支持包括分类、回归、降维和聚类四大机器学习算法；还包括了特征提取、数据处理和模型评估者三大模块。Sklearn 拥有完善的文档，上手容易，具有丰富的 API。Sklearn 已经封装了大量的机器学习算法，同时 Sklearn 内置了大量数据集，节省了获取和整理数据集的时间。

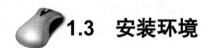

1.3 安装环境

【学习目标】

1. 能够按照步骤安装 Anaconda。
2. 能够按照步骤安装 PyCharm。
3. 能够在 PyCharm 中导入 Anaconda 环境。
4. 能够在 PyCharm 中新建项目与文件。

【知识指南】

学习 Python 需要有编译 Python 程序的软件，一般情况下，可以选择在 Python 官网下载对应版本的 Python，然后用记事本编写，再在终端进行编译运行即可。如果选择直接安装 Python，那么还执行 pip install 命令一个一个地安装各种库，安装起来比较痛苦，还需要考虑兼容性，因此并非最佳选择。

Anaconda 是一个基于 Python 的数据处理和科学计算平台，它已经内置了许多非常有用的第三方库。装上 Anaconda，相当于把 Python 和一些如 NumPy、SciPy、Pandas、Matplotlib 等常用的库自动安装好了，使得其安装比常规 Python 安装要容易。PyCharm 是一款功能强大的 Python IDE，使用它能极大地方便用户进行 Python 语言的开发，比如调试、语法高亮、Project 管理、代码跳转、智能提示、自动完成、单元测试、版本控制。因此，利用 Anaconda 和 PyCharm 可以极大地帮助用户编写和运行代码，提高效率。

一、安装 Anaconda

1. 进入 Anaconda 下载地址：https://mirrors.tuna.tsinghua.edu.cn/anaconda/archive/，如图 1-1 所示。

图 1-1　Anaconda 安装步骤 1

2. 下载 Windows 版本的 Anaconda 安装包，选择 Anaconda 3 版本。双击安装文件，如图 1-2 所示。

图 1-2　Anaconda 安装步骤 2

3. 单击"Next"按钮，如图 1-3 所示，进入下一步。

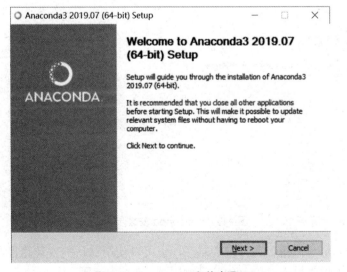

图 1-3　Anaconda 安装步骤 3

4. 单击"I Agree"按钮，如图 1-4 所示，进入下一步。

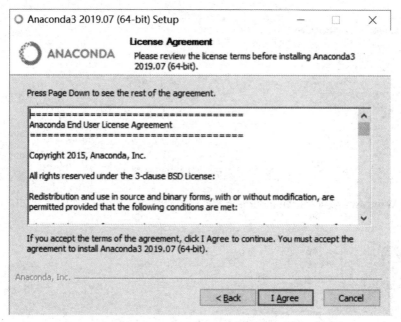

图 1-4　Anaconda 安装步骤 4

5. 单击"Just Me（recommended）"单选按钮，再单击"Next"按钮，如图 1-5 所示，进入下一步。

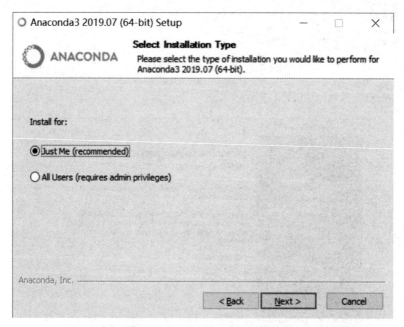

图 1-5　Anaconda 安装步骤 5

6. 单击"Browse"按钮，选择安装路径，也可以使用默认的安装路径，这个安装路径在后期 PyCharm 环境设置导入 Python.exe 时会用到，如图 1-6 所示。

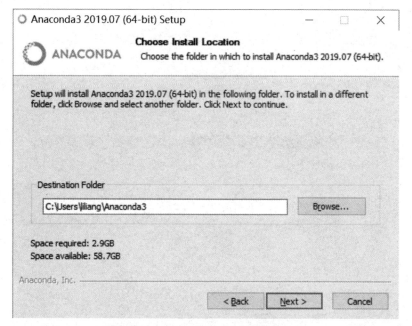

图 1-6　Anaconda 安装步骤 6

7. 选择安装设置，勾选所有选项，单击"Install"按钮，进入下一步，如图 1-7 所示。其中，第 1 个选项"Add Anaconda to my PATH environment variable"默认情况下没有勾选，请务必勾选。

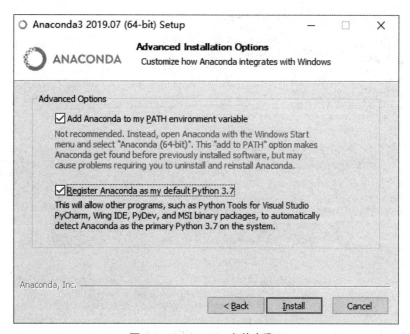

图 1-7　Anaconda 安装步骤 7

8. 完成安装后，单击"Next"按钮，如图 1-8 所示，进入下一步。

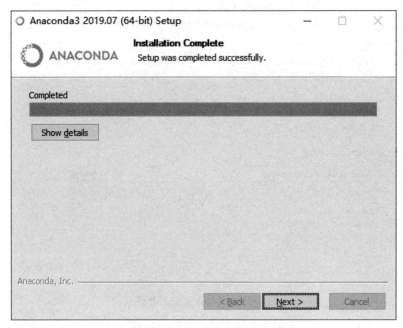

图 1-8　Anaconda 安装步骤 8

9. 单击"Next"按钮,如图 1-9 所示,进入下一步。

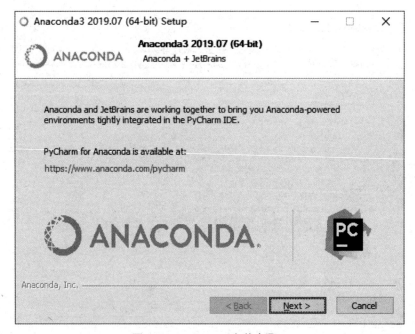

图 1-9　Anaconda 安装步骤 9

10. 单击"Finish"按钮,如图 1-10 所示,完成安装。

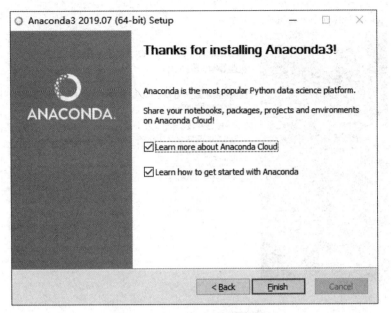

图 1-10　Anaconda 安装步骤 10

二、安装 PyCharm

1. 进入 PyCharm 下载地址：https://www.jetbrains.com/pycharm/download/#section=windows，如图 1-11 所示。

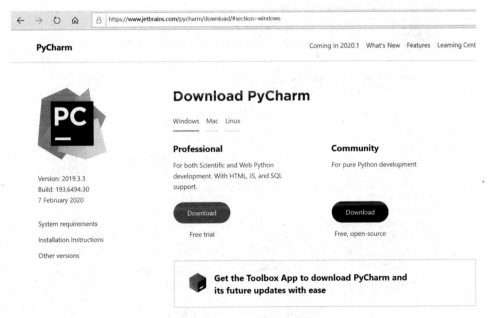

图 1-11　PyCharm 安装步骤 1

2. 选择版本，Professional 表示专业版，Community 是社区版，推荐安装社区版。单击 "Community" 下面的 "Download" 按钮进行下载，单击 "Next" 按钮，如图 1-12 所示，进入下一步。

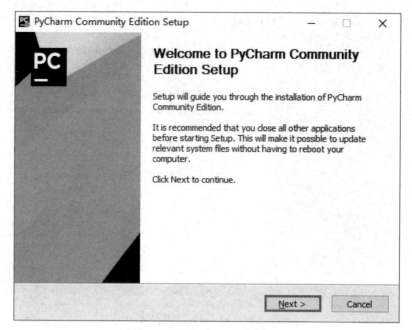

图 1-12　PyCharm 安装步骤 2

3. 单击"Browse"按钮后进入下一个界面，选择安装路径，也可以使用默认的安装路径，确定后单击"Next"按钮后出现如图 1-13 所示的界面，接着单击"Next"按钮进入下一步。这个安装路径在后期 PyCharm 环境设置导入 Python.exe 时会用到。

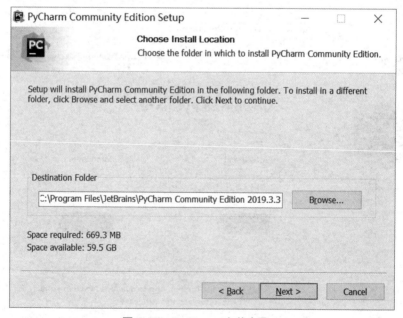

图 1-13　PyCharm 安装步骤 3

4. 勾选所有选项，如图 1-14 所示，单击"Next"按钮，进入下一步。

5. 单击"Install"按钮，进行安装，如图 1-15 所示，进入下一步。

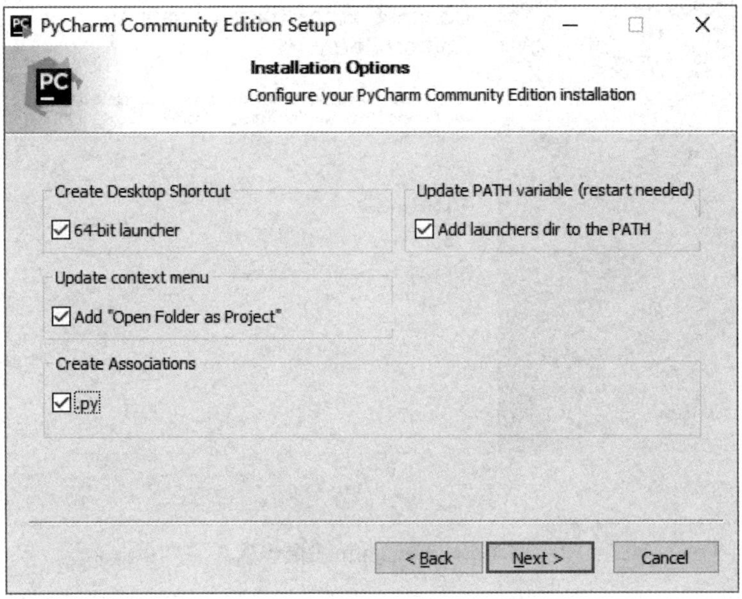

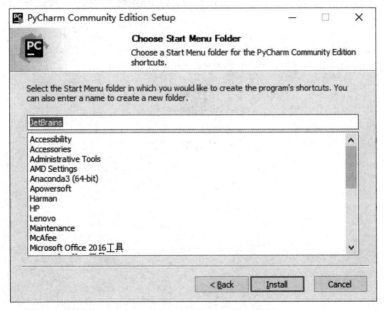

图 1-14 PyCharm 安装步骤 4

图 1-15 PyCharm 安装步骤 5

6. 单击"Finish"按钮，完成安装，如图 1-16 所示。

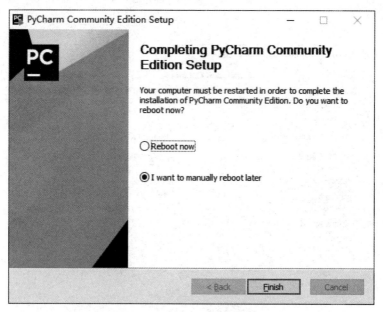

图 1-16　PyCharm 安装步骤 6

三、在 PyCharm 中导入 Anaconda 环境

1. 双击打开 PyCharm 软件，单击"Create New Project"按钮，新建项目，如图 1-17 所示，进入下一步。

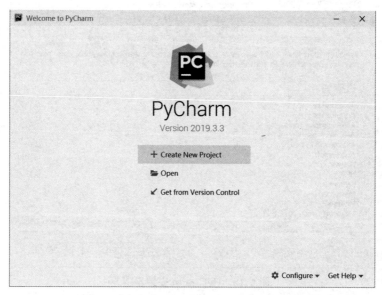

图 1-17　PyCharm 导入 Anaconda 步骤 1

2. "Location"文本框中的路径是默认的项目文件存储位置，"untitled"表示未命名的项目名，如图 1-18 所示。

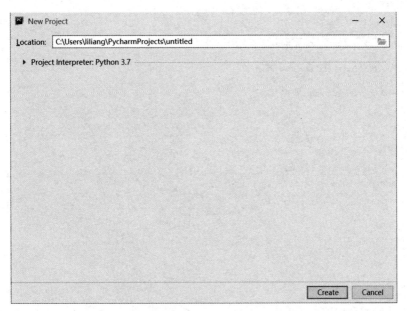

图 1-18 PyCharm 导入 Anaconda 步骤 2

3. 将项目名改为"sjfx"（"数据分析"汉字拼音的首字母），项目的存储位置保持不变，如图 1-19 所示。如果要改变项目的存储位置，也可以单击 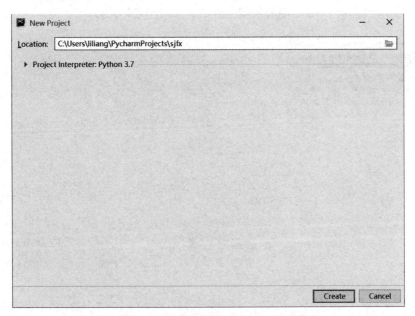 按钮实现；单击"Create"按钮，进入下一步。

图 1-19 PyCharm 导入 Anaconda 步骤 3

4. 单击"Location"文本框下方的 ▼ 按钮，单击"Existing interpreter"单选按钮，表示 Python 的解析器，如图 1-20 所示。

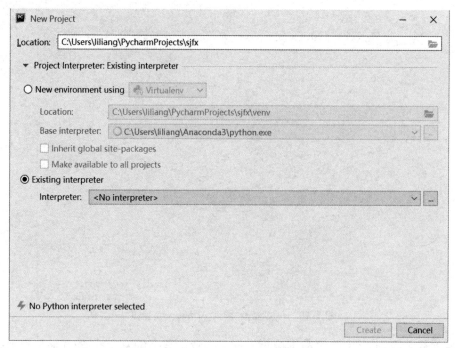

图 1-20 PyCharm 导入 Anaconda 步骤 4

5. 单击"Interpreter"文本框后面的 ⋯ 按钮,弹出"Add Python Interpreter"对话框,"Interpreter"文本框表示 Python 的解析器的位置,如图 1-21 所示。

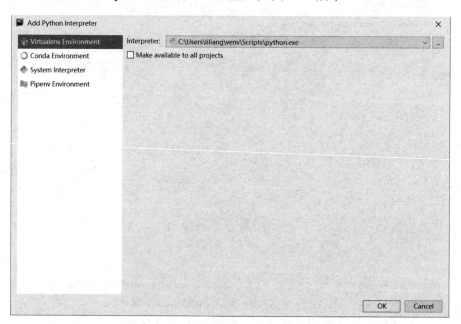

图 1-21 PyCharm 导入 Anaconda 步骤 5

6. 单击"Interpreter"文本框后面的 ⋯ 按钮,在弹出的"Select Python Interpreter"对话框中,选择前面安装的 Anaconda 路径中的 python.exe 文件,如图 1-22 所示。

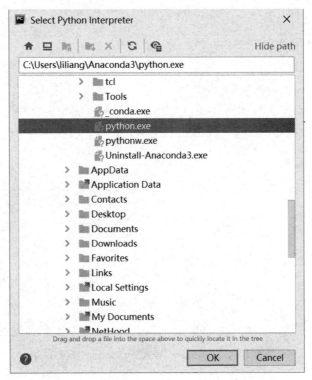

图 1-22　PyCharm 导入 Anaconda 步骤 6

7. 单击"OK"按钮,退出"Select Python Interpreter"对话框,返回"Add Python Interpreter"对话框,并勾选"Make available to all projects"选项,如图 1-23 所示。

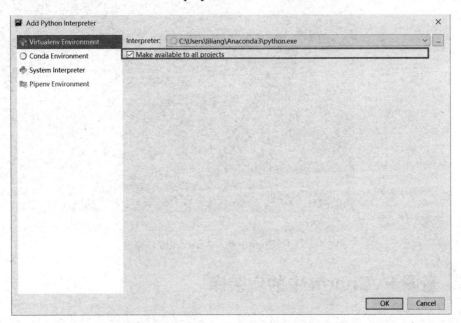

图 1-23　PyCharm 导入 Anaconda 步骤 7

8. 单击"OK"按钮,退出"Add Python Interpreter"对话框,出现如图 1-24 所示的对话框。

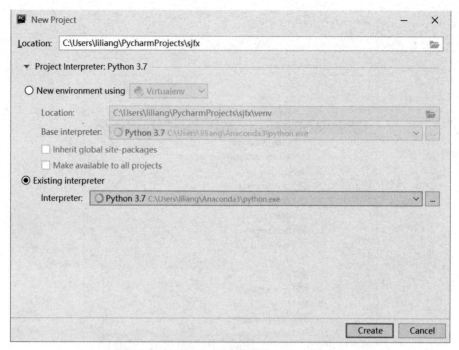

图 1-24　PyCharm 导入 Anaconda 步骤 8

9. 单击"Create"按钮，创建项目，如图 1-25 所示。

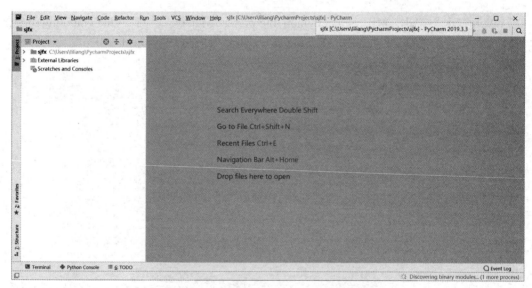

图 1-25　PyCharm 导入 Anaconda 步骤 9

四、查看 PyCharm 中的安装库

1. 在 PyCharm 操作界面中，单击"File"→"Settings"命令选项，如图 1-26 所示。

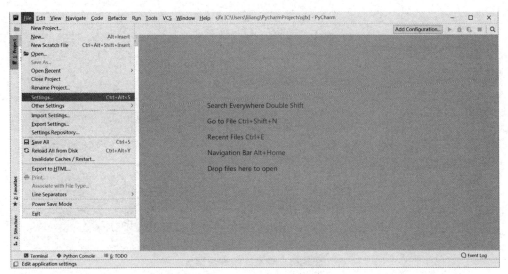

图 1-26　查看安装库步骤 1

2. 在 PyCharm 的"Settings"选项窗口，如图 1-27 所示，可以看到在 PyCharm 中所有可以执行的库。注意看一下，是否有 NumPy、Pandas、Matplotlib 几个库（图中均为小写形式），这几个库后面会用到的。

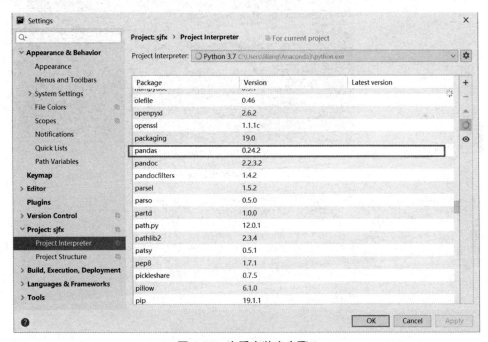

图 1-27　查看安装库步骤 2

3. 单击"OK"按钮，返回 PyCharm 操作界面。右击"Project"栏下的"sjfx"，在弹出的快捷菜单中选择"New"→"Python File"选项，新建一个 Python 文件，如图 1-28 所示。

4. 在弹出的"New Python file"对话框中输入 Python 文件名"test"，按回车键，新建"test.py"文件，如图 1-29 所示。

5. 在"test.py"文件中输入用于导入各个库的代码，如图 1-30 所示。

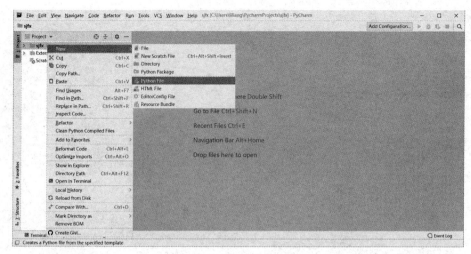

图 1-28　查看安装库步骤 3

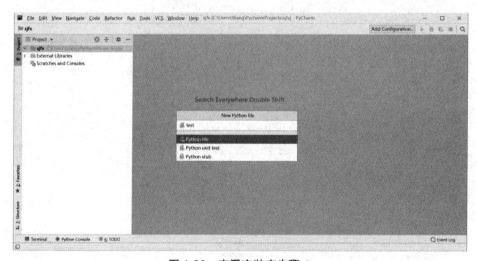

图 1-29　查看安装库步骤 4

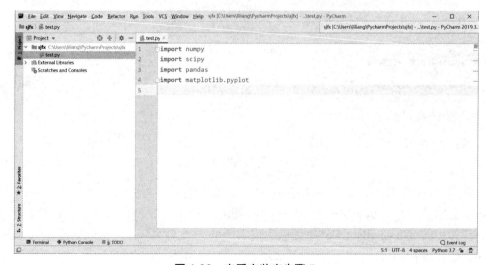

图 1-30　查看安装库步骤 5

6. 在代码窗口的空白处右击，在弹出的快捷菜单中选择"Run 'test'"命令，运行该文件，如图 1-31 所示。

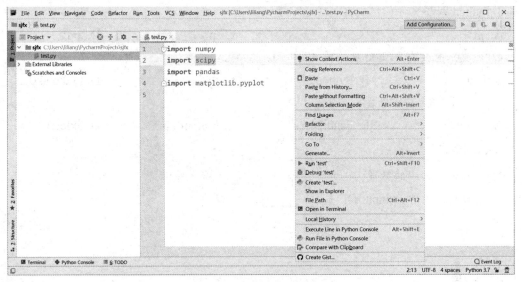

图 1-31　查看安装库步骤 6

7. 在结果区域没有报错，说明这些库可以使用，如图 1-32 所示。

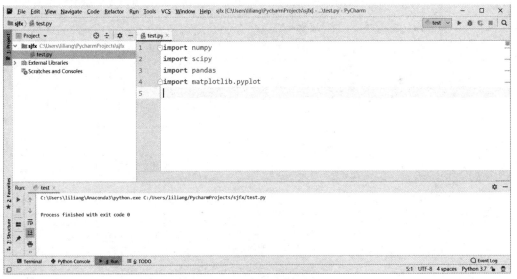

图 1-32　查看安装库步骤 7

1.4　数据分析概述测试题

一、选择题

1. 下列不属于 Python 特点的是（　　　）。

A. 易于学习　　　　　　B. 开发效率高　　　　　C. 可移植性强　　　　　D. 运行效率高

2. Python 语言属于（　　　）。

A. 机器语言　　　　　B. 高级语言　　　　　C. 汇编语言　　　　　D. 以上都不对

3. Python 程序文件的扩展名是（　　　）。

A. .pt　　　　　　　　B. .py　　　　　　　　C. .po　　　　　　　　D. .pn

4. 目前，主流的 Python 版本是（　　　）。

A. Python1.*　　　　　B. Python2.*　　　　　C. Python3.*　　　　　D. Python4.0

5. 可用于机器学习的第三方库是（　　　）。

A. SciPy　　　　　　　B. Pandas　　　　　　C. Matpoltlib　　　　　D. Sklearn

二、填空题

1. 导入第三方库的时候，必须使用语句_____导入该库。

2. 本教材采用的 Python IDE 是_____。

第 2 章　Python 基础

　　Python 语言具有简洁和清晰的特点，能够让学习者摆脱复杂的语法，从而专注于问题的解决。同时，Python 语言还有大量的第三方库，对数据分析和可视化帮助很大。

　　本章将重点介绍 Python 的基础知识，包括 Python 基本操作、选择与循环结构、列表操作、字典操作、函数定义与调用等。

　　第 2 章知识图谱如 2-1 所示。

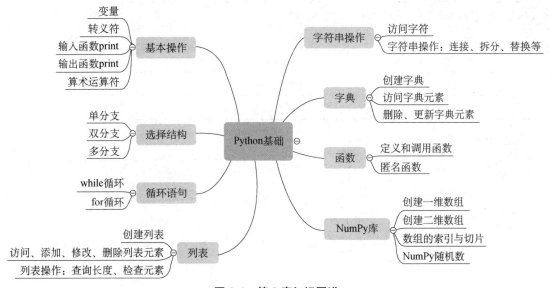

图 2-1　第 2 章知识图谱

 ## 2.1　Python 基本操作

【学习目标】

1. 了解变量的含义。
2. 理解各种转义符的作用。
3. 掌握格式化输出的作用。
4. 理解各种运算符的作用。

【知识指南】

在用计算机求解问题的过程中，常常会用符号化的方法记录客观事实，这些符号化的表示就是数据。计算中有数据的输入与输出、数据不同类型的转换及数据之间的各种运算，这些都是程序设计语言的基本操作，通过这些基本操作可以实现一些简单的功能。

一、变量

变量是计算机语言中能储存计算结果或能表示值的抽象概念。一般而言，变量需要先定义后使用。例如 C 语言中的变量，必须在使用前确定变量的数据类型。但在 Python 中却有所不同，它是一种动态语言，对变量的每一次赋值，都可以改变变量的类型。需要注意的是，输入字符串的时候，字符串一般要加上单引号或双引号。

Python 中变量主要类型见表 2-1。

表 2-1　变量类型表

变量类型	表示方法	示例
字符串	class 'str'	"a"、'Python'
整型数	class 'int'	0、100
浮点数	class 'float'	5.02、10.00
布尔值	class 'bool'	True、False

示例代码如下：

```
i = 100
j = "a"
k = 'Python'
m = 5>4
```

【结果分析】把数值 100 赋值给 i，把字符 a 赋值变量 j，把字符串 Python 赋值给变量 k，把布尔值 True 赋值给变量 m。

二、转义符

在 Python 中，有些功能符号难以在输出函数中直接输入，比如单引号和双引号，因为 Python 会把单引号和双引号里面的字符当作字符串进行处理，所以单引号和双引号仅仅是字符串输入的默认符号。如果想要输出单引号和双引号，就不能直接输入，而要用转义符。

转义符是指具有特定含义的符号，不同于字符原有的意义，所以称为转义符。转义符一般用 "\" 开头，后面跟一个或几个符号，表示不同的含义。如\n 并不会真的输出\n，而是输出一个换行符。常用的转义符及其含义见表 2-2。

表 2-2　转义符表

转义符	含义
\n	换行符
\t	制表符 Tab
\\	反斜杠\
\'	单引号'
\"	双引号"

三、输入与输出

一般来说，程序都会有输入和输出，这样用户才能与计算机进行交互。在 Python 中可以使用 input 函数进行输入，而使用 print 函数进行输出。

1. 输入函数

input 是 Python 获取输入信息的函数，运行函数后，可以获取通过键盘输入的信息，信息默认为字符串类型。

输入函数 input 的一般格式为：

```
input([提示字符串])
```

其中，括号中的"提示字符串"是可选项。

示例代码如下：

```
name=input("Please input your name:")
```

【结果分析】name 变量就是字符型变量。

在 Python 中，如果想要将输入的字符串类型转换为整数型，还可以通过 int 来实现，其一般方法为：

```
int(input([提示字符串]))
```

其中，int 函数表示将字符串变量转换为整型变量。示例代码如下：

```
age=int(input("Please input your age:"))
```

【结果分析】age 变量就是数值型变量。

2. 输出函数

（1）print 函数

print 函数是 Python 的基本输出函数，print 函数可以将指定的消息打印到屏幕上。该消息可以是字符串，也可以是任何其他对象，该对象在打印到屏幕之前会被转换为字符串。

print 函数有着非常灵活的使用方法，input 的一般格式为：

```
print (str,[end = ' \n'])
```

其中，参数 str 表示要输出的内容，str 可以是字符串也可以是变量。参数 end 表示结束符，默认为换行符（\n），即利用 print 进行输出默认带有换行符。如果不想以换行符结束输出，可以使用 end = ' \t'（Tab 键）或 end = ''（空格）等结束输出。

示例代码如下:

```
print("hello world!")
str="hello world!"
print(str)
```

代码与结果如图 2-2 所示。

图 2-2　print 输出函数示例结果（1）

print 还有一种输出方式，就是字符串后面再接变量，示例代码如下:

```
a = 20
print("age=",a)
```

输出结果为:

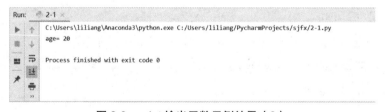

图 2-3　print 输出函数示例结果（2）

（2）格式化输出

在很多应用场景中，对输出是有严格要求的，如在某些报表统计中，需要控制小数点位数，此时就不能直接输出原始数据，而是要对数据的格式进行控制，这就是格式化输出。格式化输出除了可以控制输出的格式之外，还有一个好处就是，可以只通过一个 print 函数在一个字符串内输出多个变量。

在 Python 中，格式化输出时，需要使用%分隔字符串和输出变量，一般格式为:

```
字符串%(输出变量 1,输出变量 2,…)
```

其中，字符串由两个部分组成，一个是普通字符串，另一个是格式说明符。普通字符串可以直接输出，而格式说明符以%开头，并且决定了输出变量的格式。

格式说明符的具体用法见表 2-3。

表 2-3　格式化输出具体用法

格式说明符	格式化结果
%%	%
%s	字符串
%i 或%d	整数
%f	浮点数

四、算术运算符

算术运算可以对数据进行各种算术操作，算术操作可以用一些符号来表示，这些符号被称为算术运算符，"先乘除，后加减"就反映了乘除运算的优先级比加减运算高。

Python 的算术运算符有+（加）、-（减）、*（乘）、/（除）、//（除整）、%（求余）和**（乘方）。

"/"表示除法，如 7/2，结果为 3.5。"//"表示两个数相除后得到的商的整数部分，如 7//2，结果为 3。"%"表示两个数相除后得到的余数，如 7%2，返回 1。"**"表示乘方，如 7**2，返回 49。

示例代码如下：

```
print("7 除以 2 的结果为：",7/2)
print("7 除以 2 的商的整数部分为：",7//2)
print("7 除以 2 的余数为：",7%2)
print("7 的平方为：",7**2)
```

输出结果如图 2-4 所示。

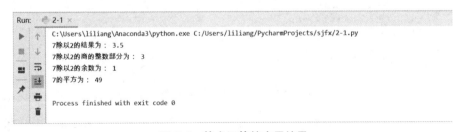

图 2-4　算术运算符应用结果

【任务实训】

任务 2-1：通过输入提示符"请输入姓名"和"请输入年龄"，利用键盘输入"王飞"和"20"，并将两个输入的值赋值给两个变量"name"和"age"，再利用 type 函数输出两个变量的类型。具体代码及输出结果如图 2-5 所示。

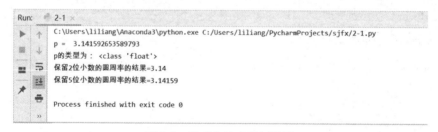

图 2-5　任务 2-1 代码及输出结果

【结果分析】class 'str'表示字符串类型，class 'int'表示整型数值。

任务 2-2：导入 math 模块，利用输出 math.pi 圆周率并赋值给变量 p，输出变量 p 的类型，再利用格式化输出圆周率的 2 位小数和 5 位小数。具体代码如下：

```
import math
p = math.pi
print("p = ",p)
print("p 的类型为：",type(p))
print("保留 2 位小数的圆周率的结果=%.2f\n 保留 5 位小数的圆周率的结果=%.5f"%(p,p))
```

输出结果如图 2-6 所示。

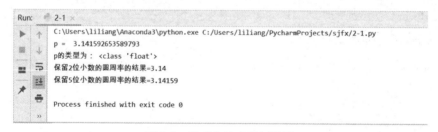

图 2-6　格式化输出示例结果

任务 2-3：通过 input 函数输入一个三位数，输出这个三位数的百位、十位和个位。具体代码如下：

```
n = int(input("请输入一个三位数："))
n_g = n%10    #n 求余 10 后得到的余数就是个位
n_s = n//10%10    #n//10 表示 n 除整 10 得到的商的整数部分，即前两位，再求余 10 得到的余数就是十位
n_b = n//100    #n 除整 100 得到的商的整数部分就是百位
print("百位数为：%i\n 十位数为：%i\n 个位数为：%i\n"%(n_b,n_s,n_g))
```

输出结果如图 2-7 所示。

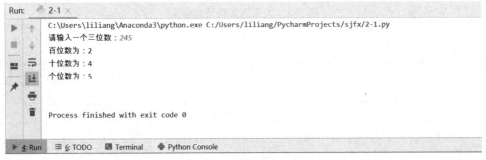

图 2-7　任务 2-3 输出结果

【巩固训练】

通过 input 函数输入一个四位数，输出这个四位数的千位、百位、十位和个位。

 ## 2.2　Python 选择结构

【学习目标】

1. 了解关系运算符的作用。
2. 了解选择结构的原理。
3. 理解单分支选择结构的用法。
4. 理解双分支选择结构的用法。
5. 理解多分支选择结构的用法。

【知识指南】

选择结构是指通过判断某些特定条件是否满足来决定下一步的执行流程，它是非常重要的控制结构。常见的选择结构包括单分支选择结构、双分支选择结构、多分支选择结构，选择结构形式灵活多变，具体使用哪一种还要取决于实际的业务逻辑。

例如输入一个整数，判断其是否为偶数，就可以使用单分支选择结构来实现。又如输入学生的成绩，判断其是否及格，就可以使用双分支选择结构。再如输入学生的成绩，判断成绩是优秀、良好、及格还是不及格，就可以使用多分支选择结构。

一、关系运算符

选择结构中一个重要环节是需要判断某一个条件是否成立，这就需要用到关系表达式。在 Python 中，关系运算符常用于两个量的比较判断，而由关系运算符连接起来的式子就是关系表达式，关系表达式的结果为布尔值，即 True 或 False。

Python 的关系运算符及其含义见表 2-4。

表 2-4　关系运算符及其含义

关系运算符	含　义
<	小于
<=	小于等于
>	大于
>=	大于等于
==	判断是否等于
!=	判断是否不等于

示例代码如下：

```
i,j,k = 1,2,3
print("%d>%d 的结果为：%s"%(i,j,i>j))
print("%d+%d=%d 的结果为：%s"%(i,j,k,i+j==k))
print("%d+%d!=%d 的结果为：%s"%(i,k,j,i+k!=j))
```

输出结果如图 2-8 所示。

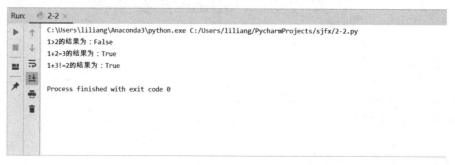

图 2-8　关系运算符输出结果

二、单分支选择结构

单分支选择结构是选择结构中最简单的一种形式，即如果满足条件的情况下就执行后面的语句块，不满足条件就不处理。单分支选择结构的一般格式是：

```
if 表达式：
    语句块
```

单分支选择结构的执行过程：如果关系表达式的布尔值为 True，则执行语句块，然后再执行后续语句。如果关系表达式的布尔值为 False，则跳过单分支选择结构，直接执行后续语句。

单分支选择结构的注意点：

（1）在 if 语句的表达式后面必须加冒号。

（2）if 语句中的语句块必须向右缩进，语句块可以是单行语句，也可以是多行语句，并且语句块中的语句必须上下对齐。

示例代码如下：

```
n = int(input("请输入一个数："))
if n%2==0:
```

```
    print("%d 是偶数"%n)
```

输出结果如图 2-9 所示。

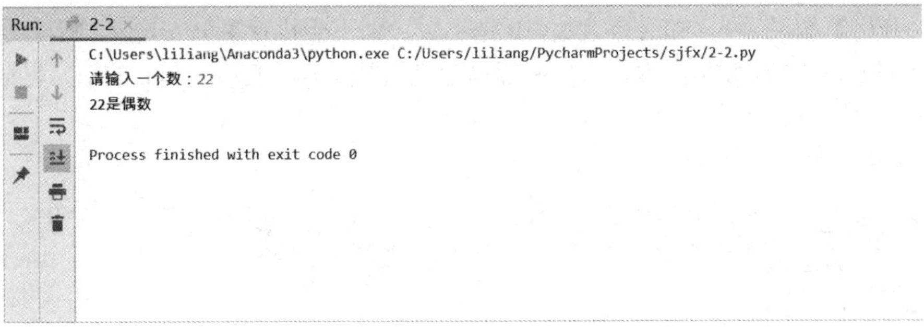

```
Run:    2-2  ×
  ►   ↑   C:\Users\liliang\Anaconda3\python.exe C:/Users/liliang/PycharmProjects/sjfx/2-2.py
      ↓   请输入一个数：22
  ■       22是偶数
  ⊟  ⌐↓
  ⊼  ⌐↓   Process finished with exit code 0
  ⌁
      🖶
      🗑
```

图 2-9　单分支选择结构输出结果

三、双分支选择结构

双分支选择结构较单分支选择结构更为复杂，即关系表达式布尔值为 True，就执行语句块 1；如果关系表达式布尔值为 False，就执行语句块 2。双分支选择结构的一般格式是：

```
if 表达式：
    语句块 1
else:
    语句块 2
```

双分支选择结构的执行过程：如果关系表达式的布尔值为 True，则执行语句块 1，否则就执行语句块 2；语句块 1 或语句块 2 执行完成后，再执行后续语句。

四、多分支选择结构

多分支选择结构是选择结构中最为复杂的一种形式，多分支选择结构的一般格式是：

```
if 表达式 1：
    语句块 1
elif 表达式 2：
    语句块 2
……
elif 表达式 m：
    语句块 m
else:
    语句块 n
```

【任务实训】

任务 2-4：通过 input 函数输入两个整数 2 和 3，并赋值给变量 a 和 b，利用单分支选择结构，先输出较大数，再输出较小数。具体代码如下：

```
a = int(input("请输入 a= "))
b = int(input("请输入 b= "))
```

```
   if a<b:
       a,b = b,a
   print("大数  = %d\n 小数  = %d"%(a,b))
```

【结果分析】如果 a>b，即 a 是大数，b 是小数，则不会执行单分支选择结构，直接输出。如果 a<b，即 a 是小数，b 是大数，则会执行单分支选择结构，交换 a 和 b 的值，再输出结果，也可以保证 a 是大数，b 是小数。

输出结果如图 2-10 所示。

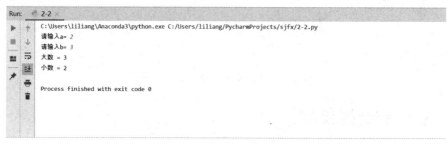

图 2-10　任务 2-4 输出结果

任务 2-5：导入 random 模块，利用输出 randon.randint(0,100)随机生成一个 0 到 100 的整数，并赋值给 number。如果 number 大于等于 60，返回 "pass"，否则返回 "not pass"。具体代码如下：

```
import random
number = random.randint(0,100)
print("随机生成的数  = ",number)
if number >=60:
    print("pass")
else:
    print("not pass")
```

输出结果如图 2-11 所示。

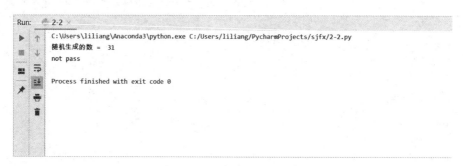

图 2-11　任务 2-5 输出结果

任务 2-6：导入 random 模块，利用输出 randon.randint(0,100)随机生成一个 0 到 100 整数，并赋值给 number，根据 number 进行分类，大于等于 85 时为 "优秀"，处于 70~84 时为 "良好"，处于 60~69 时为 "及格"，60 以下时为 "不及格"。具体代码如下：

```
import random
number = random.randint(0,100)
```

```
print("随机生成的数 = ",number)
if number>=85:
    print("结果为：优秀")
elif number>=70:    #或 elif number>=70 and number<85 :
    print("结果为：良好")
elif number>=60:    #或 elif number>=60 and number<70 :
    print("结果为：及格")
else:
    print("结果为：不及格")
```

输出结果如图 2-12 所示。

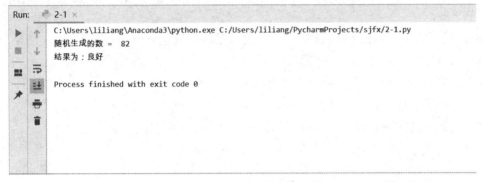

图 2-12　任务 2-6 代码及输出结果

【巩固训练】

某市出租车的收费标准是：3 千米以下，收起步费 10 元；超过 3 千米不超过 10 千米（远程标准），每千米 2.1 元；超过 10 千米，每千米 3.2 元。若行程为 11.5 千米，则收费是多少元？（收费结果保留小数点 1 位）

 **2.3　Python 循环语句**

【学习目标】

1. 了解循环结构的原理。
2. 能够使用 while 循环语句。
3. 能够使用 for 循环语句。

【知识指南】

在求解问题时，有时会出现很多重复性操作，因此在程序运行中就会反复执行这些重复语句，这会极大影响计算机的运行效率。在某些特定条件下，重复执行某些操作的控制结构就是循环结构。循环结构通常由循环条件和循环体组成，它是程序设计的一种重要的方法。

Python 提供了 while 和 for 两种语句来实现循环结构。

一、while 循环语句

while 循环结构是通过判断循环条件是否满足来决定是否执行循环语句块的一种循环结构，特点是先判断循环条件，再决定是否执行循环语句块。

while 循环语句的一般格式是：

```
while  表达式:
    语句块
```

while 循环语句中的表达式为循环条件，循环条件可以是一个关系表达式，其结果为 True 或 False，如果是 True，则执行语句块。

while 循环语句一般需要注意以下三点：

（1）循环变量要设初始赋值，如 i=0。

（2）关系表达式应包含循环变量，并且其结果为一个布尔值，如 i<10。

（3）语句块中一般需要包含循环变量自加过程，如 i=i+1。

二、for 循环语句一般形式

for 循环语句的一般格式是：

```
for  目标变量  in  序列对象:
    语句块
```

for 循环语句首先需要定义序列对象，然后将序列对象的每个元素赋给目标变量，对每一次赋值都执行一遍循环体语句。当序列被遍历完毕之后，循环则停止。

利用字符串、列表、元组、range 函数等都可以生成序列对象。列表和元组都是 Python 重要的数据结构，列表的操作在后续章节中做详细的介绍，这里，只需了解列表和元组的简单用法。列表的表示方法是[元素 1,元素 2,…]，元组的表示方法是(元素 1,元素 2,…)。同时，还可以利用 zip 函数生成多变量的序列对象。

1. 利用字符串、列表、元组生成序列对象

（1）利用字符串生成序列对象

示例代码如下：

```
str = "python"
for i in str:
    print(i,end='\t')
```

输出结果如图 2-13 所示。

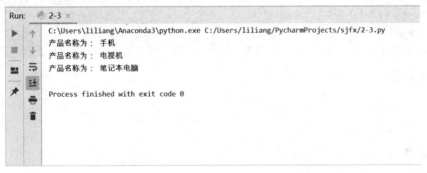

图 2-13　利用字符串生成序列对象

（2）利用列表生成序列对象

示例代码如下：

```
products = ["手机","电视机","笔记本电脑"]
for i in products:
    print("产品名称为：",i)
```

输出结果如图 2-14 所示。

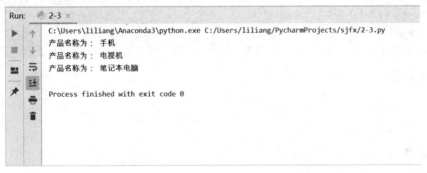

图 2-14　利用列表生成序列对象示例结果

（3）利用元组生成序列对象

示例代码如下：

```
sales = (1000,2000,1500)
for i in sales:
    print("产品销量为：",i)
```

输出结果如图 2-15 所示。

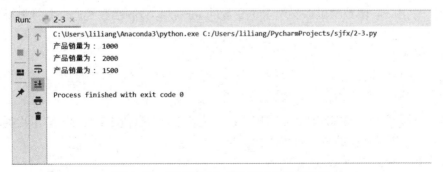

图 2-15　利用元组生成序列对象示例结果

2. 利用 range 函数生成序列对象

在 Python 中，range 函数返回的是可迭代的连续数字序列，range 函数的一般格式为：

```
range(start,stop,step)
```

其中，start 表示初始值，stop 表示终止值，并且终止值是不能取到的，step 表示步长。

range(n)表示从 0 开始，n-1 结束的可迭代的数字序列 0, 1, 2,···,n-1，如 range(5)表示序列 0,1,2,3,4。如果不希望从 0 开始，也可以加入初始值，如 range(1,10)表示 1, 2, 3,···,9。同时还可以在 range 函数中加入步长，如 range(1,10,2)表示 1, 3, 5, 7, 9。

示例代码如下：

```
print("输出 0 到 9 的整数：",end="")
for i in range(10):
    print(i,end=' ')
print()
print("输出 2 到 9 的整数：",end="")
for j in range(2,10):
    print(j,end=' ')
print()
print("输出 3 到 9 中的奇数：",end="")
for k in range(3,10,2):
    print(k,end=' ')
```

输出结果如图 2-16 所示。

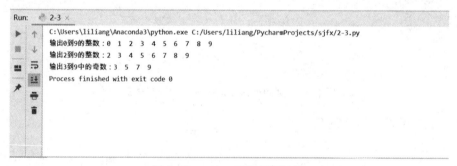

图 2-16　range 函数示例结果

3. 利用 zip 函数生成多变量的序列对象

for 循环语句除了可以实现单个变量的循环以外，还可在一些特殊情况下，实现多个变量的 for 循环。利用 zip 函数就可以实现多个变量的 for 循环，zip 函数是通过并行遍历的工作方式来进行的。

示例代码如下：

```
for i,j in zip(['a','b','c'],[1,2,3]):
    print("%s = %d"%(i,j))
```

【结果分析】变量 i 分别赋值 "a" "b" "c"，变量 j 分别赋值 1、2、3，第 1 次循环时，可以输出 a=1 的效果，后面的输出效果以此类推。

输出结果如图 2-17 所示。

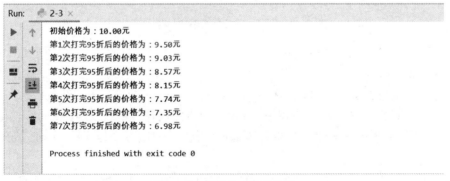

图 2-17 zip 函数示例结果

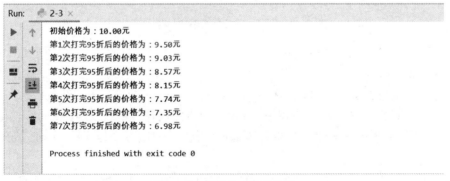

【任务实训】

任务 2-7：某一商品的初始价格为 10 元，假设每次打折均打 95 折，计算打折几次后，价格会低于 7 元。通过 while 循环，输出每一次打折后的价格。其中，商品价格可设变量为 price，打折次数可设变量为 count。具体代码如下：

```
price = 10
count = 0
print("初始价格为：%.2f 元"%price)
while price > 7:
    price = price*0.95
    count = count+1
    print("第%i 次打完 95 折后的价格为：%.2f 元"%(count,price))
```

输出结果如图 2-18 所示。

图 2-18　任务 2-7 输出结果

任务 2-8：将 20 以内的 3 的倍数都替换成符号"*"。具体代码如下：

```
for i in range(1,21):
    if i%3 == 0:
        i = "*"
    print(i, end='\t')
```

输出结果如图 2-19 所示。

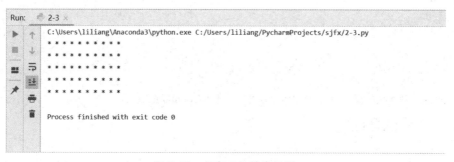

图 2-19　任务 2-8 输出结果

任务 2-9：利用双层嵌套 for 循环，生成 5 行 10 列的由符号"*"组成的矩形图形。具体代码如下：

```
for i in range(1,6):
    for j in range(1,11):
        print("* ",end="")
    print()
```

输出结果如图 2-20 所示。

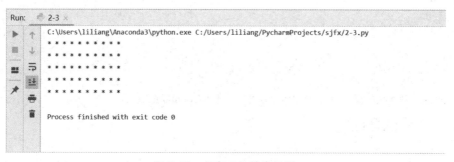

图 2-20　任务 2-9 输出结果

【结果分析】在执行双层嵌套 for 循环时，第一步：变量 i 赋值为 1，接着变量 j 会把所有的取值遍历一遍，即 j=1，2，…，10，此时输出 1 行 10 列的"*"。为了让一行输出完毕之后，产生换行效果，需要在第一层 for 循环内加上 print 函数，其效果是一行结束后，产生一个换行符。第 2 步：变量 i 赋值为 2，接着变量 j 会把所有的取值再遍历一遍，此时会输出 2 行 10 列的"*"，后面的循环以此类推。因此，可以把变量 i 的取值看成是行号，而把变量 j 的取值看成是列号。

任务 2-10：某店铺有 3 个热销商品类别，分别是手机、电视机、笔记本电脑，这三个商品类别的商品编号分别为 002、004、007，其销量分别为 1000、2000、1500，通过 for 循环结构和 zip 函数输出结果。具体代码如下：

```
code = ['002','004','007']
products = ["手机","电视机","笔记本电脑"]
sales = [1000,2000,1500]
for i,j,k in zip(code,products,sales):
    print("商品编号为：%s, 商品名称为：%s, 销量为：%d"%(i,j,k))
```

输出结果如图 2-21 所示。

```
Run:    2-3 ×
        C:\Users\liliang\Anaconda3\python.exe C:/Users/liliang/PycharmProjects/sjfx/2-3.py
        商品编号为：002，商品名称为：手机，销量为：1000
        商品编号为：004，商品名称为：电视机，销量为：2000
        商品编号为：007，商品名称为：笔记本电脑，销量为：1500

        Process finished with exit code 0
```

图 2-21　任务 2-10 输出结果

【巩固训练】

利用双层嵌套 for 循环，输出九九乘法表。

 # 2.4　Python 列表操作

【学习目标】

1. 能够创建列表。
2. 能够对列表元素进行查询、增加、删除等操作。
3. 能够对列表进行长度查询、元素包含等操作。

【知识指南】

Python 的列表与元组属于序列类型，其每个元素都是按照位置编号来读取的，这一点与数组类似。但是，数组只能存储相同类型的元素，而列表和元组可以存储不同类型的元素。列表与元组在很多方面的操作是类似的，但是两者也有不同，列表的元素是可变的，而元组的元素是不可变的。

一、创建列表

创建列表时，只用逗号对元素进行分隔，再使用方括号括起来即可，列表的元素不需要具有相同的类型，如[1,2,3]、['a','b','c']或[1,2,'a']都是列表。
示例代码如下：

```
list1 =[1,2,3,4,5]
list2 = ['a','b','c']
list3 = [1,2,'a','b']
print("数字列表为：",list1)
print("字符串列表：",list2)
print("混合列表为：",list3)
```

输出结果如图 2-22 所示。

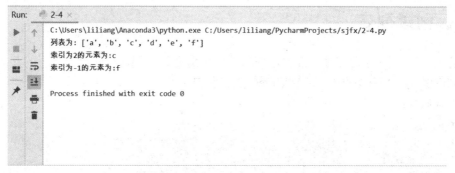

图 2-22　创建列表示例结果

二、访问列表元素与切片列表

1. 访问列表元素

列表的每一个元素都对应一个位置编号，这个位置编号被称为列表索引 index。访问列表元素可以通过列表索引来实现。特别要注意的是，列表索引是以 0 开头的，即第 1 个元素的索引是 0，而不是 1。

除了常见的正向索引以外，列表索引还支持反向索引，即可以从列表的最后一个元素开始访问，最后一个元素的索引为-1，倒数第 2 个元素的索引为-2，以此类推。

列表索引的访问一般格式为：

```
list[index]
```

示例代码如下：

```
list = ['a','b','c','d','e','f']
print("列表为:",list)
index = 2
print("索引为%d 的元素为:%s"%(index,list[index]))
index = -1
print("索引为%d 的元素为:%s"%(index,list[index]))
```

输出结果如图 2-23 所示。

Run:　2-4 ×
C:\Users\liliang\Anaconda3\python.exe C:/Users/liliang/PycharmProjects/sjfx/2-4.py
列表为: ['a', 'b', 'c', 'd', 'e', 'f']
索引为2的元素为:c
索引为-1的元素为:f

Process finished with exit code 0

图 2-23　访问列表单个元素示例结果

2. 访问切片列表

切片列表是指取出列表一段连续或不连续元素构成一个新列表，切片列表的一般格式为：

```
list[start:last:step]
```

其中，start 表示起始索引，start 可以省略，默认是 0。last 表示终止索引，并且这个终止索引是不能取到的。step 表示索引步长，即索引之间的间隔。

【注意】（1）start:last 是一个左闭右开的区间，如 list[1:4]表示的是输出列表索引号 1 到 3 对应的元素。（2）有时使用默认索引更加方便，如 list [:3]表示输出列表索引号 0 到 2 对应的元素，list[::2]表示将列表 list 按间隔为 2 正序输出，list [::-1] 表示将列表 list 按间隔 1 倒序输出。

示例代码如下：

```
list = ['a','b','c','d','e','f']
print("列表为:",list)
print("索引号 1 到 3 的切片列表为:",list[1:4])
print("索引号 0 到 2 的切片列表为:",list[:3])
print("索引号 2 到最后一个索引的切片列表为:",list[2:])
print("原列表索引 0 到 4,步长为 2 的切片列表为:",list[0:5:2])
print("按间隔为 2 正序输出的切片列表为:",list[::2])
print("按间隔为 1 倒序输出的切片列表为:",list[::-1])
```

输出结果如图 2-24 所示。

图 2-24　访问切片列表示例结果

三、添加列表元素

在列表中可以使用 append 方法在列表的最后一个元素后面再添加一个新元素。添加列表新元素的一般格式为：

```
list.append(value)
```

其中，value 表示新添加元素的值。
示例代码如下：

```
list=[1,2,3,4]
print("初始列表为:",list)
list.append(5)
print("添加新元素的列表为:",list)
```

输出结果如图 2-25 所示。

Run: 2-4
C:\Users\liliang\Anaconda3\python.exe C:/Users/liliang/PycharmProjects/sjfx/2-4.py
初始列表为: [1, 2, 3, 4]
添加新元素的列表为: [1, 2, 3, 4, 5]
Process finished with exit code 0

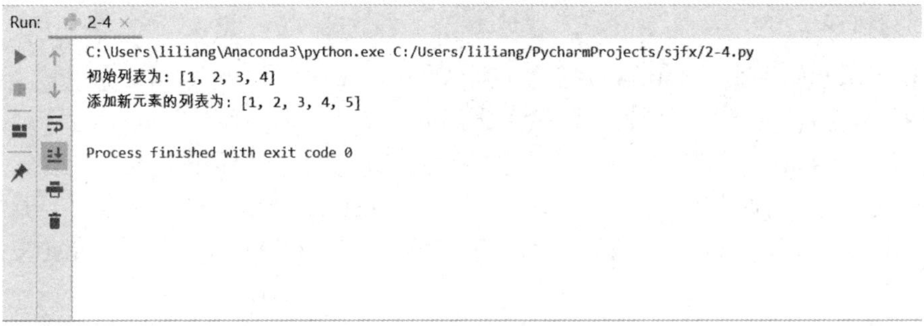

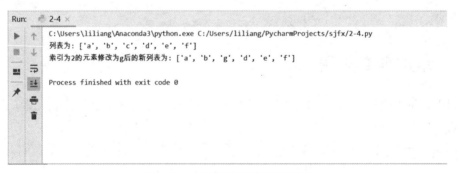

图 2-25　添加列表元素示例结果

【结果分析】通过 append 方法，还可以使用一个空列表[]通过逐一添加的方式生成一个用户需要的新列表。

四、修改列表元素

使用元素索引针对某个指定的元素进行修改，从而达到修改列表的目的。修改列表元素一般格式为：

```
list[index]=value_new
```

其中，value_new 表示列表 list 中索引 index 对应的元素的新值。

示例代码如下：

```
list = ['a','b','c','d','e','f']
print("列表为:",list)
list[2]='g'
print("索引为 2 的元素修改为 g 后的新列表为:",list)
```

输出结果如图 2-26 所示。

Run: 2-4
C:\Users\liliang\Anaconda3\python.exe C:/Users/liliang/PycharmProjects/sjfx/2-4.py
列表为: ['a', 'b', 'c', 'd', 'e', 'f']
索引为2的元素修改为g后的新列表为: ['a', 'b', 'g', 'd', 'e', 'f']
Process finished with exit code 0

图 2-26　修改列表元素示例结果

五、删除列表元素

从列表中删除元素十分方便，既可以按照索引号删除元素，也可以按照值删除元素。

1. 按索引删除列表元素

按索引删除列表元素的一般格式为：

```
del list[index]
```

其中，index 表示要删除元素的索引。

2. 按值删除列表元素

按值删除列表元素的一般格式为：

```
list.remove(value)
```

其中，value 表示要删除元素的值。

示例代码如下：

```
list = ['a','b','c','d','e','f']
print("列表为:",list)
del list[1]
print("删除索引为 1 的元素后的新列表为:",list)
list.remove('a')
print("删除元素值为 a 的新列表为:",list)
```

输出结果如图 2-27 所示。

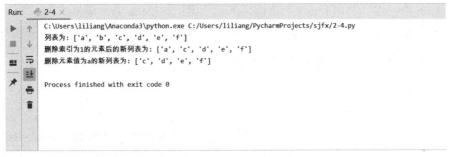

图 2-27　删除列表元素示例结果

六、列表的常用方法

Python 提供了列表的很多方法，包括查询列表长度、检查列表元素等。

1. 查询列表长度

在 Python 中，可以利用 len 查询列表长度。len 的一般格式为：

```
len(list)
```

示例代码如下：

```
list = ['a','b','c','d','e','f']
print("列表为:",list)
print("列表的长度为：",len(list))
```

输出结果如图 2-28 所示。

2. 检查列表元素

在 Python 中，可以利用 in 检查指定元素是否存在于列表中， in 方法的一般格式为：

value in list

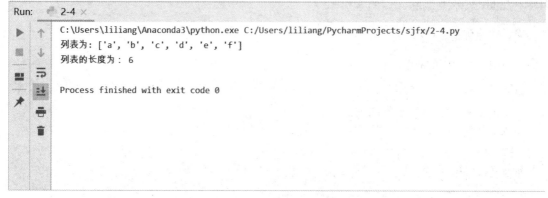

图 2-28　查询列表长度示例结果

其中，如果 value 在 list 中，则返回 True；如果 value 不在 list 中，则返回 False。

3. 查询列表元素索引

在 Python 中，可以利用 index 来查询列表元素索引，index 的一般格式为：

list.index(value)

其中，list.index(value)返回的结果是 list 中 value 对应的索引编号。

【任务实训】

任务 2-11：找到 50 以内十位大于个位的整数，结果用一个列表输出，并输出该列表前 4 个元素构成的新列表。

```
list=[]
for i in range(11,50):
    if (i%10 < i//10):          #i%10 表示 i 的个位，i//10 的十位
        list.append(i)
print("50 以内十位大于个位的整数构成的列表为:",list)
print("该列表前 4 个元素构成的新列表为:",list[:4])
```

输出结果如图 2-29 所示。

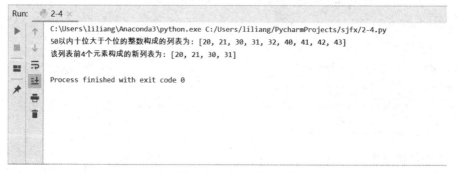

图 2-29　任务 2-11 输出结果

任务 2-12：新建一个客户名单列表["张杨","徐天","王飞","李明","潘悦"]，并命名为 name_list，利用 for 循环语句逐一输出客户名单，并判断"王飞"是否在客户名单中。具体代码如下：

```python
name_list = ["张杨","徐天","王飞","李明","潘悦"]
print("客户名单为:",name_list)
n = len(name_list)
for i in range(n):
    print("第%d 个客户为:%s"%(i+1,name_list[i]))
name_find = "王飞"
result = "王飞" in name_list
print("客户名单中包含客户\'%s\'的结果为:%s"%(name_find,result))
```

输出结果如图 2-30 所示。

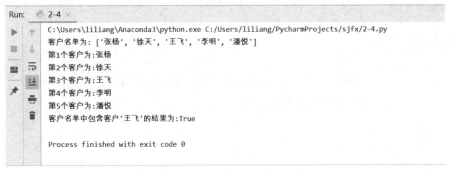

图 2-30　任务 2-12 输出结果

【结果分析】因为列表索引编号是从 0 开始的，所以在给客户编号的时候需要让索引编号+1。

任务 2-13：新建一个客户名单列表["张杨","徐天","王飞","李明","潘悦"]，并命名为 name_list，查询客户"王飞"是第几个客户。具体代码如下：

```python
name_list = ["张杨","徐天","王飞","李明","潘悦"]
print("客户名单为:",name_list)
name_find = "王飞"
index_find = name_list.index(name_find)
print("\'%s\'是第%d 个客户"%(name_find,index_find+1))
```

输出结果如图 2-31 所示。

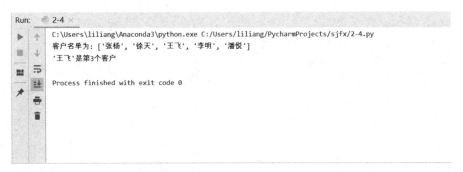

图 2-31　任务 2-13 输出结果

【巩固训练】

新建一个客户名单列表["张杨","徐天","王飞","李明","潘悦"]，并命名为 name_list，利用 for 循环语句逐一输出客户"王飞"之前的名单。

 # 2.5 Python 字符串操作

【学习目标】

1. 能够访问字符串元素。
2. 能够对字符串进行拼接、拆分、替换等操作。

【知识指南】

Python 字符串是一种以字符为元素的序列，因为序列的元素是有前后顺序的，所以可以通过索引来访问一个字符或一组连续字符。

一、字符串的访问

1. 访问单个字符

在字符串中，字符的索引编号与列表的索引编号类似，第 1 个字符的索引编号 0，其右边一个字符的索引编号为 1，以此类推。Python 除了支持字符串的正向索引，还支持字符串的反向索引，最后一个字符的索引编号为-1，其左边一个字符的索引编号为-2，以此类推。

例如，在字符串 str = "Python" 中，字符"o"可以通过两种方式进行访问，str[4]或 str[-2]。

示例代码如下：

```
str = "Python"
print("字符串为:",str)
print("正向引用时,索引编号为 4 对应的元素为:",str[4])
print("反向引用时,索引编号为-2 对应的元素为:",str[-2])
```

输出结果如图 2-32 所示。

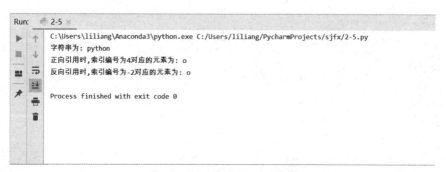

图 2-32 访问单个字符示例结果

2. 访问切片字符串

切片字符串是指从指定字符串中切割出部分字符，切割出来的字符串就是切片字符串，切片字符串的一般格式为：

```
str[start:last:step]
```

其中，start 表示起始索引，start 可以省略，默认是 0。last 表示终止索引，并且这个终止索引是不能取到的。step 表示索引步长，即索引之间的间隔。

示例代码如下：

```
str = "helloworld"
print("字符串为:",str)
print("索引号 1 到 3 对应的切片字符串为:",str[1:4])
print("索引号 0 到 2 对应的切片字符串为:",str[:3])
print("索引号 2 到最后一个索引对应的切片字符串为:",str[2:])
print("按间隔为 2 正序输出的切片字符串为:",str[::2])
print("按间隔为 1 倒序输出的切片字符串为:",str[::-1])
```

输出结果如图 2-33 所示。

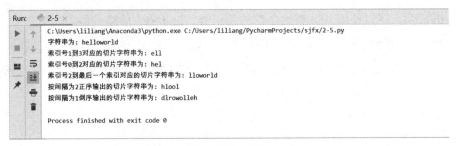

图 2-33 访问切片字符串示例结果

二、字符串的操作

1. 字符串的连接

（1）使用连接符"+"连接字符串

字符串的连接是指用连接符"+"把字符串连接起来，其一般格式是：

```
str1+str2+……
```

示例代码如下：

```
str1 = "Python"
str2 = "3.6"
str = str1 + str2
print("Python 的版本为:",str)
```

输出结果如图 2-34 所示。

（2）使用 join 连接字符串

在 Python 中，用符号"+"进行字符连接操作的效率很低，使用一次"+"连接两个字符串，生成的新字符串就会占用内存，当连续相加的字符串很多时，就会占用大量的内存，影响效率。对于连接字符串操作，可以使用 join 取代，这样只申请一次内存，可以大大提高操作效率。

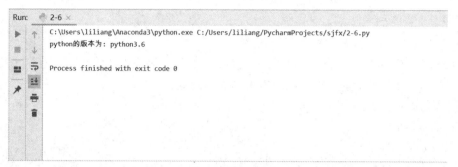

图 2-34　字符串的连接示例结果

Join 的一般格式是：

```
"连接符".join([str1,str2,str3])
```

2. 查询字符的索引号

在 Python 中，可以使用 find 查询字符的索引号。find 的一般格式是：

```
str.find(substr,start,end)
```

其中，substr 表示要查询的字符，start 表示字符串的起始查询索引，end 表示字符串的终止查询索引，并且这个区间也是左闭右开索引区间。如果 substr 不在字符串 str 中，则会返回结果"−1"。

示例代码如下：

```
str = "helloworld"
print("字符串为:",str)
print("字符 e 的索引号为:",str.find('e'))
print("索引号 4 之后，字符 l 的索引号为:",str.find('l',4,len(str)))
print("字符 a 的索引号为:",str.find('a'))
```

输出结果如图 2-35 所示。

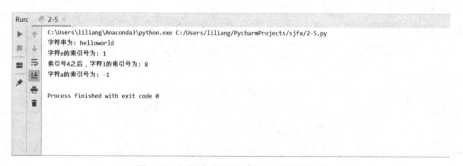

图 2-35　查询字符的索引号示例结果

【结果分析】len(str)表示字符串 str 的长度，所以 len(str)等于 10，str.find('l',4,len(str))表示从索引号 4 到 9（因为是左闭右开索引区间，10 不能取到），即可以表示从索引号 4 到最后一个索引号。

3. 查询字符的出现次数

有时，需要统计字符串中某个字符的出现次数，此时可以使用 count 查询字符的出现次数。count 的一般格式是：

```
str.count (substr,start,end)
```

其中，substr 表示要统计的字符，start 表示统计的起始索引，end 表示统计的终止索引，并且这个区间也是左闭右开索引区间。

示例代码如下：

```
str = "helloworld"
print("字符串为:",str)
print("字符 l 的出现次数为:",str.count('l'))
print("索引号 4 之后，字符 l 出现次数为:",str.count('l',4,len(str)))
print("字符 a 的出现次数为:",str.count('a'))
```

输出结果如图 2-36 所示。

图 2-36　查询字符的出现次数示例结果

4. 字符串拆分

字符串可以按照某个分隔符进行拆分，拆分时可使用 split 函数，其一般格式是：

```
str.split(sep,maxsplit)
```

其中，sep 表示分隔符，默认的分隔符为空格。maxsplit 表示拆分次数，默认无限次拆分，字符串的拆分结果是一个列表。

示例代码如下：

```
str = "h-e-l-l-o w-o-r-l-d"
print("按默认的空格进行拆分的结果为:",str.split())
print("按小横线-拆分 3 次的结果为:",str.split('-',3))
```

输出结果如图 2-37 所示。

5. 字符替换

在字符串中，可以将某个指定字符替换成其他字符，替换的方法是 replace，其一般格式是：

```
str.replace(oldstr,newstr,count)
```

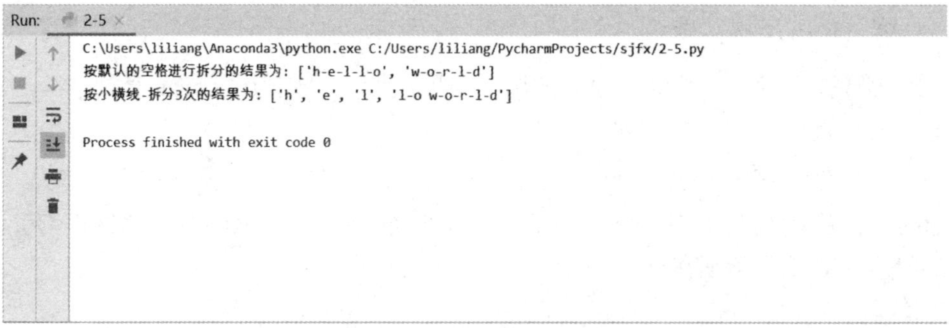

图 2-37　字符串拆分示例结果

其中，oldstr 表示需要替换的原字符，newstr 表示替换后的新字符，count 表示替换次数，默认全部替换。

示例代码如下：

```
str = "helloworld"
print("将字符 e 替换成字符 a 的结果为:",str.replace('e','a'))
print("将字符 o 替换成空格的结果为:",str.replace('o',' '))
print("将前 2 个字符 l 替换成*的结果为:",str.replace('l','*',2))
```

输出结果如图 2-38 所示。

```
C:\Users\liliang\Anaconda3\python.exe C:/Users/liliang/PycharmProjects/sjfx/2-5.py
将字符e替换成字符a的结果为: halloworld
将字符o替换成空格的结果为:: hell w rld
将前2个字符l替换成*的结果为:: he**oworld

Process finished with exit code 0
```

图 2-38　字符替换示例结果

【任务实训】

任务 2-14：从键盘输入 3 个字符串"江苏""苏州""姑苏区"，分别赋值为变量"province""city""district"，并将这三个变量连接成一个新的字符串，赋值给 area，再输出该变量。

具体代码如下：

```
province = input("请输入省份名:")
city = input("请输入城市名:")
district = input("请输入区名:")
area = province + city + district
print("省份名、城市名、区名拼接的结果为:",area)
```

输出结果如图 2-39 所示。

```
Run:    2-5  ×
    C:\Users\liliang\Anaconda3\python.exe C:/Users/liliang/PycharmProjects/sjfx/2-5.py
    请输入省份名:江苏
    请输入城市名:苏州
    请输入区名:姑苏区
    省份名、城市名、区名拼接的结果为: 江苏苏州姑苏区

    Process finished with exit code 0
```

图 2-39　任务 2-14 输出结果

任务 2-15：从键盘输入 3 个字符串 "江苏" "苏州" "姑苏区"，分别赋值变量 "province" "city" "district"，并将这三个变量用 join 连接起来，连接符为 "-"，输出连接结果。

具体代码如下：

```
province = input("请输入省份名:")
city = input("请输入城市名:")
district = input("请输入区名:")
area = "-".join([province,city,district])
print("省份名、城市名、区名拼接的结果为:",area)
```

输出结果如图 2-40 所示。

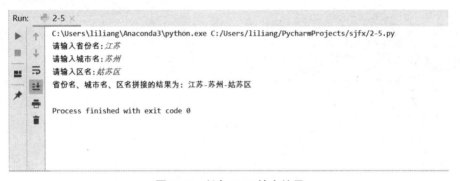

```
Run:    2-5  ×
    C:\Users\liliang\Anaconda3\python.exe C:/Users/liliang/PycharmProjects/sjfx/2-5.py
    请输入省份名:江苏
    请输入城市名:苏州
    请输入区名:姑苏区
    省份名、城市名、区名拼接的结果为: 江苏-苏州-姑苏区

    Process finished with exit code 0
```

图 2-40　任务 2-15 输出结果

任务 2-16：输入字符串 "中国 江苏-苏州-姑苏区"，并赋值给变量 str，完成如下操作：

（1）用默认的空格作为分隔符，将 str 拆分为 "中国" 与 "江苏-苏州-姑苏区"，并将拆分结果中的 "江苏-苏州-姑苏区" 赋值给变量 area。

（2）用分隔符 "-" 将变量 area 拆分，并依次输出省份名、城市名和区名。

具体代码如下：

```
str = "中国  江苏-苏州-姑苏区"
area = str.split()[1]
print("area =",area)
province = area.split('-')[0]
city = area.split('-')[1]
district = area.split('-')[2]
print("省份名为:%s\n 城市名为:%s\n 区名为:%s"%(province,city,district))
```

输出结果如图 2-41 所示。

图 2-41　任务 2-16 输出结果

任务 2-17：创建字符串"3.5 万元"，并赋值给变量 price，将单位"万元"转换为单元"元"，保留数值结果为整数。

```
price = "3.5 万元"
print("初始数据为:",price)
price = price.replace('万元','')
price = float(price)        #将 str 转换为浮点数，是为了下一步的数值计算
price = int(10000*price)        #用 int()可以将结果转换为整数
print("转换结果为:%i 元"%price)
```

输出结果如图 2-42 所示。

图 2-42　任务 2-17 输出结果

【巩固训练】

创建字符串列表["3.5 万元","4 万元","3 万元"]，将列表中元素的单位"万元"都转成"元"，并去掉单元"元"。（提示：先创建一个空列表，作为存放转换结果的容器，结果可以利用 for 循环遍历每一个元素，进行转换，再将转换结果通过 append 逐一放入空列表。）

 ## 2.6　Python 字典操作

【学习目标】

1. 能够创建一维和二维字典。

2. 能够对字典进行元素访问、元素更新、元素删除等操作。

【知识指南】

列表和元组都是有序序列，其特点是元素之间有先后顺序关系，并且可以通过索引的位置编号进行访问。字典与列表就有明显的不同，因为字典的数据元素之间没有任何的顺序关系，因此不能够通过索引的位置编号来访问元素。访问字典中的元素，只能通过字典中特有"关键字:值"对的机制来实现。

字典是在大括号{}中放置以逗号作为分隔符的"关键字:值"对，关键字就相当于索引，而它对应的就是值。值是根据关键字来储存的，只要找到关键字就可以找到需要的值，而且这种对应的关系是唯一的。

一、创建字典

字典在大括号{}中放置的每一个"键:值"对都可以称为字典的元素或数据项。创建字典的一般格式为：

```
dict = {key1:value1, key2: value2,…}
```

其中，键与值之间用冒号":"隔开，字典元素和元素之间用逗号","隔开。当字典的大括号没有任何内容时，会产生一个空字典。

示例代码如下：

```
dict = {'code':'001','product':'手机','sale':1000}
print(dict)
```

输出结果如图 2-43 所示。

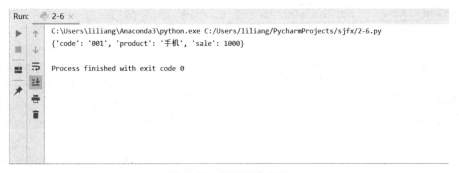

图 2-43　创建字典结果

二、访问字典关键字

字典的关键字可以通过 keys 进行访问，其结果是一个列表，访问字典关键字的一般方法为：

```
dict.keys()
```

示例代码如下：

```
dict = {'code': '001', 'product': '手机', 'sale': 1000}
print("字典为:",dict)
print("字典的关键字为:",dict.keys())
```

输出结果如图 2-44 所示。

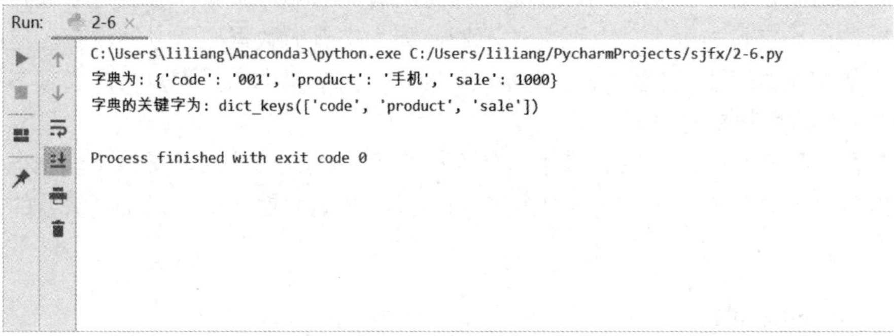

图 2-44　访问字典关键字示例结果

三、访问字典元素

在 Python 中，可以利用关键字来访问字典元素，如果关键字不在字典中，会引发错误。访问字典元素的一般格式为：

```
dict[key]
```

示例代码如下：

```
dict = {'code':'001','product':'手机','sale':1000}
print(dict)
print("产品名称为：",dict['product'])
```

输出结果如图 2-45 所示。

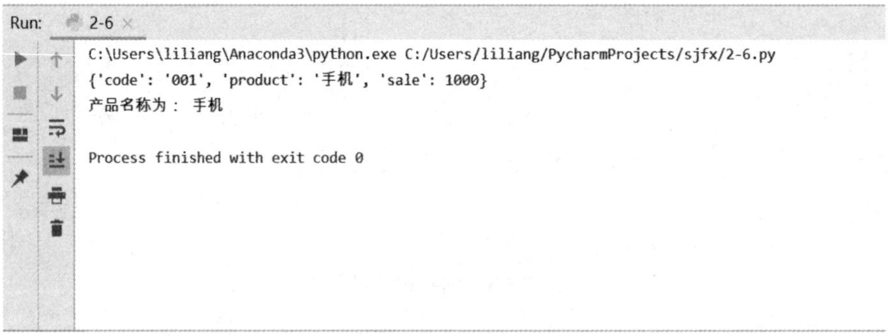

图 2-45　访问字典元素结果

四、更新字典元素

字典的元素可以通过关键字进行更新，更新字典元素的一般方法为：

```
dict[key] = new_value
```

其中，key 表示需要修改的元素的关键字，new_value 表示修改后的新值。如果关键字存在，则修改关键字对应的值；如果关键字不存在，则在字典中增加一个新值。

示例代码如下：

```
dict = {'code': '001', 'product': '手机', 'sale': 1000}
print(dict)
dict['code'] = '004'
dict['stock'] = 300
print(dict)
```

输出结果如图 2-46 所示。

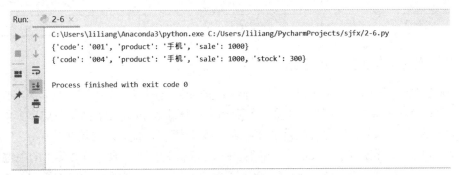

图 2-46　更新字典元素结果

五、删除字典元素

字典的元素还可以通过关键字进行删除，删除字典元素的一般方法为：

```
dict.pop[key]
```

示例代码如下：

```
dict = {'code': '001', 'product': '手机', 'sale': 1000}
print("字典为:",dict)
dict.pop('code')
print("删除关键字 code 后的新字典为：",dict)
```

输出结果如图 2-47 所示。

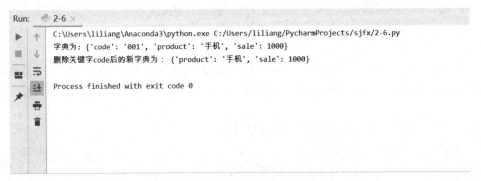

图 2-47　删除字典元素示例结果

六、利用字典创建二维数据

Python 除了可以创建一维字典，还可以通过字典创建二维数据，将二维数据转为 Pandas 中的 DataFrame 结构，就可以进行各种数据处理与分析。二维数据的创建有多种方法，下面使用两种方式创建表 2-5 所示的数据。

表 2-5　二维字典源数据

	product（产品名称）	sale（产品销量）
001	手机	1000
002	电视机	2000
003	笔记本电脑	1500

1. 利用嵌套字典创建二维数据

在一维字典的基础上，还可以把一维字典的 value 值再写成一个一维字典，即字典嵌套字典。利用嵌套字典创建二维数据的时候，需要确定外层字典和内层字典及两层字典的关键字 key。一般来说，可以将列数据看成是外层字典，而将行数据看成是内层字典。

在表 2-5 所示的数据中，"product" 和 "sale" 可以作为外层字典（列数据）的关键字 key，而 001、002、003 可以作为内层字典（行数据）的关键字 key，因此，表 2-5 可以用关键字和值来表示，如表 2-6 所示。

表 2-6　二维字典键值形式

	columns_key1	columns_key2
row_key1	value[11]	value[12]
row_key2	value[21]	value[22]
row_key3	value[31]	value[32]

利用嵌套字典创建二维字典的一般格式为：

```
dict = {col_key1:{row_key1: value[11], row_key2: value[21], ……},
        col_key2: {row_key1: value[12], row_key2: value[22], ……},
        ……}
```

其中，col_key 表示列字段名，row_key 表示行字段名，value[ij]表示第 i 行和第 j 列的数据值。

2. 利用字典和列表创建二维数据

利用字典和列表创建二维数据使用起来比嵌套字典更为方便，即在输入内层字典时，不按照 key:value 来输入，而是将字典转换成列表输入，但是在访问行数据时就无法通过 key 来访问，只能通过列表索引来访问。

利用字典和列表创建二维数据的一般格式为：

```
dict = {columns_key1:[value[11], value[21], ……]},
        columns_key2:[value[12], value[22], ……]},
        ……}
```

【任务实训】

任务 2-18：创建字典{'code': '001', 'product': '手机', 'sale': 1000}，命名为 dict，利用 for 循环语句输出每一个组键值对。具体代码如下：

```
dict = {'code': '001', 'product': '手机', 'sale': 1000}
print("字典为:",dict)
keys = dict.keys()
for i in keys:
    print("关键字%s 对应的值为:%s"%(i,dict[i]))
```

输出结果如图 2-48 所示。

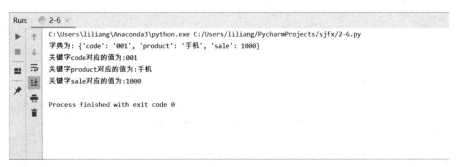

图 2-48 任务 2-18 输出结果

任务 2-19：利用嵌套字典将表 2-5 所示数据创建为二维数据，并完成：
（1）查询编号为 002 的产品名称。
（2）查询编号为 003 的产品销量。
具体代码如下：

```
dict = {'product':{'001':'手机','002':'电视机','003':'笔记本电脑'},
        'sale':{'001':1000,'002':2000,'003':1500}}
print(dict)
print("编号为 002 的产品名称的查询结果为:",dict['product']['002'])
print("编号为 003 的产品销量的查询结果为:",dict['sale']['003'])
```

输出结果如图 2-49 所示。

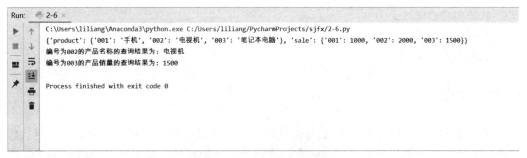

图 2-49 任务 2-19 输出结果

任务 2-20：利用字典和列表将表 2-5 所示数据创建为二维数据，并完成：
（1）查询编号为 002 的产品名称（编号为 002 对应的行索引为 1）。

（2）查询编号为 003 的产品销量（编号为 003 对应的行索引为 2）。

具体代码如下：

```
dict = {'product':['手机','电视机','笔记本电脑'],'sale':[1000,2000,1500]}
print(dict)
print("编号为 002 的产品名称的查询结果为:",dict['product'][1])
print("编号为 003 的产品销量的查询结果为:",dict['sale'][2])
```

输出结果如图 2-50 所示。

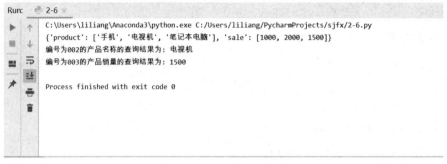

图 2-50　任务 2-20 输出结果

【巩固训练】

构建餐饮消费明细的字典 data_dict3，订单编号为 a0001 的 name（姓名）、amount（消费金额）为"徐倩"和 126；订单编号为 a0002 的 name（姓名）、amount（消费金额）为"张峰"和 86；订单编号为 b0003 的 name（姓名）、amount（消费金额）为"肖明"和 57；订单编号为 c0004 的 name（姓名）为"杨天"和 88。

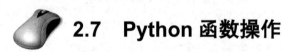

2.7　Python 函数操作

【学习目标】

1. 能够创建自定义函数。
2. 理解函数中参数的意义。
3. 能够创建匿名函数。

【知识指南】

在程序设计中，有很多操作是完全相似的，只是处理的对象不同，遇到这种情况比较好的做法是将反复用到的某些程序写成函数，当需要时调用函数就可以了。Python 自带了很多内置函数，如输入函数 input 和输出函数 print。当然，用户也可以自己创建函数，称为自定义函数。

一、定义函数

在 Python 中，将一个程序段的运算或处理放在函数中完成，这就需要先定义函数，然后根据需要调用函数，而且可以多次调用，这也体现了函数的特点。Python 函数定义的一般方法为：

```
def 函数名(形式参数 1,形式参数 2,…):
    函数体
```

函数的定义需要注意以下几点：

（1）函数定义是以关键字 def 开始的，后面跟函数名，函数后面跟括号括起来的形式参数；当函数有多个参数的时候，形式参数之间要用逗号隔开。形式参数在定义的时候并不占用内存地址。

（2）函数体描述了函数的主要功能，函数体往往包含 return 语句，该语句用于传递函数的返回值，如果没有 return 语句，则表示函数不返回任何值。

示例代码如下：

```
def fun(x,y):
    result = (x**2 + y**2)/2    #计算(x^2+y^2)/2
    return result
```

二、调用函数

当定义了函数之后，就可以调用函数，调用函数时需要在形式参数的位置输入实际参数值，调用有参数函数的形式为：

```
函数名(实际参数值 1,实际参数值 2,…)
```

其中，实际参数值在输入时，要保证与形式参数一一对应，并且参数类型也要兼容。实际参数在使用时会占用内存地址。

示例代码如下：

```
def fun(x,y):
    result = (x**2 + y**2)/2    #计算（x^2+y^2）/2
    return result
print("两个数 2 和 3 的平方和的平均值为:",fun(2,3))
```

输出结果如图 2-51 所示。

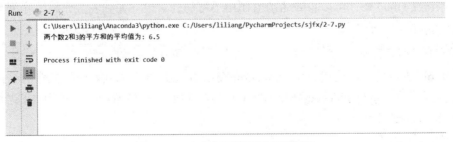

图 2-51　定义与调用函数示例结果

三、匿名函数

在程序设计中，有的函数需要反复使用，就可以通过前面的方法定义函数并进行调用。而有的函数仅仅是临时使用，使用一次后就不再使用，这样的函数就是匿名函数。匿名函数就是可以不用定义函数名而直接使用的函数。

非匿名函数在定义时，就已经创建函数对象和作用域对象，所以即使未调用非匿名函数，也占用内存空间。而匿名函数，仅在调用时，才临时创建函数对象和作用域链对象；调用完，立即释放，所以匿名函数比非匿名函数更节省内存空间。

1. 匿名函数的定义

在 Python 中，可以使用 lambda 关键字来定义一个匿名函数，lambda 的一般方法为：

```
lambda  参数 1,参数 2,···:表达式
```

其中，关键字 lambda 表示匿名函数，冒号前面表示参数名，参数可以有多个，但是只有一个返回值，因此只能有一个表达式，返回值就是该表达式的结果。

示例代码如下：

```
f = lambda x,y:(x**2+y**2)/2
print("两个数 2 和 3 的平方和的平均值为:", f(2, 3))
```

输出结果如图 2-52 所示。

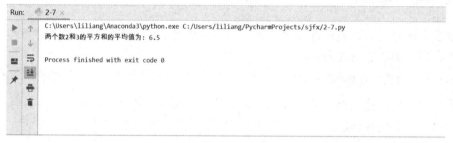

图 2-52　匿名函数示例结果

2. 匿名函数的操作

由于匿名函数 lambda 里面不能处理 for 循环之类的复杂运算，所以如果要对匿名函数 lambda 进行复杂运算，就需要与 map、filter 等运算结合起来使用。

（1）map 操作

匿名函数的 map 操作可以将匿名函数作用于可迭代对象（如列表、元组等序列）的每一个元素，map 操作一般方法为：

```
map(function,iterable)
```

其中，iterable 表示使用可迭代对象，function 表示 lambda 匿名函数。map 操作的结果仅仅是一个迭代结果，如 <map object at 0x000001C12226B128>，要查看结果必须用 list 进行输出，即 list(map(function, iterable))。

示例代码如下：

```
print("输出 1 到 20 的平方构成的列表:")
```

```
result = list(map(lambda x:x**2,range(1,21)))
print(result)
```

输出结果如图 2-53 所示。

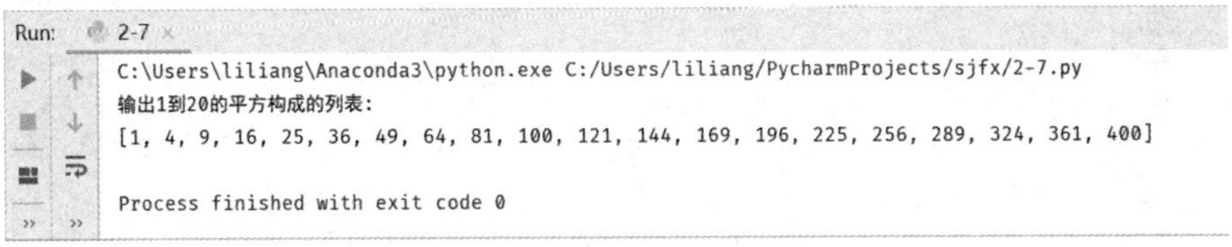

图 2-53　map 操作示例结果

（2）filter 操作

匿名函数的 filter 操作可以将匿名函数的布尔值结果应用于可迭代对象（如列表、元组等序列）的每一个元素，返回所有为 True 的元素，并放在一个迭代结果中。filter 操作的一般方法为：

```
filter(function,iterable)
```

示例代码如下：

```
print("输出 100 以内 6 的倍数的列表:")
result = list(filter(lambda x:x%6==0,range(1,101)))
print(result)
```

输出结果如图 2-54 所示。

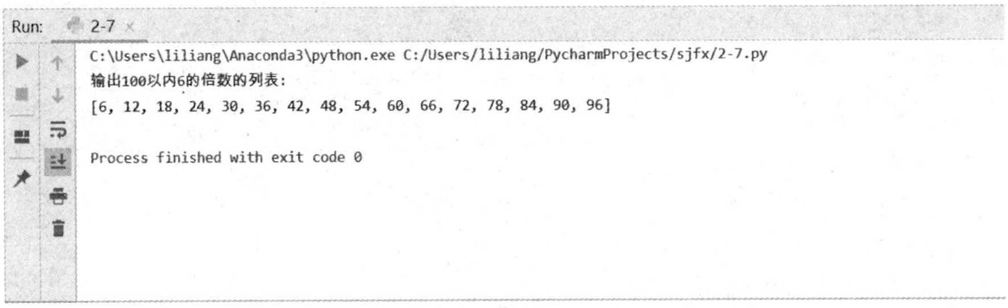

图 2-54　filter 操作示例结果

【任务实训】

任务 2-21：创建函数 fun_sum，该函数包含 1 个形式参数 n，函数的作用是计算：1 + 2 + … + n，并调用该函数，输入实际参数值 10。具体代码如下：

```
def fun_sum(n):
    sum=0
    for i in range(n+1):
        sum=sum+i
    return sum
print("前 10 个整数的和  =",fun_sum(10))
```

输出结果如图 2-55 所示。

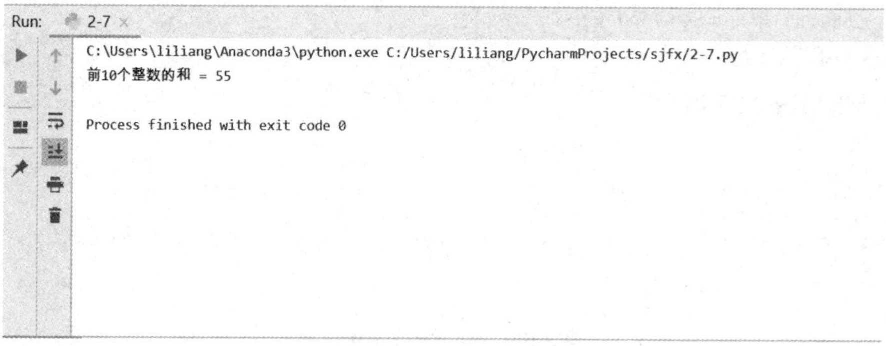

图 2-55　任务 2-21 输出结果

任务 2-22：定义函数 fun_list，该函数有两个形式参数，第 1 个形式参数为一个输入列表，第 2 个形式参数表示列表的多个输出结果。第 2 个形式参数也是一个列表，该列表有 3 个取值，0 表示输出列表的长度，1 表示输出列表中所有元素的和，2 表示输出列表中所有元素的平均值。输入列表[2,3,4,1,6,7,5]，通过函数 fun_list 输出列表的长度和列表中所有元素的平均值。具体代码如下：

```python
def fun_list(list,n):
    result=[]
    list_len = len(list)
    result.append(list_len)
    list_sum = 0
    for i in list:
        list_sum = list_sum + i
    list_mean = list_sum / list_len
    result.append(list_sum)
    result.append(list_mean)
    print("输入的列表为:",list)
    return result[n]
list = [2,3,4,1,6,7,5]
print("列表长度为:",fun_list(list,0))
print("列表所有元素的平均值为:",fun_list(list,2))
```

输出结果如图 2-56 所示。

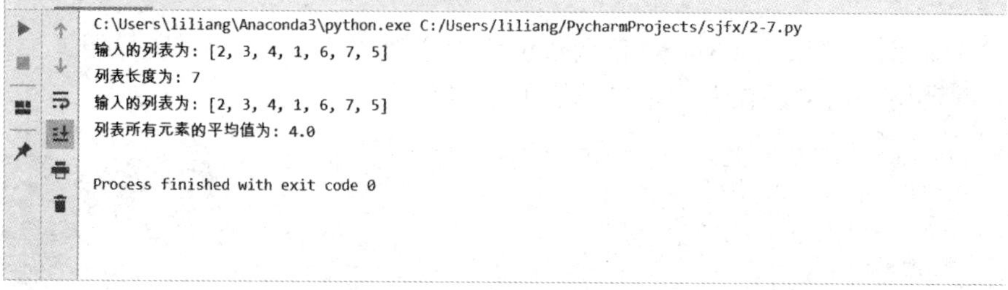

图 2-56　任务 2-22 输出结果

任务 2-23：利用匿名函数的 map 操作，将列表[0.22,0.34,0.44]中的每一个元素都转换成百分比形式。具体代码如下：

```
print("原始列表为:",[0.22,0.34,0.44])
result = list(map(lambda x:"%.2f%%"%(x*100),[0.22,0.34,0.44]))
print("转换后的列表为:",result)
```

输出结果如图 2-57 所示。

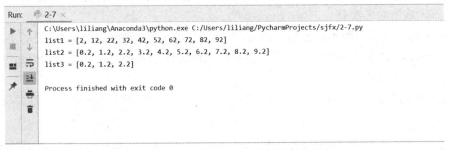

图 2-57　任务 2-23 输出结果

【结果分析】%.2f 是格式符，表示 2 位小数的浮点数，%%是格式符，表示百分号%。

任务 2-24：利用匿名函数的 filter 操作，生成一个由个位为 2 的一位数或两位数组成的列表 list1，即 list1 = [2,12,22,32,…,92]，再用 map 操作将这个列表中每个元素除以 10，生成一个新列表 list2，即 list2 = [0,2,1.2,2.2,3.2,…,9.2]，list2 为前三个元素组成的切片列表 list3，以此输出 list1、list2、list3。

具体代码如下：

```
list1 = list(filter(lambda x:x%10==2,range(101)))
print("list1 =",list1)
list2 = list(map(lambda x:x/10,list1))
print("list2 =",list2)
list3 = list2[:3]
print("list3 =",list3)
```

输出结果如图 2-58 所示。

```
Run:  2-7 ×
  C:\Users\liliang\Anaconda3\python.exe C:/Users/liliang/PycharmProjects/sjfx/2-7.py
  list1 = [2, 12, 22, 32, 42, 52, 62, 72, 82, 92]
  list2 = [0.2, 1.2, 2.2, 3.2, 4.2, 5.2, 6.2, 7.2, 8.2, 9.2]
  list3 = [0.2, 1.2, 2.2]

  Process finished with exit code 0
```

图 2-58　任务 2-24 输出结果

【巩固训练】

创建一个列表 list1，list1=['3.5 万','4 万','2.2 万']，利用匿名函数的 map 操作将 list1 转换为 list2，list2 =[35000, 40000, 22000]。

2.8　Python 的 NumPy 库

【学习目标】

1. 能够创建一维和二维数组。
2. 能够对数组进行属性查询。
3. 能够对数组进行切片操作。

【知识指南】

NumPy 是 Python 开源的科学计算机工具包，是一个高级数值编程工具，通过 NumPy 可以不用遍历循环就实现大型的矩阵的计算。NumPy 可以实现生成随机数、线性代数、傅里叶变换等功能。同时，NumPy 可以保存任意类型的数据，这使得 NumPy 可以快速而高效地处理各种数据。NumPy 提供了许多高级的数值编程工具，如矩阵数据类型、矢量处理，以及精密的运算库，NumPy 专为进行严格的数字处理而产生。

在导入 NumPy 的时候，一般需要先使用一行代码，代码如下：

```
import numpy as np
```

一、创建数组对象

1. 创建一维数组

当数组中每个元素都只带有一个下标时，这样的数组就是一维数组，一维数组是由数字组成的按顺序排序的单一数组。一维数组是计算机程序中最基本的数组，二维及多维数组可以看作是一维数组的多次叠加产生的。

Python 提供 array 函数可以创建一维数组，通过 array 函数创建一维数组类似于创建列表 list，但是 array 函数没有各种运算函数，因此不太适合进行各种复杂计算。利用 array 函数创建一维数组的一般格式为：

```
np.array([value1, value2,…])
```

示例代码如下：

```
import numpy as np
arr1 = np.array([1,2,3])
print("创建的一维数组为 arr1 为:\n",arr1)
```

输出结果如图 2-59 所示。

```
Run:   2-8 ×
  ▶  ↑   C:\Users\liliang\Anaconda3\python.exe C:/Users/liliang/PycharmProjects/sjfx/2-8.py
  ■  ↓   创建的一维数组为arr1为:
  ▤  ⇥    [1 2 3]
  ★  ⬇
  ⇗  🖨   Process finished with exit code 0
     🗑
```

图 2-59　创建一维数组示例结果

2. 创建二维数组

二维数组与一维数组相似，但是用法上要比一维数组复杂一点。仅从表现形式上看，m 行 n 列二维数组就是一个 $m*n$ 矩阵。利用 array 函数也可以创建二维数组，利用 array 函数创建二维数组的一般方法为：

np.array([[value11, value12,…],[value21, value22,…],…])

其中，在创建二维数组时，需要加两层括号，这一点与创建一维数组不同。

示例代码如下：

```
arr2 = np.array([[1,2,3],[2,3,4]])
print("创建的 2*3 的二维数组为:\n",arr2)
arr3 = np.array([[1,2,3],[2,3,4],[3,4,5]])
print("创建的 3*3 的二维数组为:\n",arr3)
```

输出结果如图 2-60 所示。

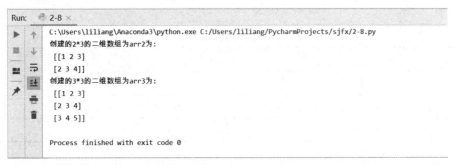

```
Run:   2-8 ×
  ▶  ↑   C:\Users\liliang\Anaconda3\python.exe C:/Users/liliang/PycharmProjects/sjfx/2-8.py
  ■  ↓   创建的2*3的二维数组为arr2为:
  ▤  ⇥    [[1 2 3]
  ★  ⬇     [2 3 4]]
  ⇗  🖨   创建的3*3的二维数组为arr3为:
     🗑    [[1 2 3]
           [2 3 4]
           [3 4 5]]

          Process finished with exit code 0
```

图 2-60　创建二维数组示例结果

3. 利用 arange 和 linspace 等方法生成数组

利用 array 函数创建数组，其方法都是先创建一个序列，然后再转换成数组，这样的创建数组的效率显然不高，因此 NumPy 提供专门的函数用来创建数组，如 arange 函数和 linspace 函数。

（1）利用 arange 函数生成数组

arange 函数类似于 Python 的自带函数 range，arange 函数的一般格式为：

np.arange (start,stop,step)

其中，start 表示初始值，stop 表示终止值，并且终止值是不能取到的，step 表示步长。

（2）利用 linspace 函数生成数组

linspace 函数可以不通过间隔而是元素个数的方式生成数组，linspace 函数的一般格式为：

```
np.linspace (start,stop,n)
```

其中，start 表示初始值，stop 表示终止值，并且终止值是可以取到的，这一点与 arange 函数不同，n 表示生成数组的元素个数。

示例代码如下：

```
print("0 到 1 之间以 0.2 为间隔的数组为:",np.arange(0,1,0.2))
print("0 到 1 之间以 0.2 为间隔的数组为:",np.linspace(0,0.8,5))
```

输出结果如图 2-61 所示。

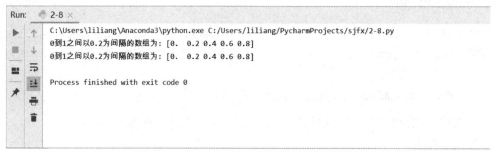

图 2-61　利用 arange 和 linspace 等方法生成数组示例结果

二、查看数组属性

为了能够更好地理解数组，了解数组的基本属性是十分有必要的，数组的基本属性如表 2-7 所示。

表 2-7　数组属性及其作用表

属性	作　用
ndim	表示数组的维度
shape	表示数组形状，结果为(m,n)表示 m 行 n 列，shape[0]表示行数，shape[1]表示列数
size	表示数组的元素总数
dtype	表示数组中元素的类型

示例代码如下：

```
print("arr1 的维度为:%d\narr2 的维度为:%d\narr3 的维度为:%d"
        %(arr1.ndim,arr2.ndim,arr3.ndim))
print("arr2:\n",arr2)
print("arr2 的形状为:",arr2.shape)
print("arr2 的行数为:",arr2.shape[0])
print("arr2 的列数为:",arr2.shape[1])
print("arr2 的元素总数为:",arr2.size)
print("arr2 的元素类型为:",arr2.dtype)
```

输出结果如图 2-62 所示。

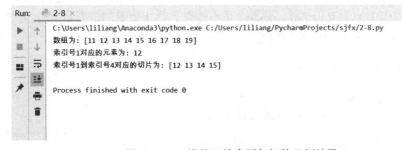

```
Run:    2-8 ×
    ▶  ↑   C:\Users\liliang\Anaconda3\python.exe C:/Users/liliang/PycharmProjects/sjfx/2-8.py
    ■  ↓   arr1的维度为:1
           arr2的维度为:2
    ▦  ⇥   arr3的维度为:2
    ⚡      arr2:
    ★       [[1 2 3]
    🖨      [2 3 4]]
    🗑      arr2的形状为: (2, 3)
           arr2的行数为: 2
           arr2的列数为: 3
           arr2的元素总数为: 6
           arr2的元素类型为: int32

           Process finished with exit code 0
```

图 2-62　查看数组属性示例结果

三、数组的索引与切片

1. 一维数组的索引和切片

一维数组的索引和切片与列表类似，一维数组的索引和切片的一般格式为：

```
array[index]
array[start:last:step]
```

其中，index 表示索引位置，并且是从 0 开始的。start 表示起始索引，start 可以省略，默认是 0。last 表示终止索引，并且这个终止索引是不能取到的。step 表示索引步长，即索引之间的间隔。

示例代码如下：

```
arr4 = np.arange(11,20)
print("数组为:",arr4)
print("索引号 1 对应的元素为:",arr4[1])
print("索引号 1 到索引号 4 对应的切片为:",arr4[1:5])
```

输出结果如图 2-63 所示。

```
Run:    2-8 ×
    ▶  ↑   C:\Users\liliang\Anaconda3\python.exe C:/Users/liliang/PycharmProjects/sjfx/2-8.py
           数组为: [11 12 13 14 15 16 17 18 19]
    ■  ↓   索引号1对应的元素为: 12
           索引号1到索引号4对应的切片为: [12 13 14 15]
    ▦  ⇥
    ⚡      Process finished with exit code 0
    ★
    🖨
    🗑
```

图 2-63　一维数组的索引与切片示例结果

2. 二维数组的索引与切片

二维数组两个维度（行与列）都有索引，在访问的时候，要用逗号隔开，并且先访问行索引再访问列索引。二维数组的索引和切片的一般格式为：

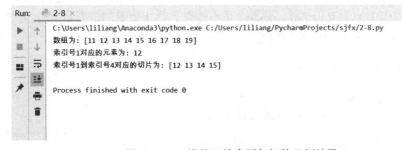

```
array[row_index,column_index]
array[row_start:row_last, column_start:column_last]
```

其中，row_index 表示行索引位置，column_index 表示列索引位置，并且都是从 0 开始的。row_start 和 column_start 表示行与列的起始索引，默认是 0。row_last 和 column_last 表示行与列的终止索引，并且这个终止索引对应的值是不能取到的。

示例代码如下：

```
arr5 = np.array([[1,2,3,4],[5,6,7,8],[9,10,11,12],[13,14,15,16]])
print("数组为:\n",arr5)
print("行索引为 1，列索引为 2 对应的元素为:\n",arr5[1,2])
print("行索引为 1 到 2，列索引为 2 到 3 对应的元素为:\n",arr5[1:3,2:4])
print("行索引为 2 的整行数据为:",arr5[2,:])
print("列索引为 3 的整列数据为:",arr5[:,3])
```

输出结果如图 2-64 所示。

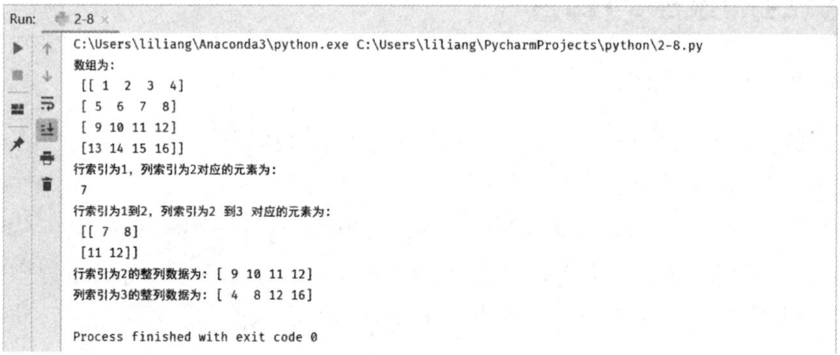

图 2-64　二维数组的索引与切片示例结果

四、NumPy 随机数

NumPy 有强大的生成随机数的功能，而与随机数相关的函数都在 random 模块中，其中包含了可以生成多种概率分布的随机数函数。但是需要注意的是，使用 NumPy 库中的 random 模块和直接使用 Python 中 random 模块在一些函数上有不同的使用方法。比如生成随机整数 randint，在 NumPy 库中使用 Random。randint 是不能取到终止整数的，而在 Python 的 random 模块中，使用 randint 是可以取到终止整数的。

1. 生成随机小数

（1）生成一维随机小数
生成 1 个 0 到 1 之间随机小数的一般方法为：

```
np.random.rand()
```

生成 x 个 0 到 1 之间随机小数组成的一维数组的一般方法为：

```
np.random.rand(x)
```

生成 1 个 0 到 y（y 为整型数值）之间随机小数的一般方法为：

```
np.random.rand()*y
```

生成 x 个 0 到 y（y 为整型数值）之间随机小数组成的一维数组的一般方法为：

```
np.random.rand(x)*y
```

示例代码如下：

```
print("生成 1 个 0 到 1 之间的小数",np.random.rand())
print("生成 5 个 0 到 1 之间的小数",np.random.rand(5))
print("生成 1 个 0 到 2 之间的小数",np.random.rand()*2)
print("生成 5 个 0 到 2 之间的小数",np.random.rand(5)*2)
```

输出结果如图 2-65 所示。

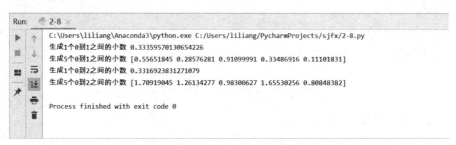

图 2-65 生成一维随机小数示例结果

（2）生成二维随机小数

生成 m 行 n 列的 0 到 1 之间随机小数二维数组的一般方法为：

```
np.random.rand(m,n)
```

示例代码如下：

```
print("生成 2*2 的 0 到 1 的随机小数二维数组:\n",np.random.rand(2,2))
print("生成 2*3 的 0 到 2 的随机小数二维数组:\n",np.random.rand(2,3)*2)
```

输出结果如图 2-66 所示。

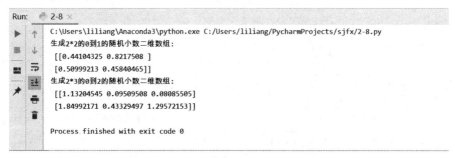

图 2-66 生成二维随机小数示例结果

2. 生成随机整数

生成随机整数可以使用 randint 函数，randint 函数的一般方法为：

```
np.random.randint(start,stop,size=[m,n])
```

其中，start 表示起始整数，stop 表示终止整数，起始整数能取到而终止整数不能取到。
size= [m,n]表示生成 m 行 n 列二维数组，size 默认为 None，即默认生成一个随机整数。
示例代码如下：

```
print("生成 1 个 0 到 10 的随机整数:\n",np.random.randint(11))
print("生成 1 个 5 到 15 的随机整数:\n",np.random.randint(5,16))
print("生成 3*3 的 1 到 100 的随机整数二维数组:\n",np.random.randint(1,101,size=[3,3]))
```

输出结果如图 2-67 所示。

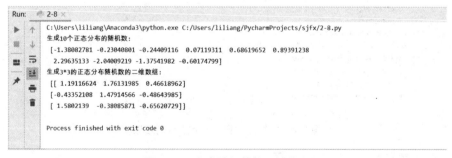

图 2-67　生成随机整数示例结果

3. 生成正态分布随机数

正态分布是数据分布中一种常用的分布，NumPy 提供了 randn 函数用来生成正态分布的随机数。

生成 x 个正态分布随机数组成的一维数组的一般方法为：

```
np.random.randn(x)
```

生成 m 行 n 列的正态分布随机数二维数组的一般方法为：

```
np.random.randn(m,n)
```

示例代码如下：

```
print("生成 10 个正态分布的随机数:\n",np.random.randn(10))
print("生成 3*3 的正态分布随机数的二维数组:\n",np.random.randn(3,3))
```

输出结果如图 2-68 所示。

```
Run:    2-8 ×
    C:\Users\liliang\Anaconda3\python.exe C:/Users/liliang/PycharmProjects/sjfx/2-8.py
    生成10个正态分布的随机数:
    [-1.38082781 -0.23040801 -0.24409116  0.07119311  0.68619652  0.89391238
      2.29635133 -2.04009219 -1.37541982 -0.60174799]
    生成3*3的正态分布随机数的二维数组:
    [[ 1.19116624  1.76131985  0.46618962]
     [-0.43352108  1.47914566 -0.48643985]
     [ 1.5802139  -0.38085871 -0.65620729]]

    Process finished with exit code 0
```

图 2-68　生成随机整数示例结果

五、NumPy 的操作

1. 数组转置

数组转置操作是指将行与列对调，即第 1 行变成第 1 列，第 2 行变成第 2 行，依此类推。

在 NumPy 中，数组转置可以使用 T 方法来实现。

示例代码如下：

```
arr6 = np.array([[1,2,3],[4,5,6]])
print("arr6 =\n",arr6)
print("arr6 转置后的结果为:\n",arr6.T)
```

输出结果如图 2-69 所示。

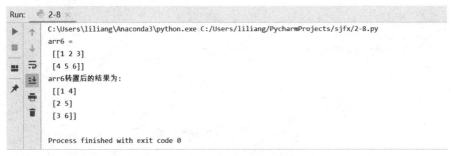

图 2-69　数组转置示例结果

2. 数组变形

在对数组进行操作时，经常需要对数据的形状进行改变，在 NumPy 中，可以使用 reshape 函数改变数组的形状。reshape 函数的一般方法为：

```
array.reshape(m,n)
```

其中，array 表示需要改变的原数组，m 和 n 分别表示转换后的新数组的行数和列数。

示例代码如下：

```
arr7 = np.arange(10)
print("原数组为:\n",arr7)
arr7.reshape(2,5)
print("改为 2 行 5 列后的数组为:\n",arr7.reshape(2,5))
```

输出结果如图 2-70 所示。

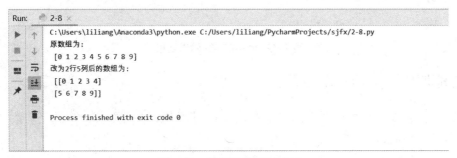

图 2-70　数组变形示例结果

【任务实训】

任务 2-25：用两种方法创建由 1 到 9 九个数字组成的 3×3 的二维数组。

具体代码如下：

```
arr8 = np.array([[1,2,3],[4,5,6],[7,8,9]])
print("直接创建二维数组:\n",arr8)
arr9 = np.arange(1,10).reshape(3,3)
print("通过 reshape 创建二维数组:\n",arr9)
```

输出结果如图 2-71 所示。

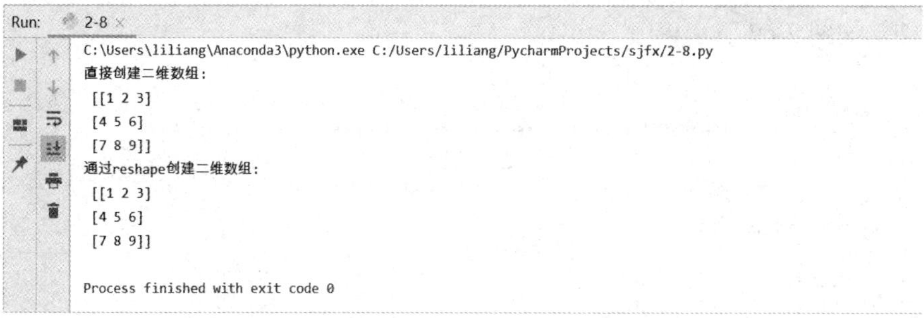

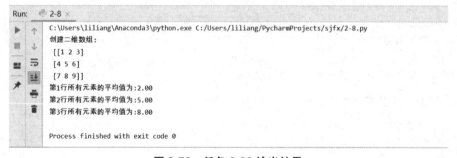

图 2-71　任务 2-25 输出结果

任务 2-26：创建由 1 到 9 九个数字组成的 3×3 的二维数组，并计算每一行的平均数（可以用 mean 函数求平均值）。

```
arr10 = np.arange(1,10).reshape(3,3)
print("创建二维数组:\n",arr10)
columns_count = arr10.shape[1]
for i in range(columns_count):
    print("第%d 行所有元素的平均值为:%.2f"%(i+1,arr10[i,:].mean()))
```

输出结果如图 2-72 所示。

图 2-72　任务 2-26 输出结果

【巩固训练】

创建由 1 到 16 十六个数字组成的 4×4 的二维数组，并计算每一列的平均数（可以用 mean 函数求平均值）。

2.9　Python 基础测试题

一、选择题

1. 在 Python 的格式化输出中，%d 表示指定位置输出的是（　　　）。

A. 整数　　　　　　　B. 浮点数　　　　　　　C. 字符串　　　　　　　D. 日期

2. 在 Python 的格式化输出中，如果要在指定位置输出带 2 位小数的百分比形式，下列正确的是（　　　）。

A. .2f　　　　　　　B. .2f%%　　　　　　　C. .2f%　　　　　　　D. %.2f%%

3. 如果要提取一个四位整数 n 的个位，可以使用（　　　）。

A. n//1000　　　　　B. n%10　　　　　　　C. n//100　　　　　　D. n%100

4. 在 Python 中，range(2,5)表示（　　　）。

A. 2 3 4　　　　　　B. 2 3 4 5　　　　　　C. 3 4　　　　　　　D. 3 4 5

5. 如果要统计列表元素的个数，可以使用方法（　　　）。

A. count　　　　　　B. len　　　　　　　C. sort　　　　　　　D. find

6. 若字符串 str="python"，则 str[-2]表示（　　　）。

A. t　　　　　　　　B. p　　　　　　　　C. n　　　　　　　　D. o

7. 若字符串 str="python"，如果要对 str 切片，得到字符串 "pto"，可使用（　　　）。

A. str[:2]　　　　　B. str[::2]　　　　　C. str[1:5:2]　　　　　D. str[2::]

8. 如果要查询字符串 str 中字符 a 的出现次数，可以使用（　　　）。

A. str.count('a')　　B. str.find('a')　　C. str.replace('a')　　D. str.split('a')

9. 若 result=map(lambda x:x*x,[1,2,3])，则输出 list(result)的结果是（　　　）。

A. [11,22,33]　　　B. [2,4,6]　　　　C. [1,2,3]　　　　D. [1,4,9]

10. 若 result=filter(lambda x:x%2==0,range(1,10))，则输出 list(result)的结果是（　　　）。

A. [2]　　　　　　　B. [2,4,8]　　　　C. [2,4,6,8]　　　　D. [2,4,6,8,10]

二、填空题

1. 在 Python 中，用来表示换行符的转义符是＿＿＿＿＿＿＿。

2. 在 Python 中，print(100%6)的结果是＿＿＿＿＿＿＿。

3. 在 Python 中，如果要在列表最后一个元素后再添加一个元素，可以使用方法＿＿＿＿＿＿＿。

4. 在 Python 中，如果字符'a'不在字符串 str 中，则 str.find('a')的结果为＿＿＿＿＿＿＿。

5. 在 Python 的字典中，如果要按照某个关键字删除元素，可以使用方法＿＿＿＿＿＿＿。

三、编程题

1. 利用循环语句，计算 1～5 的阶乘的和：1!+2!+3!+4!+5!。

2. 利用循环语句与跳出循环方法 break，判断某个数是否是质数。

3. 在 10 000 以内，找出既是平方数同时个位是 1 的数，如：1、81、121 等，构成一个列表，并输出列表的前 10 个元素。

4. 输入字符串日期 "2020/2/2"，并赋值给变量 date，通过字符串分割，再依次输出年、月、日。

第3章 利用 Pandas
进行数据预处理

在实际的数据分析工作中，大部分的时间用在数据预处理任务上，包括数据导入、去空去重、新增删除、格式转换、填充替换、拼接合并等。绝大部分情况下，存储在数据库或数据文件中的数据，格式与内容并不是恰好满足当前的数据分析任务时，而将数据通过各种方式整理得到完全符号要求的格式，往往需要大量的时间和精力。Python 语言具备简介的语法，灵活高效的数据结构，以及丰富的第三方库，可以提高数据整理的效率。在 Python 语言丰富的第三方库中，Pandas 非常适合做数据预处理的工作。

本章将重点介绍如何使用 Pandas 高效地完成数据预处理工作，第 3 章知识图谱如 3-1 所示。

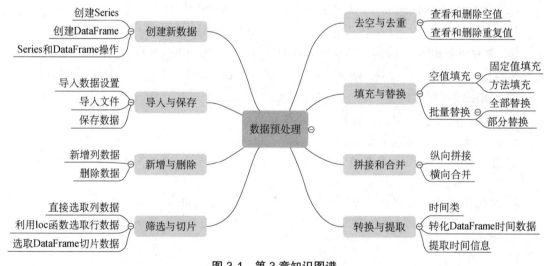

图 3-1　第 3 章知识图谱

　## 3.1　数据的创建与操作

【学习目标】

1. 能够利用多种方式创建 Series。
2. 能够对 Series 进行元素查询、重排索引等操作。
3. 能够利用多种方式创建 DataFrame。

4. 能够对 DataFrame 进行属性查询、重排索引、数据类型转换等操作。

【知识指南】

Pandas 是 Python 的一个数据分析包，提供了大量的处理数据函数和方法。Pandas 拥有两种数据结构：Series 和 DataFrame。

Series 是一种类似一维数组的数据结构，由一组数据和与之相关的 index 组成，这个结构看似与字典差不多，但还是有一定区别的。字典是一种无序的数据结构，而 Series 相当于是一种有序字典。

DataFrame 数据结构可以看作是一张二维表，有点类似于 Excel 表格。DataFrame 的最上面一行称为 columns，即各列数据的列名。DataFrame 的最左边一列和 Series 一样称为 index，即每一行的索引。DataFrame 每一列与 index 的组合就是一个 Series，所以也可以把 DataFrame 看成是同一 index 的 Series 集合。

一、Series 的创建与操作

1. Series 的创建

Series 的创建有很多方法，可以利用列表、数组或一维字典进行创建。

（1）利用列表创建 Series

利用列表创建 Series 时，列表元素就是 Series 的值，而 Series 的索引可以通过 index 来创建，并且索引的个数与值的个数要保持一致。利用列表创建 Series 的一般方法为：

```
pd.Series(list,index)
```

示例代码如下：

```
import pandas as pd
list = [1,2,3]
s = pd.Series(list,index=['a','b','c'])
print("创建的 Series 为:\n",s)
```

输出结果如图 3-2 所示。

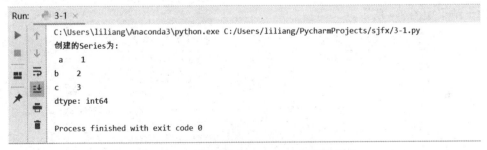

图 3-2　利用列表创建 Series 示例结果

（2）利用一维数组创建 Series

利用一维数组创建 Series 时，一维数组的值就是 Series 的值，而 Series 的索引可以通过

index 来创建，并且索引的个数与值的个数要保持一致。利用一维数组创建 Series 的一般方法为：

```
pd.Series(arr,index)
```

示例代码如下：

```
import numpy as np
arr = np.arange(1,4)
s = pd.Series(arr,index=['a','b','c'])
print("创建的 Series 为:\n",s)
```

输出结果如图 3-3 所示。

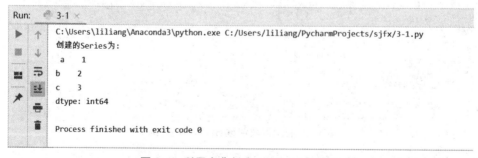

图 3-3 利用一维数组创建 Series 示例结果

（3）利用字典创建 Series

利用字典也可以创建 Series，字典的关键字 key 就是 Series 的索引 index，字典的值 value 就是 Series 的值 value。利用字典创建 Series 时，有别于利用列表和一维数组创建 Series，因为不用再单独新建 index。利用字典创建 Series 的一般方法为：

```
pd.Series(dict)
```

其中，dict 表示待转换的字典。

示例代码如下：

```
dict = {'a':1,'b':2,'c':3}
s = pd.Series(dict)
print("创建的 Series 为:\n",s)
```

输出结果如图 3-4 所示。

```
Run:    3-1  ×
    ▶    ↑    C:\Users\liliang\Anaconda3\python.exe C:/Users/liliang/PycharmProjects/sjfx/3-1.py
    ■    ↓    创建的Series为:
                 a    1
         ⇥    b    2
              c    3
    ✦         dtype: int64
         🖶
    🗑          Process finished with exit code 0
```

图 3-4 利用字典创建 Series 示例结果

2. Series 的操作

（1）Series 的查看

在 Series 中，可以通过 head 和 tail 查看数据头部和尾部数据，head 和 tail 的一般格式为：

```
Series.head(n)
Series.tail(n)
```

其中，n 表示查看头部或尾部的 n 条数据，n 默认是 5，即不输入 n，就表示查看开头或结尾的 5 条数据。

利用 len 可以查看 Series 的元素的个数，len 的一般格式为：

```
len(Series)
```

示例代码如下：

```python
s = pd.Series(np.random.rand(6),index=['a','b','c','d','e','f'])
print("创建的 Series 为:\n",s)
print("s 的前 5 条数据为:\n",s.head())
print("s 的后 3 条数据为:\n",s.tail(3))
print("s 的长度为:",len(s))
```

输出结果如图 3-5 所示。

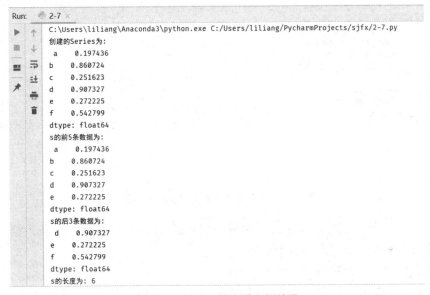

图 3-5　Series 的查看示例结果

（2）Series 的索引操作

①按索引编号查看数据。Series 可以通过索引编号查看数据，索引的编号方法与列表一样，也是从 0 开始的。按索引编号查看数据既可以查看一条数据，也可以查看多条连续数据，即切片数据，切片数据类似于切片列表。按索引编号查看数据的一般方法为：

```
Series[index]
```

按索引编号查看 Series 多条不连续的数据时，需要将多个索引编号单独放在一个列表中，按索引编号查看多条不连续数据的一般方法为：

> Series[[index1, index2,…]]

按索引编号还可以查看多条连续的数据，即查看切片数据，查看切片数据的一般方法为：

> Series[index_ start:index_ stop]

其中，index_ start 和 index_ stop 分别表示切片数据第一条和最后一条数据的索引编号，并且这两条数据都是可以取到的。

示例代码如下：

```
s = pd.Series(np.arange(11,16),index=['a','b','c','d','e'])
print("创建的 Series 为:\n",s)
print("索引号为 2 对应的数据为:",s[2])
print("最后 1 个索引号对应的数据为:",s[-1])
print("索引号为 1 到索引号 3 的切片数据为:\n",s[1:3])
```

输出结果如图 3-6 所示。

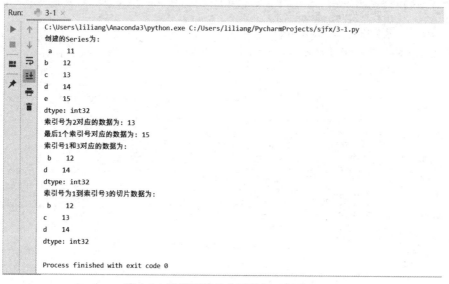

图 3-6　按索引编号查看数据示例结果

②按索引名称查看数据。Series 除了可以通过索引编号查看 Series 某一条数据，还可以通过索引名称查看数据，这一点类似于字典。

按索引名称查看一条数据的一般方法为：

> Series[index_name]

按索引名称查看 Series 多条不连续的数据时，需要将多个索引名称单独放在一个列表中，按索引名称查看多条不连续数据的一般方法为：

> Series[[index_name1, index_name2,…]]

按索引名称还可以查看多条连续的数据，即查看切片数据，查看切片数据的一般方法为：

> Series[index_name_start:index_name_stop]

其中，index_name_start 和 index_name_stop 分别表示切片数据第一条和最后一条数据的索引名称，并且这两条数据都是可以取到的。

示例代码如下：

```
print("索引为 b 对应的数据为:\n",s['b'])
print("索引为 c 和 e 对应的数据为:\n",s[['c','e']])
print("索引为 b 到索引 d 对应的数据为:\n",s['b':'d'])
```

输出结果如图 3-7 所示。

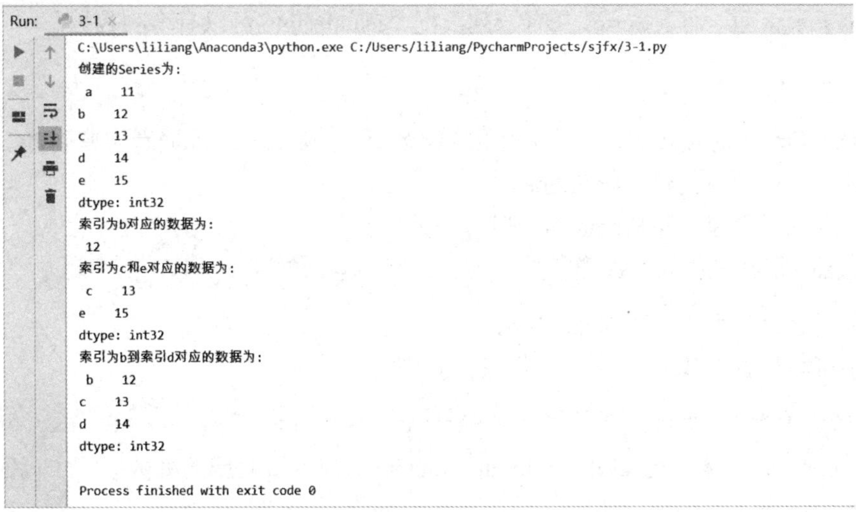

图 3-7 按索引编号查看数据示例结果

③重排索引。在 Series 中，可以对原来的索引进行重新排列，重排索引的方法是 reindex，reindex 的一般格式为：

```
Series.reindex([index_new])
```

其中，index_new 表示 Series 重排索引后的新索引。

示例代码如下：

```
s = s.reindex(['b','a','d','e','c'])
print("s 重排索引后的结果为:",s)
```

输出结果如图 3-8 所示。

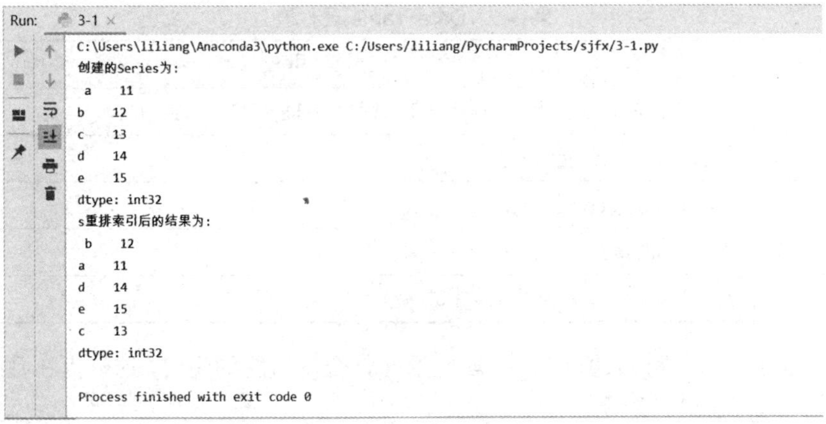

图 3-8 重排索引示例结果

二、DataFrame 的创建与操作

DataFrame 与 Series 的结构相似，也是由索引和数据组成的，不同的是，DataFrame 的索引不仅有行索引还有列索引。行索引用 index 来表示，如果没有传入行索引，DataFrame 会默认自动创建一个从 0 开始的整数索引，而列索引用 columns 表示。行索引位于最左边一列，而列索引位于最上面一行。Series 只有一列数据，DataFrame 可以有多列数据。

1. DataFrame 的创建

创建 DataFrame 有很多方法，可以利用二维数组、字典与列表或嵌套字典创建 DataFrame。

（1）利用二维数组创建 DataFrame

利用二维数组创建 DataFrame 的一般方法为：

> DataFrame(array,columns,index)

（2）利用字典与列表创建 DataFrame

利用字典与列表创建 DataFrame 的一般方法为：

> DataFrame({columns_name:[columns_data]},index)

其中，columns_name 表示列索引，columns_data 表示列索引对应的列数据，一列的数据都写在一个列表中。index 表示行索引。

（3）利用二维嵌套字典创建 DataFrame

利用二维嵌套字典创建 DataFrame 的一般方法为：

> DataFrame(columns:{index:row_data})

其中，columns 表示列索引。index 表示行索引，row_data 表示行索引 index 对应的行数据。

2. DataFrame 的操作

（1）DataFrame 的属性操作

DataFrame 的属性包括形状（行数与列数）、元素个数、列名、索引名，具体作用如表 3-1 所示。

表 3-1　DataFrame 属性表

属性	作用
shape	表示 DataFrame 形状，shape[0]表示行数，shape[1]表示列数
size	表示 DataFrame 元素个数
columns	表示 DataFrame 列名
index	表示 DataFrame 行索引
dtype	表示 DataFrame 中某列的数据类型

在某些数据分析中，可以通过 index 属性返回某个值对应的索引，这一点在数据定位中十分有用。

（2）DataFrame 的索引操作

①重排索引。在 Pandas 中，可以对 DataFrame 原来的索引重新排列，这一点与 Series 十分类似，重排索引的方法是 reindex，reindex 的一般格式为：

```
DataFrame.reindex([index_new])
```

②重设索引。重设索引是指将自动生成编号的行索引改为 DataFrame 中某列，Pandas 提供了 set_index 函数来实现重设索引，set_index 的一般格式为：

```
DataFrame.set_index (column, drop)
```

其中，column 表示 DataFrame 中某一列的列名，即将这一列的值设为索引 index。drop 表示是否要将已经设为索引列的原列删除，默认是 True。

③还原索引。还原索引是指将重设索引的结果还原，即将已经重设索引后的 index 还原为自动生成编号的行索引，Pandas 提供了 reset_index 函数实现重设索引，reset_index 的一般格式为：

```
DataFrame.reset_index ()
```

（3）DataFrame 的数据类型相关操作

①查看数据类型。在创建 DataFrame 时，可以通过 dtype 查看 DataFrame 中各列数据的类型，dtype 的一般用法为：

```
DataFrame.dtype
```

DataFrame 中数据类型包括 object（字符型）、int（整型）、float（浮点型）、datetime（时间型）。

②通过 astype 方法强制转化数据类型。通过 astype 方法可以强制转化数据类型，这一点在数据分析中十分有用，因为网页采集的数据往往是字符型的数据，在数据预处理时，就需要将字符型数据转化为数值型数据，才能进行后续的步骤。astype 的一般用法为：

```
DataFrame[column].astype(dtype_new)
```

其中，DataFrame[column] 表示 DataFrame 中的某一列，即将这一列的数据类型转为 dtype_new。

【任务实训】

任务 3-1：利用列表创建 Series，Series 的值为[1,2,3,4,5]，Series 的索引为['b','a','d','e','c']，利用重排索引方法将索引改为['a','b','c','d','e']，并输出 Series 中索引名称为"d"之前（包含"d"）的切片数据。

具体代码如下：

```
s = pd.Series([1,2,3,4,5],index=['b','a','d','e','c'])
s = s.reindex(['a','b','c','d','e'])
print(s[:'d'])
```

输出结果如图 3-9 所示。

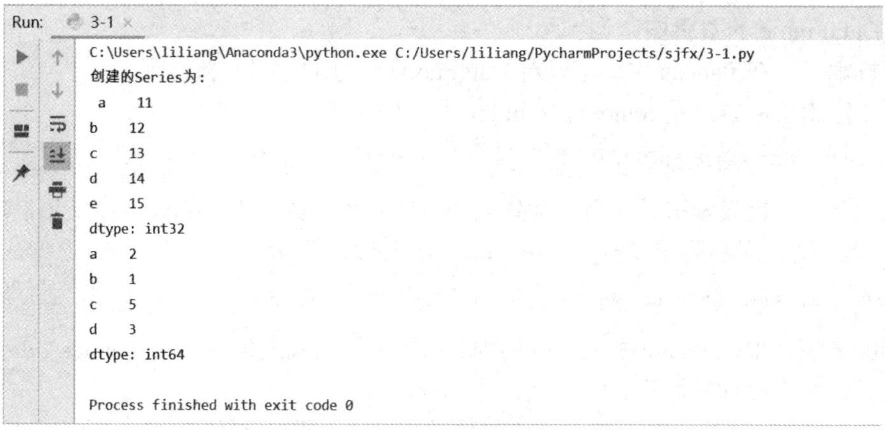

图 3-9　任务 3-1 输出结果

【结果分析】s[:'d']没有写明起始索引的名称，默认表示从头开始。

任务 3-2：根据表 3-2 所示的数据，用三种不同的方法创建 DataFrame。

表 3-2　创建二维字典源数据

	product	sale
001	手机	1000
002	电视机	2000
003	笔记本电脑	1500

具体代码如下：

```
array=np.array([['手机',1000],['电视机',2000],['笔记本电脑',1500]])
df1 = pd.DataFrame(array,columns=['product','sale'],index=['001','002','003'])
print("利用二维数组创建的 df1 为:\n",df1)
print("------------")
dict = {'product':['手机','电视机','笔记本电脑'],'sale':[1000,2000,1500]}
df2 = pd.DataFrame(dict,index=['001','002','003'])
print("利用字典和列表创建的 df2 为:\n",df2)
print("------------")
dict = {'product':{'001':'手机','002':'电视机','003':'笔记本电脑'},
        'sale':{'001':1000,'002':1500,'003':1000}}
df3 = pd.DataFrame(dict,index=['001','002','003'])
print("利用嵌套字典创建的 df3 为:\n",df3)
```

输出结果如图 3-10 所示。

任务 3-3：根据任务 3-2 中创建的 df3，输出 df3 的形状、行数、列数、元素个数和所有列的列名。

具体代码如下：

```
print("df3 的形状为:",df3.shape)
print("df3 的行数:",df3.shape[0])
print("df3 的列数为:",df3.shape[1])
```

```
print("df3 的元素个数为:",df3.size)
print("df3 的列名为:",df3.columns)
print("df3 的索引为:",df3.index)
```

图 3-10　任务 3-2 输出结果

输出结果如图 3-11 所示。

图 3-11　任务 3-3 输出结果

【巩固训练】

根据表 3-3 所示的数据，任意选择一种不同的方法创建 DataFrame。

表 3-3　创建二维字典源数据

	math	chinese	english
001	95	88	100
002	85	92	76
003	77	64	68

3.2 数据的导入与保存

【学习目标】

1. 能够对导入的数据进行显示属性的设置。
2. 能够导入 txt 格式的数据。
3. 能够导入 Excel 格式的数据。

【知识指南】

在进行数据分析时，一般不会将分析的数据直接写入程序，而是将读取的数据导入本地内存中，处理完毕之后再进行保存。数据读取是进行数据预处理、分析与可视化的前提，不同的数据源，需要使用不同的函数进行导入。

Pandas 能够导入多种外部数据，常见的数据格式包括：csv 文件、Excel 文件等。除了可以利用 Pandas 导入外部数据以外，还可以导入 Sklearn 库中自带的数据，而这些数据常常可以用于机器学习。

一、导入数据设置

1. 导入数据的查看设置

有时由于导入的数据文件很大，如果查看全部数据，既不美观又很耗时。Pandas 提供了 head 和 tail 函数，通过这两个函数可以只查看一小块数据，其使用方法与 Series 类似，在 DataFrame 中使用 head 和 tail 函数的一般格式为：

```
DataFrame.head(n)
DataFrame.tail(n)
```

其中，n 表示查看头部或尾部的 n 条数据，n 默认是 5，即不输入 n，就表示查看开头或结尾的 5 条数据。

2. 导入数据的显示设置

（1）不限制显示宽度

Pandas 在显示数据时，有时由于显示的宽度有限，不能显示完整数据，此时，可以通过 set_option 中的参数 display.width 解除显示宽度的限制，其一般格式是：

```
pd.set_option('display.width', n)
```

其中，'display.width'的参数 n 表示显示的宽度，如果将 n 设为 None 的话，就可以不限制显示宽度。

（2）设置数据对齐

Pandas 在显示数据时，由于一列数据与该列的列名不对齐，会给数据查看造成麻烦，此时可通过 set_option 中的参数 display.unicode.east_asian_width 对数据设置对齐效果，其一般格式是：

```
pd.set_option('display.unicode.east_asian_width', True)
```

（3）不限制显示行数和列数

Pandas 在显示数据时，有时由于数据的行或列过多，显示结果往往不完整，此时可通过可通过 set_option 中的参数 display.max_rows 和 display.max_columns 解除显示行数和列数的限制，其一般格式是：

```
pd.set_option('display.max_rows',n)
pd.set_option('display.max_columns',n)
```

其中，display.max_rows 和 display.max_columns 的参数 n 表示数据能够显示最大的行数和列数，如果将 n 设为 None 的话，就可以不限制数据的行和列的数量。

二、导入外部文件

1. 导入文本文件

由于结构简单，文本文件被广泛用于记录信息，是数据导入和保存的常见格式。文本文件中的数据可以采用 Tab 健、空格、逗号、分号等分隔符来分割数据。

Pandas 提供了 read_csv 函数导入文本文件。read_csv 可以导入所有分隔符的文本文件，如逗号、分号、Tab 键等。read_csv 的一般格式为：

```
pd.read_csv (filepath,sep,names,index_col,encoding)
```

其中，各参数的作用介绍如下：

filepath 表示导入文件的路径。

sep 表示分隔符，如逗号 ","、分号 ";"、Tab 键 "\t"，默认是逗号 ","，即如果导入带有逗号分隔符的 txt，就不需要写 sep 参数。

names 表示添加的列名，默认为 None，即默认导入文本数据时，不添加列名。

index_col 表示将某列设为 DataFrame 行索引。如果不用该参数，DataFrame 会自动生成一组以 0 开始的连续数字作为行索引编号。

encoding 表示导入文件的编码，默认为 None，如果数据有中文，可用'gbk'。

2. 导入 Excel 文件

Pandas 提供了 read_excel 函数来导入 "xls" 和 "xlsx" 两种 Excel 文件，在导入 Excel 文件的同时，还可以指定导入的工作表。read_excel 的一般格式为：

```
pd.read_excel (filepath,sheet_name,names,index_col)
```

其中，sheet_name 表示 Excel 工作簿中的某张工作表，sheet_name 既可以用字符串表示也可以用数字表示。当使用工作表名称来表示时，sheet_name 的值为字符串；当用工作表编号来表示时，sheet_name 的值为数字，并且这个编号是从 0 开始的，即 sheet_name=0 表示第 1 张工作表。如果不设置 sheet_name，默认情况下导入第 1 张工作表。

read_excel 函数其余参数的作用可参考 read_csv 的参数。

三、导入 Sklearn 自带数据

Python 中的 Sklearn 库包含了多种机器学习的算法，可以帮助用户快速建立数据挖掘模型，使用非常方便。为了方便用户熟悉 Sklearn 中的算法，datasets 模块集成了部分算法分析的经典数据集，利用这些数据集可以进行数据的建模与分析。导入 Sklearn 库中 datasets 模块的一般格式为：

```
from sklearn import datasets
```

datasets 常用数据集如表 3-4 所示。

表 3-4　datasets 常用数据集

数据集	数据集说明
load_boston	波士顿房价数据集
load_diabetes	糖尿病数据集
load_iris	鸢尾花数据集
load_wine	葡萄酒数据集

datasets 常用数据集的属性可以通过多种方法进行查询，查询方法如表 3-5 所示。

表 3-5　datasets 常用数据集属性

属性	说明
data	数据集的数据
feature_name	数据的列名
target	数据集的标签，用来区分不同的数据
target_name	数据集的标签名称，标签说明

其中，数据集的标签 target 和数据集的标签名称 target_name 在机器学习中常用，而在数据分析中往往只会用到数据 data 和字段名称 feature_name。

四、保存数据

在 Pandas 中处理后的数据，可以进行保存，保存的格式有 txt、csv、Excel 等，而其中 csv 是常用的保存格式，通过 to_csv 函数实现以 csv 文件格式的保存。to_csv 函数的一般格式为：

```
to_csv(path, columns, header, encoding)
```

其中，各参数的作用如下：

path 表示保存文件的路径。

columns 表示添加列名，默认为 None。

header 表示是否将列名写出，默认为 True。

encoding 表示代表存储文件的编码格式。

【任务实训】

任务 3-4：iris 鸢尾花数据集是一个经典数据集，在统计分析和机器学习领域都经常被用作示例。数据集内包含 3 类鸢尾花，每类各 50 个数据，共计 150 条数据。每条记录都有 4 项特征：花萼长度（sepal_length）、花萼宽度（sepal_width）、花瓣长度（petal_length）、花瓣宽度（petal_width）。请利用 read_csv 导入 iris.txt（iris.txt 存放在 C:\data 路径中），iris.txt 数据文件的分隔符是 Tab 键，完成：

（1）利用 read_csv 导入数据，不设置索引列，将导入的数据命名为 data1_1，查看数据的前 3 行，并在结果中查看索引 index。

（2）利用 read_csv 导入数据，将"ID"列设为索引列，并将导入的数据命名为 data1_2，查看数据的最后 5 行，并在结果中查看索引 index。

具体代码如下：

```
import pandas as pd
data1_1 = pd.read_csv('c:\data\iris.txt',sep='\t')
print("自动索引的 data1_1 的前 3 行为:\n",data1_1.head(3))
data1_2 = pd.read_csv('c:\data\iris.txt',sep='\t',index_col='ID')
print("设置 ID 为索引的 data1_2 的最后 5 行为:\n",data1_2.tail())
```

输出结果如图 3-12 所示。

```
Run:     3-2 ×
    C:\Users\liliang\Anaconda3\python.exe C:/Users/liliang/PycharmProjects/sjfx/3-2.py
    自动索引的data1_1的前3行为:
        ID  Sep_len  Sep_wid  Pet_len  Pet_wid  Iris_type
    0   1     5.1      3.5      1.4      0.2         1
    1   2     4.9      3.0      1.4      0.2         1
    2   3     4.7      3.2      1.3      0.2         1
    设置ID为索引的data1_2的最后5行为:
         Sep_len  Sep_wid  Pet_len  Pet_wid  Iris_type
    ID
    146    6.7      3.0      5.2      2.3         3
    147    6.3      2.5      5.0      1.9         3
    148    6.5      3.0      5.2      2.0         3
    149    6.2      3.4      5.4      2.3         3
    150    5.9      3.0      5.1      1.8         3

    Process finished with exit code 0
```

图 3-12　任务 3-3 输出结果

【结果分析】从 data1_1 的结果中可以看到，在原来数据的第 1 列"ID"列之前多了一列，这一列的索引是由从 0 开始的连续数字，这就是自动生成的行索引 index。在 Pandas 中导入数据时，如果没有添加索引 index，Pandas 会自动加上索引，生成索引是为了便于数据的查询和调用。从 data1_2 的结果中可以看到，数据中的"ID"列被设置为索引后，这一列的标题会自动下沉，如本结果中"ID"列标题就比其他的列标题位置低一些，"ID"的值就可以作为每一行查询和调用的依据。

任务 3-5：利用 read_excel 导入 supermarket.xlsx（supermarket.xlsx 存放在 C:\data 路径中）中的"销售统计"工作表（第 1 张工作表），完成：

（1）直接导入数据，并将导入的数据命名为 data2，查看 data2 的行数、列数和列名。

（2）设置数据与列名对齐，并通过前 3 行查看对比效果。

（3）利用 pd.set_option 解除显示列数限制，并通过前 3 行查看对比效果。

（4）利用 pd.set_option 解除显示宽度限制，并通过前 3 行查看对比效果。

任务 3-5（1）具体代码如下：

```
data2 = pd.read_excel('c:\data\supermarket.xlsx',sheet_name=0)
#也可以使用 sheet_name=0 或设置 sheet_name='销售统计'
print("data2 的行数为：",data2.shape[0])
print("data2 的列数为：",data2.shape[1])
print("data2 的列名为：",data2.columns)
```

输出结果如图 3-13 所示。

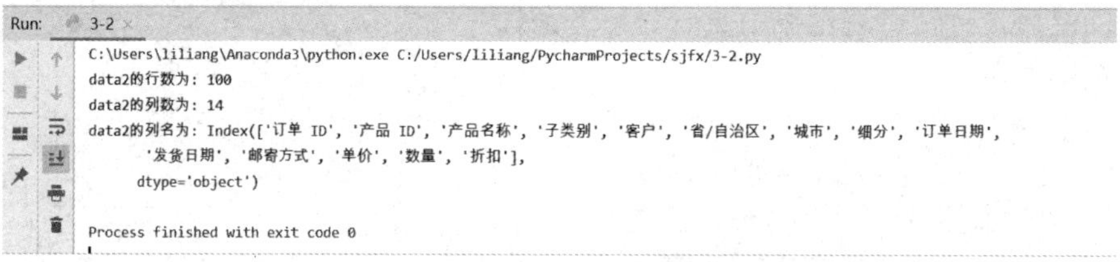

图 3-13　任务 3-5（1）输出结果

任务 3-5（2）具体代码如下：

```
print("data2 为:\n",data2.head(3))
pd.set_option('display.unicode.east_asian_width',True)
print("设置对齐效果后 data2 为:\n",data2.head(3))
```

输出结果如图 3-14 所示。

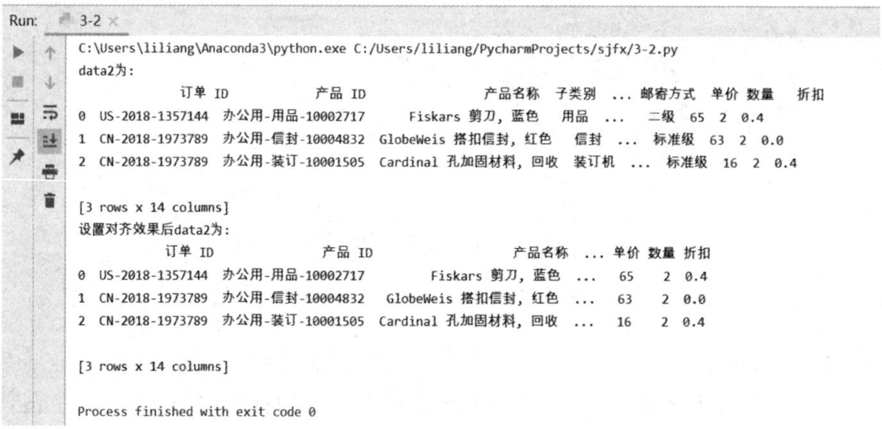

图 3-14　任务 3-5（2）输出结果

任务 3-5（3）具体代码如下：

```
pd.set_option('display.max_columns',None)
print("解除显示列数限制的效果为:\n",data2.head(3))
```

输出结果如图 3-15 所示。

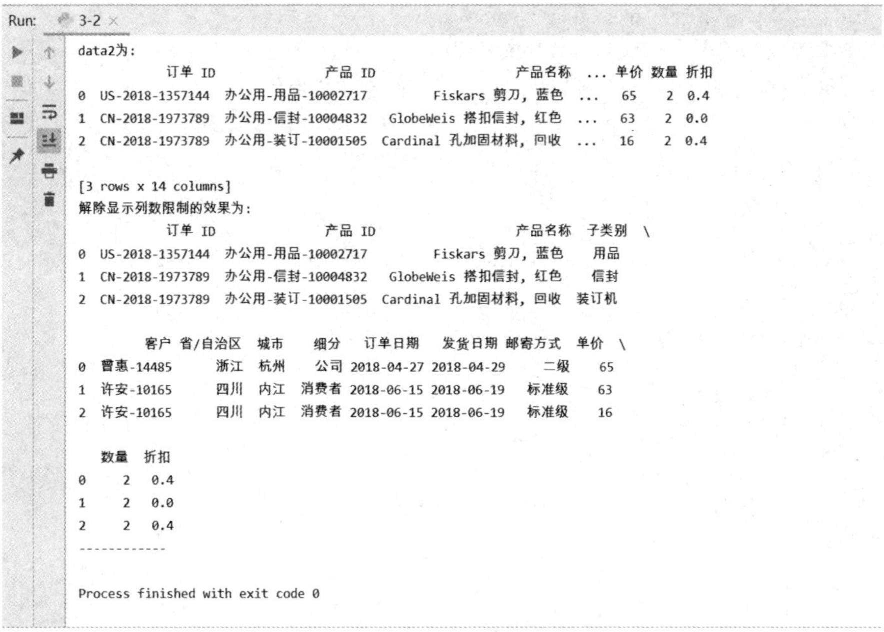

```
Run:  3-2 ×
   data2为:
                订单 ID          产品 ID              产品名称 ... 单价 数量 折扣
   0  US-2018-1357144  办公用-用品-10002717        Fiskars 剪刀，蓝色 ...  65   2  0.4
   1  CN-2018-1973789  办公用-信封-10004832      GlobeWeis 搭扣信封，红色 ...  63   2  0.0
   2  CN-2018-1973789  办公用-装订-10001505  Cardinal 孔加固材料，回收 ...  16   2  0.4

   [3 rows x 14 columns]
   解除显示列数限制的效果为:
                订单 ID          产品 ID              产品名称  子类别  \
   0  US-2018-1357144  办公用-用品-10002717        Fiskars 剪刀，蓝色  用品
   1  CN-2018-1973789  办公用-信封-10004832      GlobeWeis 搭扣信封，红色  信封
   2  CN-2018-1973789  办公用-装订-10001505  Cardinal 孔加固材料，回收  装订机

            客户  省/自治区  城市   细分   订单日期       发货日期   邮寄方式  单价  \
   0  曹惠-14485   浙江   杭州   公司  2018-04-27  2018-04-29  二级    65
   1  许安-10165   四川   内江  消费者  2018-06-15  2018-06-19  标准级  63
   2  许安-10165   四川   内江  消费者  2018-06-15  2018-06-19  标准级  16

      数量  折扣
   0   2  0.4
   1   2  0.0
   2   2  0.4
   ------------

   Process finished with exit code 0
```

图 3-15　任务 3-5（3）输出结果

【结果分析】数据的列数较多，所以默认情况下，不会完整显示所有列，省略的列用省略号（…）表示，解除显示列数限制后，由于受到显示宽度的显示，一行数据分成多行显示。

任务 3-5（4）具体代码如下：

```
pd.set_option('display.width',None)
print("解除显示宽度限制的效果为:\n",data2.head(3))
```

输出结果如图 3-16 所示。

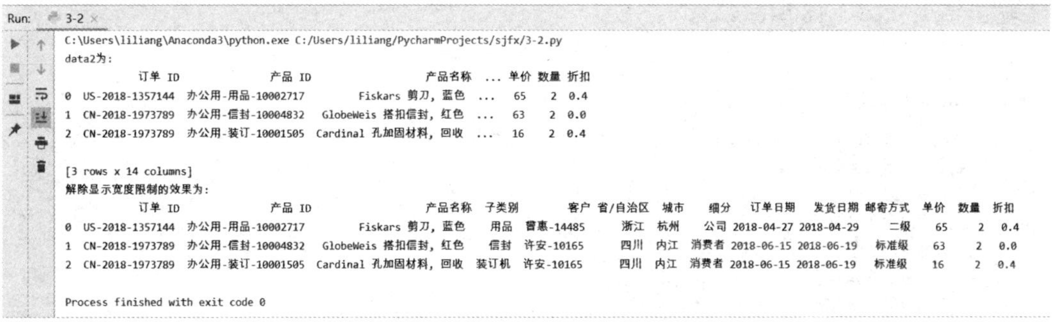

```
Run:  3-2 ×
   C:\Users\liliang\Anaconda3\python.exe C:/Users/liliang/PycharmProjects/sjfx/3-2.py
   data2为:
                订单 ID          产品 ID           产品名称 ... 单价 数量 折扣
   0  US-2018-1357144  办公用-用品-10002717        Fiskars 剪刀，蓝色 ...  65   2  0.4
   1  CN-2018-1973789  办公用-信封-10004832      GlobeWeis 搭扣信封，红色 ...  63   2  0.0
   2  CN-2018-1973789  办公用-装订-10001505  Cardinal 孔加固材料，回收 ...  16   2  0.4

   [3 rows x 14 columns]
   解除显示宽度限制的效果为:
                订单 ID          产品 ID           产品名称  子类别      客户  省/自治区 城市  细分   订单日期       发货日期   邮寄方式  单价 数量 折扣
   0  US-2018-1357144  办公用-用品-10002717        Fiskars 剪刀，蓝色  用品  曹惠-14485  浙江  杭州  公司  2018-04-27 2018-04-29 二级   65  2  0.4
   1  CN-2018-1973789  办公用-信封-10004832      GlobeWeis 搭扣信封，红色  信封  许安-10165  四川  内江 消费者 2018-06-15 2018-06-19 标准级 63  2  0.0
   2  CN-2018-1973789  办公用-装订-10001505  Cardinal 孔加固材料，回收  装订机  许安-10165  四川  内江 消费者 2018-06-15 2018-06-19 标准级 16  2  0.4

   Process finished with exit code 0
```

图 3-16　任务 3-5（4）输出结果

【结果分析】解除显示宽度后，一行数据就不会分多行显示，而是在一行中显示。

任务 3-6：加载 Sklearn 中自带的数据集 load_iris，查看 load_iris 数据集的列名和前 5 条数据，并依此生成 DataFrame，命名为 iris。

具体代码如下：

```
from sklearn import datasets
import pandas as pd
load_iris = datasets.load_iris()
```

```
print("iris 数据集的列名为：\n",load_iris.feature_names)
print("iris 数据集的数据为：\n",load_iris.data[:5])
iris = pd.DataFrame(load_iris.data,columns=load_iris.feature_names)
print(iris.head())
```

输出结果如图 3-17 所示。

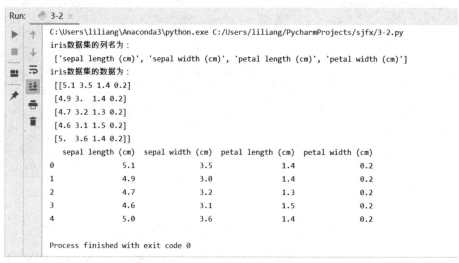

图 3-17　任务 3-6 输出结果

任务 3-7：将任务 3-6 生成的 iris 用 csv 格式进行保存，保存的文件名为 iris.csv，保存路径为 "c:\data\iris.csv"。

具体代码如下：

```
iris.to_csv('c:\data\iris.csv')
```

输出结果如图 3-18 所示。

```
iris - 记事本
文件(F)  编辑(E)  格式(O)  查看(V)  帮助(H)
,sepal length (cm),sepal width (cm),petal length (cm),petal width (cm)
0,5.1,3.5,1.4,0.2
1,4.9,3.0,1.4,0.2
2,4.7,3.2,1.3,0.2
3,4.6,3.1,1.5,0.2
4,5.0,3.6,1.4,0.2
5,5.4,3.9,1.7,0.4
6,4.6,3.4,1.4,0.3
7,5.0,3.4,1.5,0.2
8,4.4,2.9,1.4,0.2
9,4.9,3.1,1.5,0.1
10,5.4,3.7,1.5,0.2
```

图 3-18　任务 3-7 输出结果

【巩固训练】

加载 Sklearn 库中自带的数据集 load_ boston，查看 load_ boston 数据集的列名和前 5 条数据；并依此生成 DataFrame，命名为 boston，将 boston 用 csv 格式进行保存，保存的文件名为 boston.csv，保存路径为 "C:\data\boston.csv"。

 ## 3.3　数据的新增与删除

【学习目标】

1. 能够利用多种方法按列新增数据。
2. 能够利用按列或按行删除数据。

【知识指南】

DataFrame 作为一种二维表的数据结构，能够像数据库一样实现增加和删除操作，如增删行或增删列，在实际应用中新增列的情况比较多。

一、新增列数据

在 DataFrame 中，添加一列有多种方法。而在新建列的时候，首先需要先创建一个列名，再通过直接赋值、公式计算或函数等方法生成列数据。比如可以根据单价和数量计算出总价，再比如根据地区提取出省份和城市等。

1. 利用直接赋值生成新列数据

利用直接赋值生成新列数据最为简单，只需要将值赋给新列即可，其一般格式为：

```
DataFrame[new_column]=value
```

示例代码如下：

```
import numpy as np
import pandas as pd
data = pd.DataFrame(np.arange(1,10).reshape(3,3),
                         columns=['a','b','c'],
                         index=['001','002','003'])
print("初始数据为:\n",data)
data['d'] = '2020-02-02'
print(通过直接赋值新增列数据的结果为:\n",data)
```

输出结果如图 3-19 所示。

2. 利用公式计算生成新列数据

利用两列数据或多列数据，通过运算符利用公式计算也可生成新列数据，其一般格式为：

```
DataFrame[new_column] = DataFrame[column1]（+-*/）DataFrame[column2]（+-*/）…
```

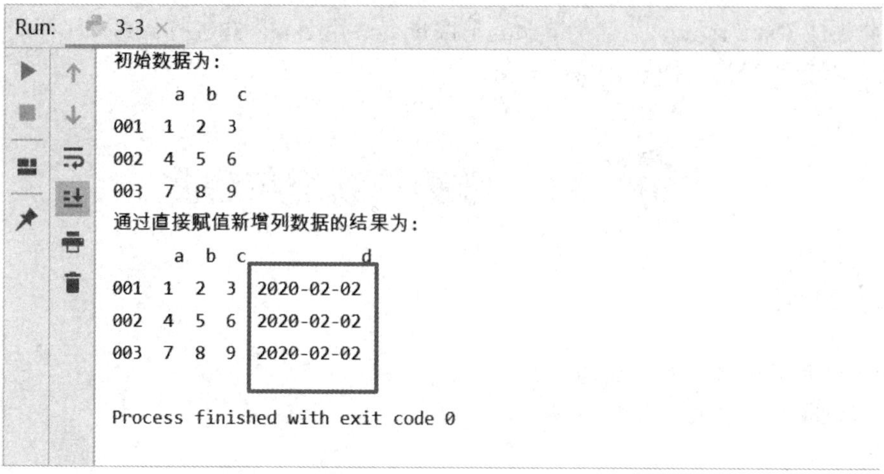

图 3-19　利用直接赋值生成新列数据示例结果

示例代码如下：

```
data['e'] = data['a'] + data['b'] + data['c']
print("通过公式计算机新增列数据的结果为:\n",data)
```

输出结果如图 3-20 所示。

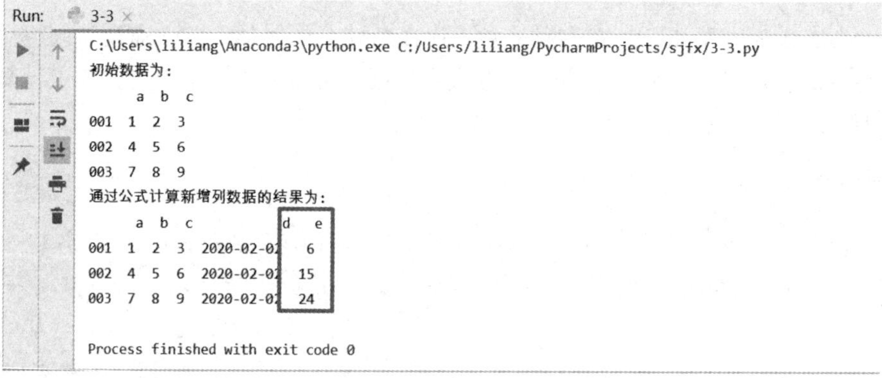

图 3-20　利用公式计算生成新列数据示例结果

3. 利用字符串拆分生成新列数据

除了可以通过直接赋值和公式计算生成列数据以外，还可以通过字符串的拆分方法 str.split 生成新列数据，其一般格式为：

```
DataFrame[new_column] = DataFrame[column].str.split(sep, expand)
```

其中，sep 表示分隔符，如逗号(,)、分号(;)、Tab(\t)、竖线(|)等。expand 表示是否把切割出来的内容生成新列，如果要生成新列，则使用 expand=True；如果不需生成新列，就可以使用 expand=False。当 DataFrame 某一列被拆分后，可用 str.split(sep,expand)[i] (i=0,1,2,…)来表示拆分后的分列数据。str.split(sep,expand)[0] 表示拆分后的第 1 列的数据，str.split(sep, expand)[1]表示拆分后的第 2 列数据，以此类推。

示例代码如下：

```
data['year'] = data['d'].str.split('-',expand=True)[0]
data['month'] = data['d'].str.split('-',expand=True)[1]
print("通过字符串拆分新增列数据的结果为:\n",data)
```

输出结果如图 3-21 所示。

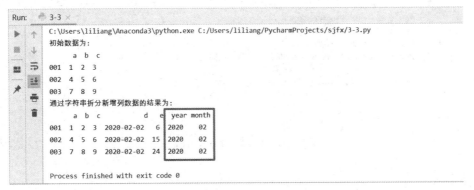

图 3-21　利用字符串拆分生成新列数据示例结果

二、数据的删除

在 DataFrame 中，如果不需要某些行或某些列，可以使用 drop 函数删除数据。drop 函数的一般格式为：

```
DataFrame.drop(labels, axis, inplace)
```

其中，各个参数介绍如下：

labels 表示删除的行或列的标签。

axis 表示删除的行还是列，axis=0 表示行，axis=1 表示列。在根据行索引删除多行数据时，可以使用列表来表示行索引。如删除第 3 行和第 7 行，可用 labels=[3,7]。如果删除第 4 行到第 6 行，可用 labels=[4,5,6]，或者用 range 函数来表示，即 labels=range(4,7)。

inplace 表示删除结果是否替换原表，即删除结果是否在原表中显示，inplace=True 表示操作在原表中生效，inplace=False 表示操作在新表中生效，默认的是 False，即如果要在新表中生效，可以不设置该参数。一定要注意的是，如果使用 inplace=False，必须要把结果赋给一个新的 DataFrame，否则就看不到任何效果。

示例代码如下：

```
print("data 数据为:\n",data)
data.drop(labels='e',axis=1,inplace=True)
print("删除 e 列后结果在原表示的结果为:\n",data)
data_new = data.drop(labels='001',axis=0,inplace=False)
print("删除行索引为 001 后结果在新表示的结果为:\n",data_new)
```

输出结果如图 3-22 所示。

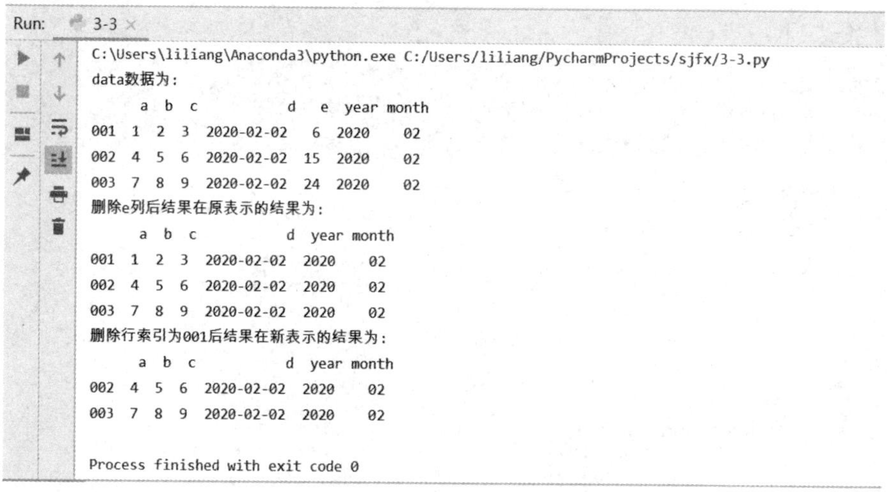

```
Run:     3-3  ×
         C:\Users\liliang\Anaconda3\python.exe C:/Users/liliang/PycharmProjects/sjfx/3-3.py
         data数据为:
                 a  b  c          d  e  year month
         001  1  2  3  2020-02-02  6  2020    02
         002  4  5  6  2020-02-02  15 2020    02
         003  7  8  9  2020-02-02  24 2020    02
         删除e列后结果在原表示的结果为:
                 a  b  c          d  year month
         001  1  2  3  2020-02-02  2020    02
         002  4  5  6  2020-02-02  2020    02
         003  7  8  9  2020-02-02  2020    02
         删除行索引为001后结果在新表示的结果为:
                 a  b  c          d  year month
         002  4  5  6  2020-02-02  2020    02
         003  7  8  9  2020-02-02  2020    02

         Process finished with exit code 0
```

图 3-22　数据的删除示例结果

【任务实训】

任务 3-8：利用 read_excel 导入 supermarket.xlsx（supermarket.xlsx 存放在 C:\data 路径中）中的"销售统计"工作表（第 1 张工作表），数据命名为 data1，本任务源数据如图 3-23 所示。完成：

（1）生成新列"支付方式"，全部赋值"银行转账"。

（2）生成新列"销售金额"，计算公式为"销售金额" = "单价" * "数量"。

（3）根据"客户"列生成"客户姓名"和"客户 ID"。

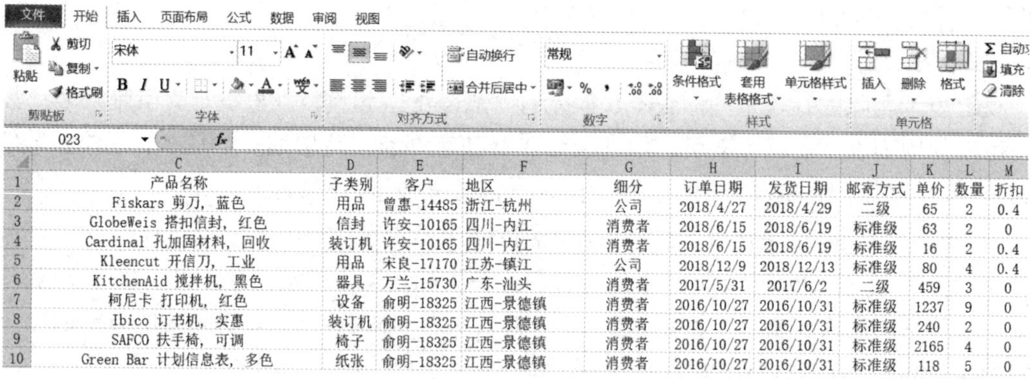

图 3-23　任务 3-8 源数据（部分）

具体代码如下：

```
pd.set_option('display.max_columns',12)        #设置显示的最大列数为 12 列
pd.set_option('display.width',None)            #设置不限制显示宽度
pd.set_option('display.unicode.east_asian_width',True)        #设置数据与列名对齐
data1 = pd.read_excel('c:\data\supermarket.xlsx')
data1['支付方式'] = '银行转账'
data1['销售金额'] = data1['单价'] * data1['数量']
data1['客户姓名'] = data1['客户'].str.split('-',expand=True)[0]
data1['客户 ID'] = data1['客户'].str.split('-',expand=True)[1]
```

```
print("data1 的数据为:\n",data1.head())
```

输出结果如图 3-24 所示。

```
Run: 3-3
C:\Users\liliang\Anaconda3\python.exe C:/Users/liliang/PycharmProjects/sjfx/3 3.py
data1的数据为:
            订单 ID              产品 ID            产品名称  子类别       客户     地区  ... 数量 折扣  支付方式 销售金额 客户姓名 客户ID
0  US-2018-1357144  办公用-用品-10002717       Fiskars 剪刀, 蓝色   用品  曾惠-14485  浙江-杭州  ...  2  0.4  银行转账   130   曾惠  14485
1  CN-2018-1973789  办公用-信封-10004832   GlobeWeis 搭扣信封, 红色   信封  许安-10165  四川-内江  ...  2  0.0  银行转账   126   许安  10165
2  CN-2018-1973789  办公用-装订-10001505  Cardinal 孔加固材料, 回收  装订机  许安-10165  四川-内江  ...  2  0.4  银行转账    32   许安  10165
3  US-2018-3017568  办公用-用品-10003746     Kleencut 开信刀, 工业   用品  宋良-17170  江苏-镇江  ...  4  0.4  银行转账   320   宋良  17170
4  CN-2017-2975416  办公用-器具-10003452    KitchenAid 搅拌机, 黑色   器具  万兰-15730  广东-汕头  ...  3  0.0  银行转账  1377   万兰  15730

[5 rows x 17 columns]

Process finished with exit code 0
```

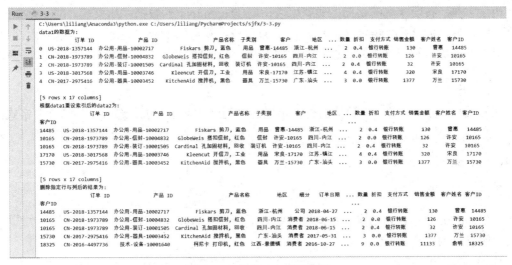

图 3-24　任务 3-8 输出结果

任务 3-9：根据任务 3-8 完成的 data1，完成：

（1）利用重设索引 set_index，将 data1 的“客户 ID”设为索引，并命名为 data2。

（2）删除行索引“客户 ID”为“17170”的行，再删除“子类别”列和“客户”列，结果重新命名为 data2_new。

具体代码如下：

```
data2 = data1.set_index(data1['客户 ID'])
print("根据 data1 重设索引后的 data2 为:\n",data2.head())
data2.drop(labels='17170',axis=0,inplace=True)
data2_new = data2.drop(labels=['子类别','客户'],axis=1)
print("删除指定行与列后的结果为:\n",data2_new.head())
```

输出结果如图 3-25 所示。

```
Run: 3-3
C:\Users\liliang\Anaconda3\python.exe C:/Users/liliang/PycharmProjects/sjfx/3-3.py
data1的数据为:
            订单 ID              产品 ID            产品名称  子类别       客户     地区  ... 数量 折扣  支付方式 销售金额 客户姓名 客户ID
0  US-2018-1357144  办公用-用品-10002717       Fiskars 剪刀, 蓝色   用品  曾惠-14485  浙江-杭州  ...  2  0.4  银行转账   130   曾惠  14485
1  CN-2018-1973789  办公用-信封-10004832   GlobeWeis 搭扣信封, 红色   信封  许安-10165  四川-内江  ...  2  0.0  银行转账   126   许安  10165
2  CN-2018-1973789  办公用-装订-10001505  Cardinal 孔加固材料, 回收  装订机  许安-10165  四川-内江  ...  2  0.4  银行转账    32   许安  10165
3  US-2018-3017568  办公用-用品-10003746     Kleencut 开信刀, 工业   用品  宋良-17170  江苏-镇江  ...  4  0.4  银行转账   320   宋良  17170
4  CN-2017-2975416  办公用-器具-10003452    KitchenAid 搅拌机, 黑色   器具  万兰-15730  广东-汕头  ...  3  0.0  银行转账  1377   万兰  15730

[5 rows x 17 columns]
根据data1重设索引后的data2为:
                订单 ID              产品 ID            产品名称  子类别       客户     地区  ... 数量 折扣  支付方式 销售金额 客户姓名 客户ID
客户ID                                                                           ...
14485  US-2018-1357144  办公用-用品-10002717       Fiskars 剪刀, 蓝色   用品  曾惠-14485  浙江-杭州  ...  2  0.4  银行转账   130   曾惠  14485
10165  CN-2018-1973789  办公用-信封-10004832   GlobeWeis 搭扣信封, 红色   信封  许安-10165  四川-内江  ...  2  0.0  银行转账   126   许安  10165
10165  CN-2018-1973789  办公用-装订-10001505  Cardinal 孔加固材料, 回收  装订机  许安-10165  四川-内江  ...  2  0.4  银行转账    32   许安  10165
17170  US-2018-3017568  办公用-用品-10003746     Kleencut 开信刀, 工业   用品  宋良-17170  江苏-镇江  ...  4  0.4  银行转账   320   宋良  17170
15730  CN-2017-2975416  办公用-器具-10003452    KitchenAid 搅拌机, 黑色   器具  万兰-15730  广东-汕头  ...  3  0.0  银行转账  1377   万兰  15730

[5 rows x 17 columns]
删除指定行与列后的结果为:
                订单 ID              产品 ID            产品名称     地区   细分        订单日期  ... 数量 折扣  支付方式 销售金额 客户姓名 客户ID
客户ID                                                                             ...
14485  US-2018-1357144  办公用-用品-10002717       Fiskars 剪刀, 蓝色  浙江-杭州   公司  2018-04-27  ...  2  0.4  银行转账   130   曾惠  14485
10165  CN-2018-1973789  办公用-信封-10004832   GlobeWeis 搭扣信封, 红色  四川-内江  消费者  2018-06-15  ...  2  0.0  银行转账   126   许安  10165
10165  CN-2018-1973789  办公用-装订-10001505  Cardinal 孔加固材料, 回收  四川-内江  消费者  2018-06-15  ...  2  0.4  银行转账    32   许安  10165
15730  CN-2017-2975416  办公用-器具-10003452    KitchenAid 搅拌机, 黑色  广东-汕头  消费者  2017-05-31  ...  3  0.0  银行转账  1377   万兰  15730
18325  CN-2016-4497736    技术-设备-10001640      柯尼卡 打印机, 红色  江西-景德镇  消费者  2016-10-27  ...  9  0.0  银行转账 11133   俞明  18325
```

图 3-25　任务 3-9 输出结果

【巩固训练】

根据导入的数据 data1，完成：

（1）将“地区”列拆分为“省份”列和“城市”列。

（2）生成新列"折扣金额"，计算公式为"折扣金额"="销售金额"＊（1-"折扣"）。

（3）删除索引号 5 到 10 的行，再删除"地区"列。

 3.4 数据的筛选与切片

【学习目标】

1. 能够直接选取列数据或行数据。
2. 能够利用 loc 函数选取数据。
3. 能够利用 iloc 函数选取数据。

【知识指南】

在对数据做相应操作之前，应先筛选出所需的数据，Pandas 里最常用的结构 DataFrame 就是一个二维表，行和列的设计很便于数据的选取。DataFrame 的索引有两种，行索引用 index 表示，列索引用 columns 表示；而在选取行数据、列数据或切片 DataFrame 数据时，都会使用这两个索引。

一、直接选取列数据

通过用二维嵌套字典可以创建 DataFrame，并且将列数据看成是外层字典，而将行数据看成是内层字典。按照字典的访问方式就可以访问 DataFrame 的数据，如果输入的是字典的关键字，默认返回的就是外层字典的数据。在 DataFrame 后面直接跟关键字，默认就返回该关键字对应列数据。利用字典方式选取列数据有两种，一种是选取单列，另一种是选取多列。

1. 选取单列

在 DataFrame 中，每一列数据的查询可以通过列名读取来实现，选取单列的一般格式为：

```
DataFrame[column]
```

其中，column 表示单列的名称。

2. 选取多列

在 DataFrame 中，访问多列数据时需要将多个列名 columns 放入一个列表[ ]中，选取多列的一般格式为：

```
DataFrame[[columns]]
```

其中，columns 表示多列的名称。

示例代码如下：

```
import numpy as np
import pandas as pd
data = pd.DataFrame(np.arange(1,10).reshape(3,3),
```

```
                columns=['a','b','c'],
                index=['001','002','003'])
print("初始数据为:\n",data)
print("选取 b 列的列数据为:\n",data['b'])
print("选取 a 列和 c 列的列数据为:\n",data[['a','c']])
```

输出结果如图 3-26 所示。

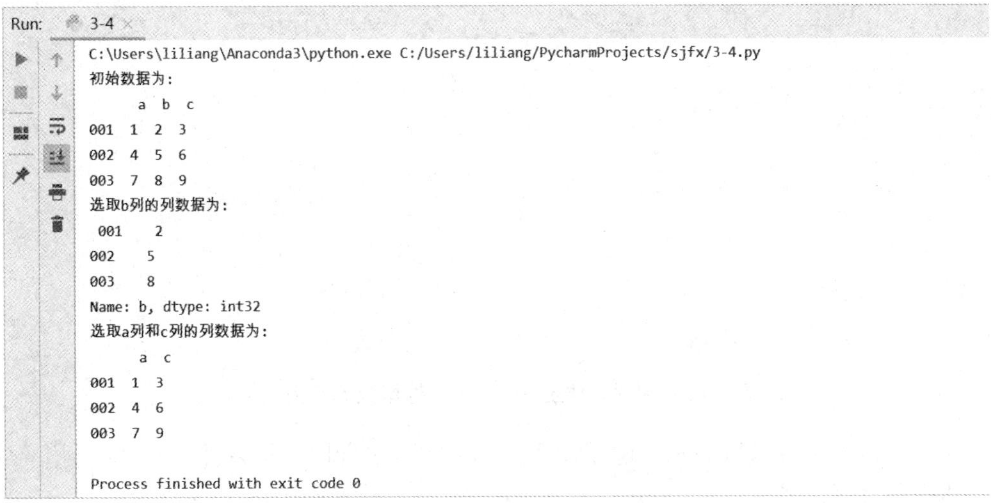

```
Run:      3-4  ×
    C:\Users\liliang\Anaconda3\python.exe C:/Users/liliang/PycharmProjects/sjfx/3-4.py
    初始数据为:
          a  b  c
    001   1  2  3
    002   4  5  6
    003   7  8  9
    选取b列的列数据为:
     001     2
    002      5
    003      8
    Name: b, dtype: int32
    选取a列和c列的列数据为:
          a  c
    001   1  3
    002   4  6
    003   7  9

    Process finished with exit code 0
```

图 3-26　选取单列和多列示例结果

二、利用 loc 函数选取行数据

1. 利用行索引选取数据

在 DataFrame 中，如果选取行数据，不能直接用行索引进行选取，而需要使用 loc 函数进行选取，loc 函数的一般用法是：

```
    DataFrame.loc[Auto_index]
或  DataFrame.loc[set_index]
```

其中，Auto_index 表示自动生成的行索引，set_index 表示用户设置的行索引。

①利用自动生成的行索引选取数据。利用自动生成的行索引选取数据的一般用法为：

```
    DataFrame.loc[Auto_index]
```

其中，Auto_index 可以是单个索引，也可以是多个不连续或连续的索引。选取多个不连续索引时，需要将这些索引放入一个列表[ ]中。选取多个连续索引时，可以用冒号"："连接起始索引和终止索引，并且起始索引和终止索引都是可以取到的。

示例代码如下：

```
print("初始数据为:\n",data)
print("选取自动行索引为 002 的行数据为:\n",data.loc['002'])
print("选取自动行索引为 001 和 003 的行数据为:\n",data.loc[['001','003']])
print("选取自动行索引为 001 到 003 的行数据为:\n",data.loc['001':'003'])
```

输出结果如图 3-27 所示。

```
Run:      3-4 ×
    ►  ↑    C:\Users\liliang\Anaconda3\python.exe C:/Users/liliang/PycharmProjects/sjfx/3-4.py
    ■  ↓    初始数据为:
    ■  ⇥          a  b  c
    ■  ⇥    001  1  2  3
    ★       002  4  5  6
    ■       003  7  8  9
    ■       选取自动行索引为002的行数据为:
             a   4
            b   5
            c   6
            Name: 002, dtype: int32
            选取自动行索引为001和003的行数据为:
                  a  b  c
            001  1  2  3
            003  7  8  9
            选取自动行索引为001到003的行数据为:
                  a  b  c
            001  1  2  3
            002  4  5  6
            003  7  8  9

            Process finished with exit code 0
```

图 3-27　利用自动生成的行索引选取数据示例结果

②利用生成的索引选取数据。除了利用自动生成索引选取数据以外，还可以利用用户生成的索引选取数据，其一般用法为：

DataFrame.loc[set_index]

其中，set_index 表示用户设置的行索引。

示例代码如下：

```
data['d'] = ['2020-1-1','2020-1-2','2020-1-3']
data = data.set_index('d')    #利用 set_index 将 d 列设置为行索引
print("增加 d 列并重设索引的数据为:\n",data)
print("选取行索引为 2020-1-2 的行数据为:\n",data.loc['2020-1-2'])
print("选取行索引为 2020-1-1 和 2020-1-3 的行数据为:\n",data.loc[['2020-1-1','2020-1-3']])
```

输出结果如图 3-28 所示。

2. 利用行筛选条件选取数据

在 DataFrame 中，除了可以利用行索引选取行数据以外，还可以利用 loc 函数设置筛选条件选取行数据，比如筛选性别为"男"的行数据，或地区为"苏州"的行数据等。利用 loc 函数设置行筛选条件选取行数据的一般方法为：

DataFrame.loc[行筛选条件]

其中，如果存在多个行筛选条件，可以使用"&"等连接符进行连接，而且将每个行筛选条件都写在括号（）内。

示例代码如下：

```
data = data.reset_index()    #利用 reset_index 将设置的索引还原成自动行索引
print("还原成自动行索引后的数据为:\n",data)
print("d 列的值为 2020-1-1 的结果为:\n",data.loc[data['d']=='2020-1-1'])
```

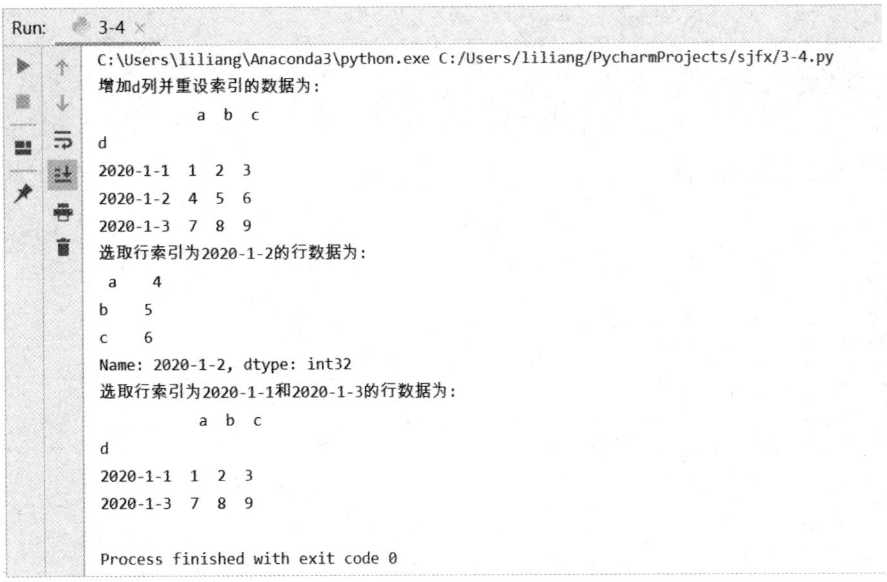

```
Run:    3-4 ×
    ▶   ↑   C:\Users\liliang\Anaconda3\python.exe C:/Users/liliang/PycharmProjects/sjfx/3-4.py
        ↓   增加d列并重设索引的数据为:
    ■   ⇥             a  b  c
            ⇥   d
    ↗       2020-1-1  1  2  3
        ⊟   2020-1-2  4  5  6
            2020-1-3  7  8  9
            选取行索引为2020-1-2的行数据为:
            a    4
            b    5
            c    6
            Name: 2020-1-2, dtype: int32
            选取行索引为2020-1-1和2020-1-3的行数据为:
                      a  b  c
            d
            2020-1-1  1  2  3
            2020-1-3  7  8  9

            Process finished with exit code 0
```

图 3-28　利用生成的索引列选取数据示例结果

输出结果如图 3-29 所示。

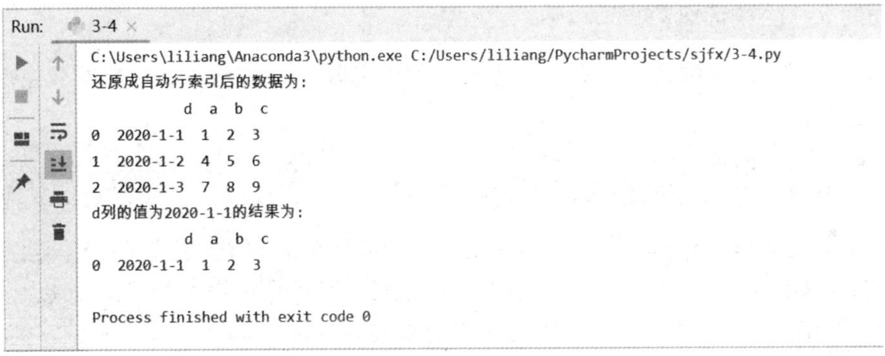

```
Run:    3-4 ×
    ▶   ↑   C:\Users\liliang\Anaconda3\python.exe C:/Users/liliang/PycharmProjects/sjfx/3-4.py
        ↓   还原成自动行索引后的数据为:
    ■   ⇥          d        a  b  c
            ⇥   0  2020-1-1  1  2  3
    ↗       1  2020-1-2  4  5  6
        ⊟   2  2020-1-3  7  8  9
            d列的值为2020-1-1的结果为:
                     d        a  b  c
            0  2020-1-1  1  2  3

            Process finished with exit code 0
```

图 3-29　利用行筛选条件选取数据示例结果

三、选取 DataFrame 切片数据

在 DataFrame 中，除了可以单独选取列数据或行数据以外，还可以选取多列多行的数据，即 DataFrame 切片数据。DataFrame 切片数据可以通过多种方式实现，既可以通过类似于二维字典数据选取的方法，即双重索引的方法，也可以通过 loc 函数或 iloc 函数。

1. 使用双重索引直接选取数据

利用双重索引（先列后行）选取 DataFrame 切片数据的原理是通过 DataFrame[[columns]] 选出需要的多列，再通过[index]选出需要的行，其一般方法为：

DataFrame[[columns]][index]

示例代码如下：

data = pd.DataFrame(np.arange(1,17).reshape(4,4),

```
                    columns=['a','b','c','d'],
                    index=['001','002','003','004'])
    print("初始数据为:\n",data)
    print("行索引为 001 列 003,a 列与 c 列的结果为:\n",data[['a','c']]['001':'003'])
```

输出结果如图 3-30 所示。

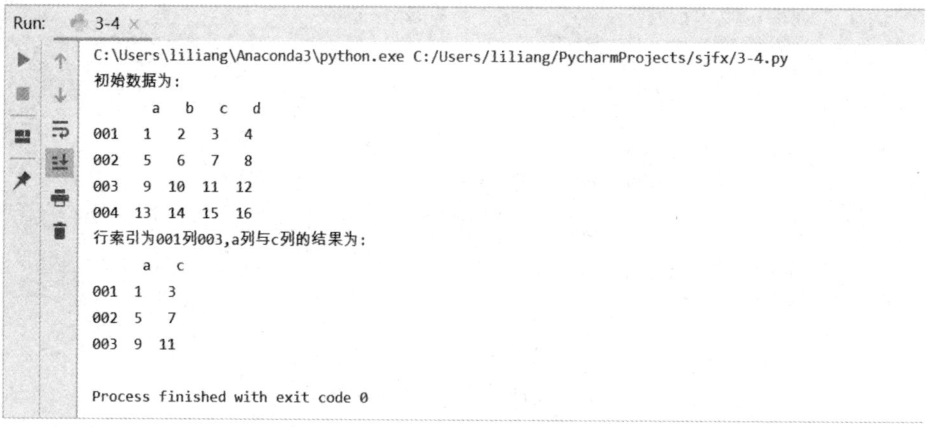

图 3-30　使用双重索引直接选取（先列后行）示例结果

2. 使用 loc 函数选取数据

loc 函数不但可以单独选取行数据，而且还可以选取 DataFrame 切片数据（先行后列），其一般方法为：

```
    DataFrame.loc[index,[columns]]
或  DataFrame.loc[行筛选条件,[columns]]
```

其中，index 可以是单个索引，也可以是多个不连续或连续的索引。选取多个不连续索引时，需要将这些索引放入一个列表[ ]中。选取多个连续索引时，可以用冒号 ":" 连接起始索引和终止索引，并且起始索引和终止索引都是可以取到的。如果 columns 是多列的，需要将多个列名要放入一个列表[ ]中。

示例代码如下：

```
    print("初始数据为:\n",data)
    print("行索引为 001 列 003,a 列与 c 列的结果为:\n",data.loc['001':'003',['a','c']])
    print("行索引为 001 与 003,a 列与 c 列的结果为:\n",data.loc[['001','003'],['a','c']])
    print("满足 a 列的值大于 3 的行数据中,再选择 a 列、b 列、c 列的结果为:\n",
            data.loc[data['a']>3,['a','b','c']])
```

输出结果如图 3-31 所示。

3. 使用 iloc 函数选取数据

iloc 函数是按照行（index）与列（column）的位置来选取数据的，iloc 不管行与列的具体值是多少，只和位置有关。iloc 函数的一般用法为：

```
    iloc[index_num, columns_num]
```

```
Run:    3-4 ×
▶  ↑    C:\Users\liliang\Anaconda3\python.exe C:/Users/liliang/PycharmProjects/sjfx/3-4.py
   ↓    初始数据为:
■  ⇥            a   b   c   d
   ⇥↓   001    1   2   3   4
⬛        002    5   6   7   8
         003    9  10  11  12
🖈  🖨    004   13  14  15  16
   🗑    行索引为001列003,a列与c列的结果为:
                a   c
         001    1   3
         002    5   7
         003    9  11
         行索引为001与003,a列与c列的结果为:
                a   c
         001    1   3
         003    9  11
         行索引为001列003,a列与c列的结果为:
                a   c
         001    1   3
         002    5   7
         003    9  11
         满足a列的值大于3的行数据中,再选择a列、b列、c列的结果为:
                a   b   c
         002    5   6   7
         003    9  10  11
         004   13  14  15
```

图 3-31　使用 loc 选取数据示例结果

其中，index_num 和 columns_num 只能使用数值，对应的是行索引和列索引的编号，而要注意的是，行索引和列索引都是从 0 开始编号的。index_num 和 columns_num 可以只有一个数字，也可以是一个范围，并且范围都是左闭右开区间，即右端点索引对应的行或列是不能取到的，这一点与 loc 函数是有所不同的。

示例代码如下：

```
print("初始数据为:\n", data)
print("行索引编号 1 到 3，列索引编号 0 到 2 的数据为:\n",data.iloc[1:4,0:3])
```

输出结果如图 3-32 所示。

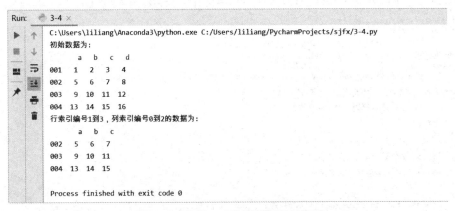

```
Run:    3-4 ×
▶  ↑    C:\Users\liliang\Anaconda3\python.exe C:/Users/liliang/PycharmProjects/sjfx/3-4.py
   ↓    初始数据为:
■  ⇥            a   b   c   d
   ⇥↓   001    1   2   3   4
⬛        002    5   6   7   8
         003    9  10  11  12
🖈  🖨    004   13  14  15  16
   🗑    行索引编号1到3，列索引编号0到2的数据为:
                a   b   c
         002    5   6   7
         003    9  10  11
         004   13  14  15

         Process finished with exit code 0
```

图 3-32　使用 iloc 选取数据示例结果

【任务实训】

任务 3-10：利用 read_excel 导入 supermarket.xlsx（supermarket.xlsx 存放在 C:\data 路径中）中的"销售统计"工作表（第 1 张工作表），并将"客户 ID"设为索引列，将导入数据的前 3 行命名为 data1，并完成：

（1）选取"产品名称"列的数据。

（2）选取"订单日期""发货日期"两列的数据。

（3）选取"客户编号"为"10165"的行数据。

（4）选取"城市"为"内江"并且"销售金额"大于 100 的数据。

任务 3-10（1）具体代码如下：

```
pd.set_option('display.max_columns',None)
pd.set_option('display.width',None)
pd.set_option('display.unicode.east_asian_width',True)
data1 = pd.read_excel('c:\data\supermarket.xlsx',index_col = '客户 ID').head(3)
print("导入的数据为:\n",data1)
print("选取'产品名称'列的数据为:\n",data1['产品名称'])
```

输出结果如图 3-33 所示。

图 3-33　任务 3-10（1）输出结果

任务 3-10（2）具体代码如下：

```
print("选取'订单日期'列和'发货日期'的数据为:\n",data1[['订单日期','发货日期']])
```

输出结果如图 3-34 所示。

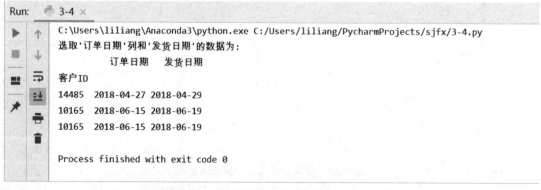

图 3-34　任务 3-10（2）输出结果

任务 3-10（3）具体代码如下：

```
print("选取'客户 ID'为 10165 的行数据为:\n",data1.loc[10165])
```

输出结果如图 3-35 所示。

图 3-35　任务 3-10（3）输出结果

任务 3-10（4）具体代码如下：

```
print("选取'城市'为内江, '销售金额'大于 100 数据为:\n",
    data1.loc[(data1['城市']=='内江') & (data1['销售金额']>100)])
```

输出结果如图 3-36 所示。

图 3-36　任务 3-10（4）输出结果

任务 3-11：利用 read_excel 导入 supermarket.xlsx（supermarket.xlsx 存放在 c:\data 路径中）中的"销售统计"工作表（第 1 张工作表），将导入数据的前 5 行命名为 data2，并完成：

（1）选取行索引为 2 到 4，"客户姓名"和"客户 ID"列的数据。

（2）选取"客户姓名"为"许安"，"客户姓名""销售金额""折扣金额"列的数据。

任务 3-11（1）具体代码如下：

```
data2 = pd.read_excel('c:\data\supermarket.xlsx').head(5)
print("导入的数据为:\n",data2)
print("行索引为 2 到 4 的'客户姓名'和'客户 ID'的数据:\n",
    data2.loc[2:4,['客户姓名','客户 ID']])
```

输出结果如图 3-37 所示。

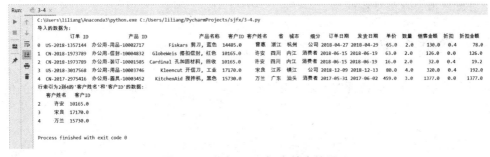

图 3-37　任务 3-11（1）输出结果

任务 3-11（2）具体代码如下：

```
print("'客户姓名'为许安，'客户姓名'、'销售金额'、'折扣金额'的数据为:\n",
data2.loc[data2['客户姓名']=='许安',['客户姓名','销售金额','折扣金额']])
```

输出结果如图 3-38 所示。

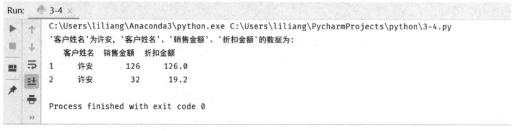

图 3-38　任务 3-11（2）输出结果

【巩固训练】

利用 read_excel 导入 supermarket.xlsx（supermarket.xlsx 存放在 c:\data 路径中）中的"销售统计"工作表（第 1 张工作表），导入数据的前 10 行，并完成：

（1）选取"城市""销售金额""折扣金额"3 列数据。

（2）选取"销售金额"大于 5000 的"客户姓名"和"客户 ID"。

 # 3.5　数据的去空与去重

【学习目标】

1. 能够按要求删除数据的空值。
2. 能够按要求删除数据的重复值。

【知识指南】

在对数据进行预处理时，去空和去重是两个非常重要的操作。去空是指去除带有空值的数据，去重是指去除重复数据。

一、数据去空

数据中的某个或某些特征的值是不完整的，这些值称为缺失值，简单来说，缺失值就是空值。

1. 查看空值

Pandas 提供了识别空值的方法 isnull，这种方法在使用时返回的都是布尔值 True 和 False。

再结合 sum 函数，可以检测出数据中每列的空值频数。统计各列空值频数的一般用法为：

```
DataFrame.isnull().sum()
```

示例代码如下：

```
import numpy as np
import pandas as pd
arr = np.arange(1,17).reshape(4,4)
data = pd.DataFrame(arr,columns=['a','b','c','d'])
data.iloc[1:3,1:4] = np.nan
#表示将行索引编号 1 到 2，列索引编号 1 到 3 的数据都设为空值
data.loc[[0,3], 'b'] = np.nan
#表示将行索引编号 0 和 3，列索引 b 的数据都设为空值
print("初始数据为:\n",data)
print("各列的空值频数为:\n",data.isnull().sum())
```

【结果分析】利用 np.nan 可以生成 DataFrame 的空值。

输出结果如图 3-39 所示。

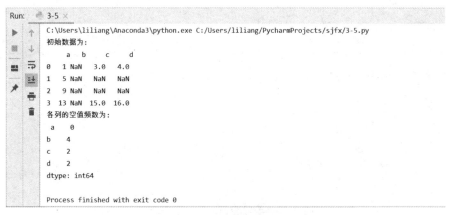

图 3-39　统计各列的空值频数示例结果

2. 删除空值

删除空值是删除带有空值的行或列，它属于利用减少样本量来换取信息完整度的一种方法，是一种最简单的空值处理方法。Pandas 提供了删除空值的 dropna 函数，该函数可以删除带有空值的行或列。在实际操作中，删除带有空值的行的情况比较多。dropna 函数的一般用法为：

```
DataFrame.dropna(axis,how,subset=[columns],inplace)
```

其中，各个参数的作用介绍如下：

axis 接收 0 或 1。axis=0 表示删除空值所在的行，axis=1 表示删除空值所在的列。默认为 axis=0，即删除空值所在的行。

how 表示删除空值数据的方式。how='any'表示只要有空值存在就删除。how='all'表示当且仅当全部为空值时就删除，默认为 any。

subset 表示进行去空操作的列或行。按行删除时，subset 表示 columns 列名；而按列删除时，subset 表示行索引 index。

inplace 表示删除结果是否替换原表，默认为 False。

（1）删除空值所在行

删除空值所在行的一般用法为：

```
DataFrame.dropna(axis=0,how,subset,inplace)
```

其中，axis=0 为删除空值所在的行。subset 表示按行删除空值（简称按行删空）时，需要考虑的列。

示例代码如下：

```
data_drop1 = data.dropna(axis=0,how='any',subset=['a','b','c'])
print("删除 abc 三列中任意一列中出现空值的行:\n",data_drop1)
data_drop2 = data.dropna(axis=0,how='all',subset=['a','b','c'])
print("删除 abc 三列中任全部都为空值的行:\n",data_drop2)
```

输出结果如图 3-40 所示。

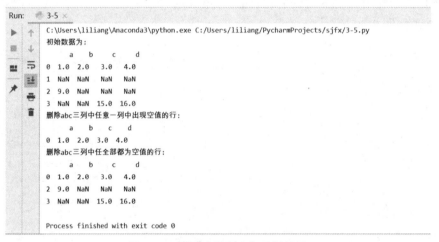

图 3-40　删除空值所在行示例结果

【结果分析】axis=0 表示按行删空，subset 表示列名，进一步分析 a、b、c 三列。在 how='any' 的情况下，行索引为 1、2、3 三条数据都有任意一列出现空值，所以都被删除了，只保留了索引号为 0 的行数据。在 how='all' 的情况下，只有行索引为 1 的一条数据三列都是空值，所以行索引为 1 的行数据被删除了，保留了索引号为 0、2、3 的行数据。

（2）删除空值所在列

删除空值所在列的情况较少，因为通常情况下，不会因为一列中存在一个空值而把整列都删除，这样丢失的信息量就会太大。

删除空值所在列的一般用法为：

```
DataFrame.dropna(axis=1,how,subset,inplace)
```

其中，axis=1 为删除空值所在的列。在按列删空时，how 一般取 all，默认的也是 all，表示只有当一列中所有行或指定行都为空值才删除该列。subset 表示按列删空时，需要考虑要删除的行，默认的是所有行，也可以指定行。在实际操作中，很少会出现一列都是空值的情况，因为如果一列都是空值，那么这一列也就没有包含任何信息。

示例代码如下：

```
data_drop3 = data.dropna(axis=1,how='all',subset=range(2,len(data)))
print("按列删空，删除行索引 2 之后全部都为空值的列:\n",data_drop3)
```

【结果分析】len(data)表示数据的长度，即 len(data)等于 4，range(2,len(data)就是指 range(2,4)，因为 range 表示的是左闭右开的列表，即行索引 2 和 3，所以 range(2,len(data))就可以表示行索引 2 之后的全部行。

输出结果如图 3-41 所示。

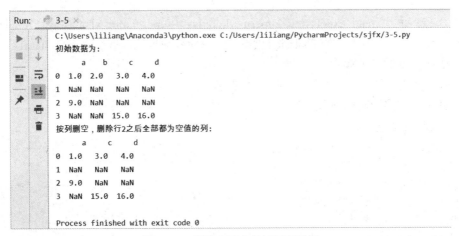

图 3-41　删除空所在值列示例结果

【结果分析】按列删空时，subset 表示行索引号，进一步分析行索引号 2 之后的所有行。在 how 默认等于'all'的情况下，b 列行索引 2 和行索引 3 都是空值，所以 b 列被删除了，保留了 a、c、d 列的数据。

二、数据去重

去除重复数据也是数据分析经常面对的问题之一，常见的重复值完全相同的行数据，或是某几列相同的行数据。

1. 查看重复数据

去除重复数据之前，首先需要了解数据中的重复情况，Pandas 提供了 duplicated 函数，用来查看数据中的重复情况，duplicated 函数的一般用法为：

```
DataFrame.duplicated(subset, inplace)
```

其中，subset 表示列名，默认为 None，表示全部列，即如果一行的所有列出现重复就返回结果。

2. 删除重复值

去除重复数据可以使用 Pandas 提供的去重函数 drop_duplicates。使用 drop_duplicates 函数对数据进行去重，不会改变数据源的原始排列，并且具有代码简洁和运行稳定的优点。drop_duplicates 函数的一般用法为：

```
DataFrame.drop_duplicates(subset, keep, inplace)
```

其中，subset 表示列名，默认为 None，表示全部列，即如果一行的所有列出现重复就删除。keep 表示出现重复时保留第一次出现的数据还是最后一次出现的数据，first 表示保留第一次出现的数据，last 表示保留最后一次出现的数据。默认为 first，即如果出现重复，保留第一次出现的数据。

【任务实训】

任务 3-12：利用 read_excel 导入 supermarket.xlsx（supermarket.xlsx 存放在 C:\data 路径中）中的"销售统计"工作表（第 1 张工作表），将导入数据的前 5 行命名为 data1，并完成：
（1）统计各列的空值频数。
（2）删除"客户 ID"和"客户姓名"都是空值的行。
（3）删除一列中所有的值都为空值的列。

任务 3-12（1）具体代码如下：

```
pd.set_option('display.max_columns',None)
pd.set_option('display.width',None)
pd.set_option('display.unicode.east_asian_width',True)
data1 = pd.read_excel('c:\data\supermarket.xlsx').head(5)
print("导入的数据为:\n",data1)
result = data1.isnull().sum()
print("各列的空值频数为:\n",result[result>0])    #通过 result[result>0]仅仅显示出现空值的列
```

输出结果如图 3-42 所示。

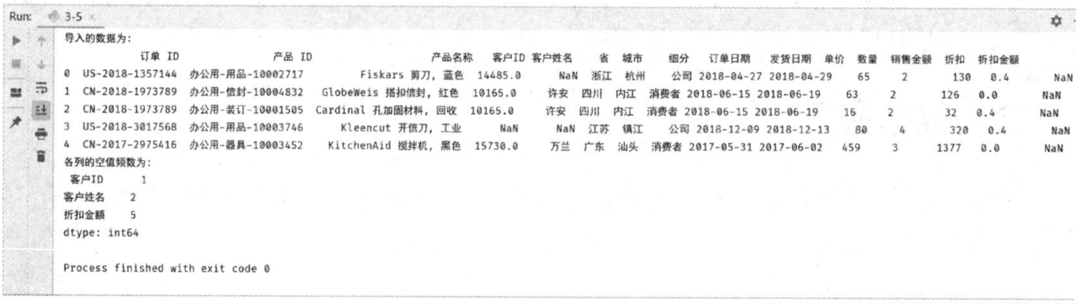

图 3-42　任务 3-12（1）输出结果

任务 3-12（2）具体代码如下：

```
data1_drop1 = data1.dropna(axis=0,how='all',subset=['客户 ID','客户姓名'])
print("删除"客户 ID"和"客户姓名"都是空值的行:\n",data1_drop1)
```

输出结果如图 3-43 所示。

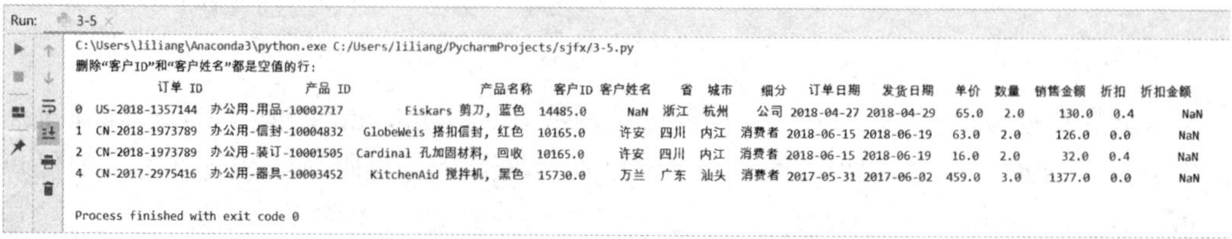

图 3-43　任务 3-12（2）输出结果

【结果分析】从结果中可以看到，因为行索引为 3 的"客户 ID"和"客户姓名"都是空值，所以这一行被删除了。

任务 3-12（3）具体代码如下：

```
data1_drop2 = data1.dropna(axis=1,how='all')
print("删除一列中所有的值都为空值的列:\n",data1_drop2)
```

输出结果如图 3-44 所示。

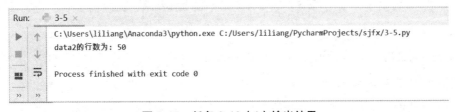

图 3-44 任务 3-12（3）输出结果

【结果分析】从结果中可以看到，因为"折扣金额"这一列的所有值都为空值，所以这一列被删除了。

任务 3-13：利用 read_excel 导入 supermarket.xlsx（supermarket.xlsx 存放在 C:\data 路径中）中的"销售统计"工作表（第 1 张工作表），将导入数据的前 50 行命名为 data2，并完成：

（1）根据 shape 属性，查看数据 data2 的行数。

（2）利用 duplicated 函数，查看"订单 ID""产品 ID""产品名称"三列出现重复数据的前 10 列。

（3）利用 drop_duplicates 函数，删除"订单 ID""产品 ID""产品名称"三列出现重复的数据，并保留第一次出现的数据，结果存放在 data2_drop 中，查看 data2_drop 的前 15 行与前 10 列。

（4）根据 shape 属性，查看数据 data2_drop 的行数。

任务 3-13（1）具体代码如下：

```
data2=pd.read_excel('c:\data\supermarket.xlsx').head(50)
print("data2 的行数为:",data2.shape[0])
```

输出结果如图 3-45 所示。

```
Run:    3-5 ×
        C:\Users\liliang\Anaconda3\python.exe C:/Users/liliang/PycharmProjects/sjfx/3-5.py
        data2的行数为：50

        Process finished with exit code 0
```

图 3-45 任务 3-13（1）输出结果

任务 3-13（2）具体代码如下：

```
data2_dup = data2[data2.duplicated(['订单 ID','产品 ID','产品名称'])]
print("'订单 ID','产品 ID','产品名称'出现重复的数据为:\n",data2_dup.iloc[:,:10])
```

输出结果如图 3-46 所示。

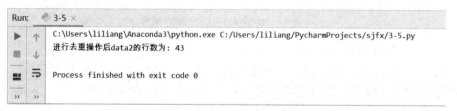

图 3-46　任务 3-13（2）输出结果

【结果分析】iloc 函数可以按照先行（行索引编号）后列（列索引编号）的顺序选取数据，在[:,:10]中，逗号前的":"表示默认选取所有行，逗号后的":10"表示从默认列索引 0 到 9，原因是左闭右开索引区间，所以 10 是不能取到的，因此就是前 10 列。

任务 3-13（3）具体代码如下：

```
data2_drop = data2.drop_duplicates(subset=['订单 ID','产品 ID','产品名称'],keep='first')
print("'订单 ID','产品 ID','产品名称'出现重复的数据删除后的数据为:\n",
        data2_drop.iloc[:15,:10])
```

输出结果如图 3-47 所示。

图 3-47　任务 3-13（3）输出结果

任务 3-13（4）具体代码如下：

```
print("进行去重操作后 data2 的行数为:", data2_drop.shape[0])
```

输出结果如图 3-48 所示。

图 3-48　任务 3-13（4）输出结果

【巩固训练】

利用 read_csv 导入 score.csv（score.csv 存放在 C:\data 路径中），数据源如图 3-49 所示，并完成：

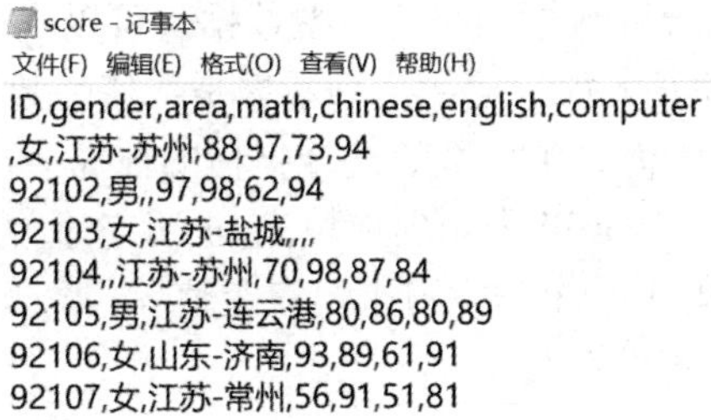

score - 记事本
文件(F) 编辑(E) 格式(O) 查看(V) 帮助(H)
ID,gender,area,math,chinese,english,computer
,女,江苏-苏州,88,97,73,94
92102,男,,97,98,62,94
92103,女,江苏-盐城,,,,
92104,,江苏-苏州,70,98,87,84
92105,男,江苏-连云港,80,86,80,89
92106,女,山东-济南,93,89,61,91
92107,女,江苏-常州,56,91,51,81

图 3-49 练习源数据（部分）

（1）各列的空值频数。
（2）删除两列"gender"和"area"中任意一个为空值的行。
（3）删除 4 个科目列全为空值的行。
（4）删除两列"gender"和"area"中有重复值的行，保留最后一次出现的值。

 ## 3.6 数据的填充与替换

【学习目标】

1. 能够利用指定值或统计指标填充空值。
2. 能够将数据中的指定值进行替换。

【知识指南】

在进行数据分析时，数据或多或少都会有一些瑕疵，比如数据缺失或数据格式不统一，此时可以使用数据中的空值填充与批量替换的功能，空值填充和批量替换都是重要的数据预处理方法。

对于空值处理，除了可以直接删除以外，还可以使用填补法进行空值填充。此外，在处理数据的时候，很多时候也会遇到批量替换的情况，如将"江苏"替换为"JS"；再如只有将"900元"中的"元"替换为空，才能进一步进行数据分析。

一、空值填充

空值填充是指用一个特定值或是一种方法填充空值，空值填充的函数名为 fillna。fillna 函数针对 DataFrame 对象，也可以针对 DataFrame 对象的其中一列，如果要针对某一列或某几列进行填充，就需要用到字典。fillna 函数的一般用法为：

```
DataFrame.fillna(value,method,inplace,limit)
```

其中，各个参数的作用介绍如下：

value 表示用来填充空值的内容。填充可以是一个固定值，如 value=0，即用 0 填充所有空值。如果要对指定列空值进行填充，可以使用字典，键为需要填充的列名，值为指定列的空值填充内容。空值填充时，字典使用方法是：{column1:value1,colum2:value2,…}。

在填充空值时，如果遇到一列数据是字符串型数据，可以利用这一列的众数进行填充，如用"男"填充"性别"列的空值。如果遇到一列数据是数值型数据，可以用这一列的平均值或中位数进行填充。众数、平均值、中位数等统计指标的计算会在第 4 章中详细阐述。

method 表示填充空值的方式。bfill 表示向前填充，即用空值的下一个非空值来填充空值，ffill 表示向后填充，即用空值的上一个非空值来填充空值。

limit 表示每一列填补缺失值的个数。

示例代码如下：

```python
import numpy as np
import pandas as pd
arr = np.arange(1,10).reshape(3,3)
data = pd.DataFrame(arr,columns=['a','b','c'])
data.iloc[1:3,1:3] = np.nan
data.iloc[0,0] = np.nan
print("初始数据为:\n",data)
data_fill_1 = data.fillna(value=0,limit=1)
print("将每列第 1 个空值都填充为 0 的结果为:\n",data_fill_1)
data_fill_2 = data.fillna(value={'a':-1,'b':-2})
print("将 a 列的空值填充为-1，将 b 列的空值填充为-2 的结果为:\n",data_fill_2)
data_fill_3 = data.fillna(method='ffill')
print("用空值的上一个非空值填充空值的结果为:\n",data_fill_3)
```

输出结果如图 3-50 所示。

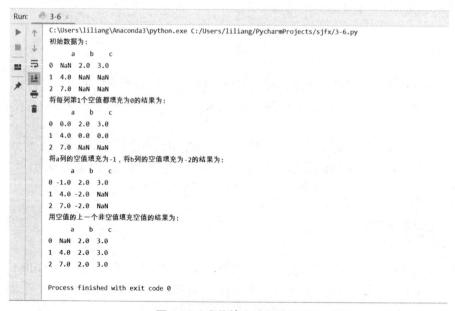

图 3-50　空值填充示例结果

二、批量替换

在处理数据时，经常会遇到批量替换的情况，如果一个一个地去修改则效率过低，也容易出错。Pandas 提供了 replace 函数和 str.replace 函数来进行全部替换和部分替换。

1. 全部替换

全部替换是指将 DataFrame 全部元素或 DataFrame 中某一列的全部元素进行替换，替换时可以使用 replace 函数，replace 函数的一般用法为：

```
DataFrame.replace(to_replace,value,inplace)
```

其中，to_replace 表示需要替换的值。value 表示替换后的值。如果有多个值需要替换可使用字典，使用方法是：{to_replace1:value1, to_replace2:value2,…}。

在 DataFrame 中，有时仅仅只针对某一列进行替换，一列替换的一般方法为：

```
DataFrame[column] = DataFrame[column].replace(to_replace,value,inplace)
```

2. 部分替换

有时，不需要将元素全部替换，而仅仅需要将元素中的某个字符进行替换，此时就可以使用 str.replace 函数，str.replace 函数的一般用法为：

```
DataFrame[column].str.replace(to_replace,value)
```

其中，to_replace 表示需要替换的内容。value 表示替换后的内容。str.replace 是字符串函数，只能针对 Series 使用，所以如果要在 DataFrame 中调用 str 函数，只能选取 DataFrame 中的一列才能使用，这一点与之前的 str.split 函数类似。

示例代码如下：

```
arr = np.arange(1,10).reshape(3,3)
data = pd.DataFrame(arr,columns=['a','b','c'])
data['d'] = ['e1','e2','e3']
print("初始数据为:\n",data)
data_replace_1 = data.replace(5,0)
print("将 5 替换为 0 的结果为:\n",data_replace_1)
data_replace_2 = data.replace({1:10,6:60})
print("将 1、6 替换为 10、60 的结果为:\n",data_replace_2)
data['d'] = data['d'].str.replace('e','d')
print("将 d 列中的字符 e 替换成 d 的结果为:\n",data)
```

输出结果如图 3-51 所示。

图 3-51　批量替换示例结果

【任务实训】

任务 3-14：利用 read_excel 导入 supermarket.xlsx（supermarket.xlsx 存放在 C:\data 路径中）中的"销售统计"工作表（第 1 张工作表），将导入数据的前 5 行命名为 data1，并完成：

（1）根据"销售金额"列的中位数 377 填充这一列，结果存放在 data1_fill_1 中。

（2）在 data1_fill_1 的基础上继续填充空值，根据"省"和"城市"两列的众数"江西"、"景德镇"填充这两列，结果存放在 data1_fill_2 中。

（3）在 data1_fill_2 的基础上继续填充空值，剩下列空值都用空值的下一个非空值进行填充，结果存放在 data1_fill_3 中。

任务 3-14（1）具体代码如下：

```
pd.set_option('display.max_columns',None)
pd.set_option('display.width',None)
pd.set_option('display.unicode.east_asian_width',True)
data1 = pd.read_excel('c:\data\supermarket.xlsx').head(5)
print("导入的数据为:\n",data1)
data1_fill_1 = data1.fillna(value={'销售金额':377})
print("'销售金额'列填充空值的结果为:\n",data1_fill_1)
```

输出结果如图 3-52 所示。

```
C:\Users\liliang\Anaconda3\python.exe C:/Users/liliang/PycharmProjects/sjfx/3-6.py
导入的数据为：
            订单 ID                产品 ID                产品名称   客户ID 客户姓名  省  城市   细分    订单日期    发货日期  销售金额
0  US-2018-1357144  办公用-用品-10002717         Fiskars 剪刀, 蓝色  14485.0     NaN  浙江  杭州   公司 2018-04-27 2018-04-29   130.0
1  CN-2018-1973789  办公用-信封-10004832    GlobeWeis 搭扣信封, 红色      NaN     许安  四川  内江   NaN        NaT        NaT     NaN
2  CN-2018-1973789  办公用-装订-10001505  Cardinal 孔加固材料, 回收  10165.0     许安  NaN  NaN  消费者 2018-06-15 2018-06-19    32.0
3  US-2018-3017568  办公用-用品-10003746      Kleencut 开信刀, 工业      NaN     NaN  江苏  镇江   公司 2018-12-09 2018-12-13   320.0
4  CN-2017-2975416  办公用-器具-10003452    KitchenAid 搅拌机, 黑色  15730.0     万兰  广东  汕头  消费者 2017-05-31 2017-06-02     NaN
'销售金额'列填充空值的结果为：
            订单 ID                产品 ID                产品名称   客户ID 客户姓名  省  城市   细分    订单日期    发货日期  销售金额
0  US-2018-1357144  办公用-用品-10002717         Fiskars 剪刀, 蓝色  14485.0     NaN  浙江  杭州   公司 2018-04-27 2018-04-29   130.0
1  CN-2018-1973789  办公用-信封-10004832    GlobeWeis 搭扣信封, 红色      NaN     许安  四川  内江   NaN        NaT        NaT   377.0
2  CN-2018-1973789  办公用-装订-10001505  Cardinal 孔加固材料, 回收  10165.0     许安  NaN  NaN  消费者 2018-06-15 2018-06-19    32.0
3  US-2018-3017568  办公用-用品-10003746      Kleencut 开信刀, 工业      NaN     NaN  江苏  镇江   公司 2018-12-09 2018-12-13   320.0
4  CN-2017-2975416  办公用-器具-10003452    KitchenAid 搅拌机, 黑色  15730.0     万兰  广东  汕头  消费者 2017-05-31 2017-06-02   377.0

Process finished with exit code 0
```

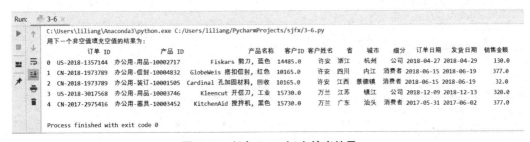

图 3-52 任务 3-14（1）输出结果

任务 3-14（2）具体代码如下：

```
data1_fill_2 = data1_fill_1.fillna(value={'省':'江西','城市':'景德镇'})
print("'省'和'城市'两列填充空值的结果为:\n",data1_fill_2)
```

输出结果如图 3-53 所示。

```
C:\Users\liliang\Anaconda3\python.exe C:/Users/liliang/PycharmProjects/sjfx/3-6.py
'省'和'城市'两列填充空值的结果为：
            订单 ID                产品 ID                产品名称   客户ID 客户姓名  省   城市   细分    订单日期    发货日期  销售金额
0  US-2018-1357144  办公用-用品-10002717         Fiskars 剪刀, 蓝色  14485.0     NaN  浙江   杭州   公司 2018-04-27 2018-04-29   130.0
1  CN-2018-1973789  办公用-信封-10004832    GlobeWeis 搭扣信封, 红色      NaN     许安  四川   内江   NaN        NaT        NaT   377.0
2  CN-2018-1973789  办公用-装订-10001505  Cardinal 孔加固材料, 回收  10165.0     许安  江西  景德镇  消费者 2018-06-15 2018-06-19    32.0
3  US-2018-3017568  办公用-用品-10003746      Kleencut 开信刀, 工业      NaN     NaN  江苏   镇江   公司 2018-12-09 2018-12-13   320.0
4  CN-2017-2975416  办公用-器具-10003452    KitchenAid 搅拌机, 黑色  15730.0     万兰  广东   汕头  消费者 2017-05-31 2017-06-02   377.0

Process finished with exit code 0
```

图 3-53 任务 3-14（2）输出结果

任务 3-14（3）具体代码如下：

```
data1_fill_3 = data1_fill_2.fillna(method='bfill')
print("用下一个非空值填充空值的结果为:\n",data1_fill_3)
```

输出结果如图 3-54 所示。

```
C:\Users\liliang\Anaconda3\python.exe C:/Users/liliang/PycharmProjects/sjfx/3-6.py
用下一个非空值填充空值的结果为：
            订单 ID                产品 ID                产品名称   客户ID 客户姓名  省   城市   细分    订单日期    发货日期  销售金额
0  US-2018-1357144  办公用-用品-10002717         Fiskars 剪刀, 蓝色  14485.0     许安  浙江   杭州   公司 2018-04-27 2018-04-29   130.0
1  CN-2018-1973789  办公用-信封-10004832    GlobeWeis 搭扣信封, 红色  10165.0     许安  四川   内江  消费者 2018-06-15 2018-06-19   377.0
2  CN-2018-1973789  办公用-装订-10001505  Cardinal 孔加固材料, 回收  10165.0     许安  江西  景德镇  消费者 2018-06-15 2018-06-19    32.0
3  US-2018-3017568  办公用-用品-10003746      Kleencut 开信刀, 工业  15730.0     万兰  江苏   镇江   公司 2018-12-09 2018-12-13   320.0
4  CN-2017-2975416  办公用-器具-10003452    KitchenAid 搅拌机, 黑色  15730.0     万兰  广东   汕头  消费者 2017-05-31 2017-06-02   377.0

Process finished with exit code 0
```

图 3-54 任务 3-14（3）输出结果

任务 3-15：利用 read_excel 导入 supermarket.xlsx（supermarket.xlsx 存放在 C:\data 路径中）中的“数据分析”工作表（第 2 张工作表），将导入数据的前 5 行命名为 data2，并完成：

（1）在“省”列中，将“浙江”“四川”“江苏”“广东”替换为“ZJ”“SC”“JS”“GD”。

（2）将"单价"列中的单位"元"去掉，利用 astype('float')将"单价"列转换为浮点数，并利用 dtype 查看"单价"列的数据类型。

任务 3-15（1）具体代码如下：

```
data2 = pd.read_excel('c:\data\supermarket.xlsx',sheet_name="数据分析").head(5)
print("导入的数据为:\n",data2)
dic_province = {'浙江':'ZJ','四川':'SC','江苏':'JS','广东':'GD'}
data2['省'] = data2['省'].replace(dic_province)
print("'省'列替换后的结果为:\n",data2)
```

输出结果如图 3-55 所示。

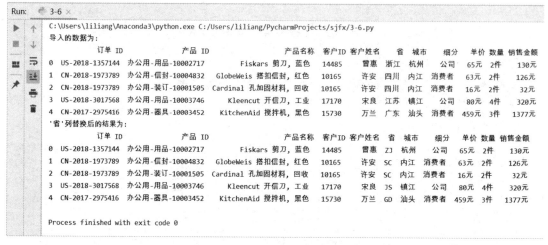

图 3-55　任务 3-15（1）输出结果

任务 3-15（2）具体代码如下：

```
data2['单价'] = data2['单价'].str.replace('元','')
print("'单价'列单位去掉单位的结果:\n",data2)
print("'单价'列的数据类型:",data2['单价'].dtype)
data2['单价'] = data2['单价'].astype('float')
print("'单价'列转换类型后的数据类型:",data2['单价'].dtype)
```

输出结果如图 3-56 所示。

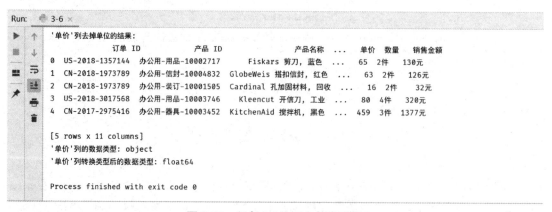

图 3-56　任务 3-15（2）输出结果

【结果分析】"单价"列原本的数据类型是"object",即字符型,通过去掉单位"元",再转换为"float64",即转化为浮点型,就可以为后续的数据分析做好准备,如计算单价的平均值、中位数等。

【巩固训练】

利用 read_excel 导入 supermarket.xlsx(supermarket.xlsx 存放在 C:\data 路径中)中的"数据分析"工作表(第 2 张工作表),将导入数据的前 5 行命名为 data2,并完成:

(1)在"城市"列中,将"杭州""内江""镇江""汕头"替换为"HZ""NJ""ZJ""ST"。

(2)将"数量"列中的单位"件"去掉,利用 astype('float')将"数量"列转换为浮点数,并利用 dtype 查看"数量"列的数据类型。

3.7 数据的拼接和合并

【学习目标】

1. 理解纵向拼接和横向合并的意义。
2. 能够将多个数据进行纵向拼接。
3. 能够将多个数据进行横向合并。
4. 理解横向合并中内连接、外连接、左连接、右连接的作用。

【知识指南】

在数据导入时,往往会遇到数据的合成操作。比如某店铺想了解某月的销售额,就需要将这个月第 1 天、第 2 天、…,直到最后一天的日销售报表合成一个月销售报表,以了解商铺的运营情况。数据的合成是一种将来自不同源的数据组合成一个报表的有效的常用方法。

如果将两个或多个列名完全相同的 DataFrame 数据连接起来,从方向上看是数据的纵向拼接。如果根据某一列将不同的两个 DataFrame 数据合并在一起,从方向上看是数据的横向合并。纵向拼接和横向合并都有各自的特点,使用时需要注意数据合成的方向。

一、数据的纵向拼接

数据的纵向拼接将两个或多个 DataFrame 同列拼接,在拼接时,要保证不同的 DataFrame 列名必须全部相同,否则就会出现多个空值。纵向拼接可以使用 append 函数,append 的一般用法为:

```
DataFrame.append(other, ignore_index)
```

其中,other 表示要添加的数据。ignore_index 表示是否忽略原来索引并重新构建索引。append

函数可以将数据向下拓展，在数据拼接时，如果仅仅将默认的索引按照原始的行号连接起来，比如表 1 默认索引是 0、1、2、…，表 2 默认索引是 0、1、2、…，连接后的索引就是 0、1、2、…、0、1、2、…，这显然不方便数据的调用。ignore_index=True 表示忽略原来索引重新构建索引，即表 2 的索引会在表 1 的索引基础上自动向下编号，使得两个表的索引变为一个完整的索引，便于数据选取。ignore_index=False 表示沿用原来索引，而且这是默认设置。

示例代码如下：

```
import numpy as np
import pandas as pd
arr1 = np.arange(1,10).reshape(3,3)
data_1 = pd.DataFrame(arr1,columns=['a','b','c'])
arr2 = np.arange(10,16).reshape(2,3)
data_2 = pd.DataFrame(arr2,columns=['a','b','c'])
print("初始数据为:\n",data_1)
print("初始拼接数据为:\n",data_2)
data_append1 = data_1.append(data_2,ignore_index=False)
data_append2 = data_1.append(data_2,ignore_index=True)
print("沿用原来索引的结果为:\n",data_append1)
print("重新构建索引的结果为:\n",data_append2)
```

输出结果如图 3-57 所示。

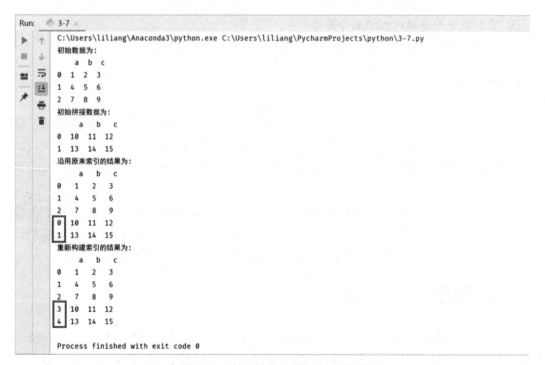

图 3-57　数据的纵向拼接示例结果

【结果分析】从结果中可以看到，在数据拼接时，如果参数 ignore_index 等于 False，data_2 的索引还是原来的 0 和 1；如果参数 ignore_index 等于 True，data_2 的索引就在 data_1 索引的基础上自动变为新索引 3 和 4。

二、数据的横向合并

merge 函数可以将两个表格（DataFrame）进行横向合并，通过 merge 函数可以将两个 DataFrame 根据一些共有的列（合并字段或主键）合并起来，比如编号"ID"。横向合并时可以选择不同的合并方式，例如 inner（默认）、outer、left、right 这几种模式，分别对应的是内连接、外连接、左连接、右连接。merge 函数的一般用法为：

```
pandas.merge(left_Dataframe,right_Dataframe,how,on,sort)
```

其中，各个参数的作用如下：

left_Dataframe 表示参与合并的左侧 DataFrame。

right_Dataframe 表示参与合并的右侧 DataFrame。

how 表示合并方式，取值包括'inner'、'outer'、'left'、'right'，默认为'inner'.'inner'表示内连接，即两个表将根据合并字段（主键）的重复取值进行合并，类似于交集。'outer'表示外连接，即两个表将根据合并字段（主键）的所有取值进行合并，类似于并集。'left'表示左连接，即两个表将根据左表合并字段（主键）的取值进行合并。'right'表示右连接，即两个表将根据右表合并字段（主键）的取值进行合并。如果在数据合并时，除了用于合并的主键以外，还出现了其他重复的列，最后的结果中会以"列名_x"和"列名_y"的方式出现。

on 表示用于连接的列名，未指定则使用两列的交集作为连接键。

sort 表示合并以后数据排序，True 表示升序，False 表示降序。

示例代码如下：

```
arr1 = np.arange(1,10).reshape(3,3)
data_left = pd.DataFrame(arr1,columns=['a','b','c'])
data_left['key'] = ['001','002','003']
arr2 = np.arange(10,19).reshape(3,3)
data_right = pd.DataFrame(arr2,columns=['a','d','e'])
data_right['key'] = ['001','002','004']
print("初始左表数据为:\n",data_left)
print("初始右表数据为:\n",data_right)
data_merge1 = pd.merge(data_left,data_right,how='inner',on='key')
print("按内连接方式的合并结果为:\n",data_merge1)
data_merge2 = pd.merge(data_left,data_right,how='outer',on='key')
print("按外连接方式的合并结果为:\n",data_merge2)
```

输出结果如图 3-58 所示。

【结果分析】从结果可以看到，采用内连接的连接方式时，根据两表"key"列中相同的 2 条数据（001 和 002）进行了合并。采用外连接的连接方式时，根据两表"key"列中所有 4 条数据（001、002、003 和 004）进行了合并。

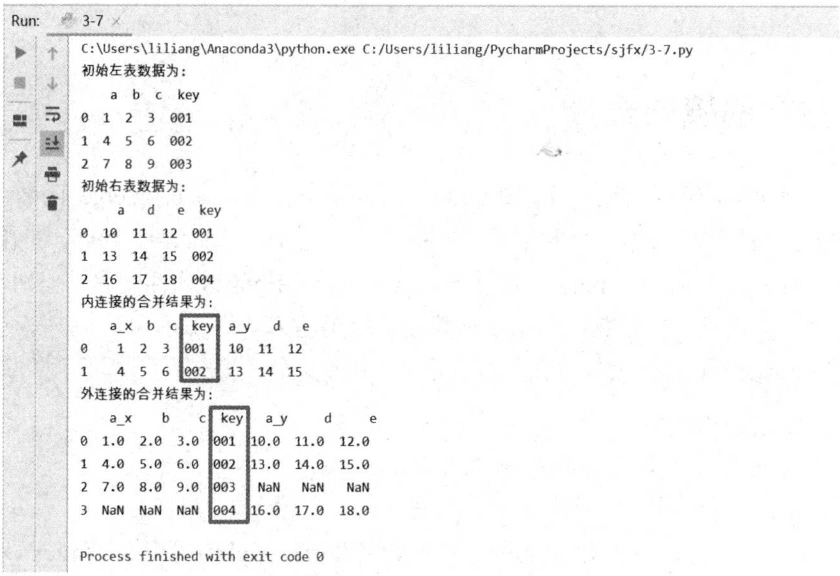

图 3-58　内连接和外连接示例结果

再看如下左连接和右连接示例代码：

```
data_merge3 = pd.merge(data_left,data_right,how='left',on='key')
print("按左连接方式的合并结果为:\n",data_merge3)
data_merge4 = pd.merge(data_left,data_right,how='right',on='key')
print("按右连接方式的合并结果为:\n",data_merge4)
```

输出结果如图 3-59 所示。

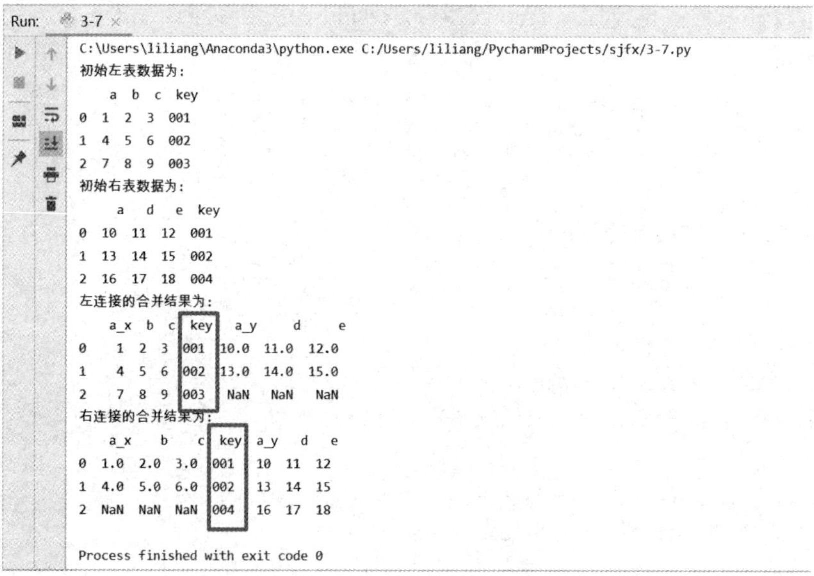

图 3-59　左连接和右连接示例结果

【结果分析】从结果可以看到，采用左连接的连接方式时，根据左表"key"列中 3 条数据（001、002 和 003）进行了合并。采用右连接的连接方式时，根据右表"key"列中 3 条数据（001、002 和 004）进行了合并。

【任务实训】

任务 3-16：利用循环语句，依次导入 supermarket.xlsx（supermarket.xlsx 存放在 C:\data 路径中）中前 4 张工作表"1 月 1 日""1 月 2 日""1 月 3 日""1 月 4 日"，数据如图 3-60 所示。利用 append 函数依次拼接，拼接时，忽略原来数据的索引，结果存放在 data1_append 中。

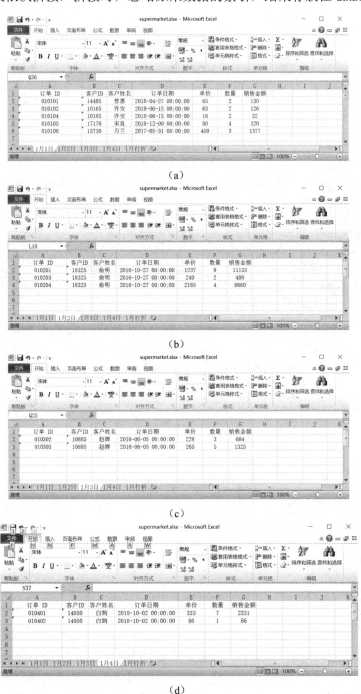

图 3-60　任务 3-16 初始数据

（e）

图 3-60　任务 3-16 初始数据（续）

具体代码如下：

```
pd.set_option('display.max_columns',None)
pd.set_option('display.width',None)
pd.set_option('display.unicode.east_asian_width',True)
data1 = pd.read_excel('c:\data\supermarket.xlsx',sheet_name=0)
for i in range(1,4):
    data1_append = pd.read_excel('c:\data\supermarket.xlsx',sheet_name=i)
    data1 = data1.append(data1_append,ignore_index=True)
print("拼接后 1 月数据 data1 为:\n",data1)
```

输出结果如图 3-61 所示。

```
Run:    3-7 ×

C:\Users\liliang\Anaconda3\python.exe C:/Users/liliang/PycharmProjects/sjfx/3-7.py
拼接后1月数据data1为:
       订单ID  客户ID  客户姓名    订单日期    单价   数量   销售金额
0     10101  14485   曾惠   2018-04-27    65    2    130
1     10102  10165   许安   2018-06-15    63    2    126
2     10104  10165   许安   2018-06-15    16    2     32
3     10105  17170   宋良   2018-12-09    80    4    320
4     10106  15730   万兰   2017-05-31   459    3   1377
5     10201  18325   俞明   2016-10-27  1237    9  11133
6     10203  18325   俞明   2016-10-27   240    2    480
7     10204  18325   俞明   2016-10-27  2165    4   8660
8     10302  10885   赵婵   2016-06-05   228    3    684
9     10303  10885   赵婵   2016-06-05   265    5   1325
10    10401  14050   白鹤   2018-10-02   333    7   2331
11    10402  14050   白鹤   2018-10-02    86    1     86

Process finished with exit code 0
```

图 3-61　任务 3-16 输出结果

任务 3-17：任务 3-16 的数据拼接结果 data1 是 1 月的部分销售记录，而 supermarket.xlsx 中第 5 张工作表"1 月打折"记录了 1 月部分订单的打折数据，下面将 data1 作为左表数据，将工作表"1 月打折"作为右表数据，将"订单 ID"作为合并的连接键，按照内连接的方式将两表进行合并，合并结果存放在 data2 中，并输出 data2 的前 5 行中，"折扣金额"大于 5000 的"客户姓名""销售金额""打折金额"。

具体代码如下：

```
data_left = data1
data_right = pd.read_excel('c:\data\supermarket.xlsx',sheet_name="1 月打折")
data2 = pd.merge(data_left,data_right,how='inner',on='订单 ID')
print("数据合并结果为:\n",data2)
result = data2.head(5).loc[data2['折扣金额']>5000,['客户姓名','销售金额','折扣金额']]
print("数据合并后的数据筛选输出结果为:\n",result)
```

输出结果如图 3-62 所示。

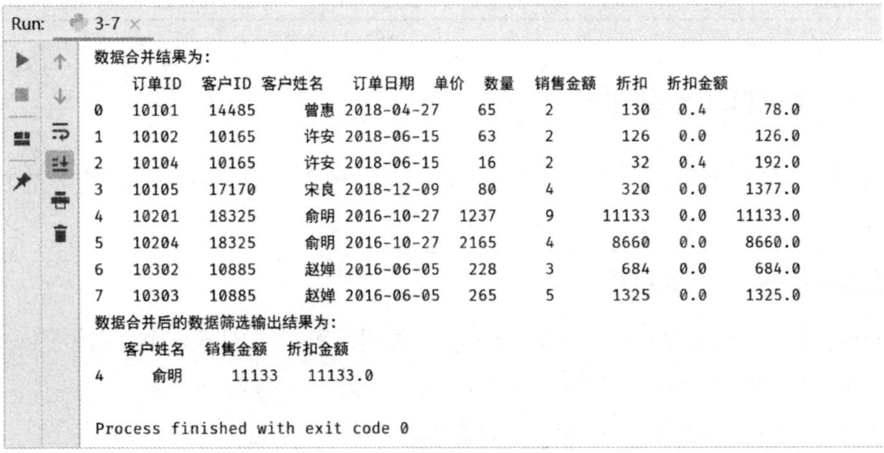

图 3-62　任务 3-17 输出结果

【巩固训练】

利用循环语句，依次导入 score.xlsx 中前 5 张工作表"1 班""2 班""3 班""4 班""5 班"，并利用 append 函数依次拼接。拼接时，忽略原来数据的索引，查询合并数据行数。

3.8　时间的转换与提取

【学习目标】

1. 理解 Timestmap、Timedelta、DatetimeIndex 等时间类型的作用。
2. 能够创建时间类数据。
3. 能够将文本型数据转换为时间类数据。

【知识指南】

数据分析的对象不仅限于数值型和字符串型两种，常用的数据类型还包括了时间型，通过时间类型数据能够获取对应的年、月、日等信息。但是，从 csv 数据中导入数据时都是字符串的形式，无法实现大部分与时间相关的分析。因此，在进行数据序列分析时，常常需要将字符型数据转换为时间型数据。

Pandas 提供了多种与时间相关的类，各种时间类如表 3-6 所示。

表 3-6　Pandas 时间相关类

类名称	说　明
Timestamp	基础的时间类，表示某个时间点，在数据分析中经常需要从这个类中提取年、月、日等信息
Timedelta	表示时间间隔，如 1 天、2 个小时等
DatetimeIndex	表示一组 Timestmap 构成索引 Index，用来作为 DataFrame 或 Series 的索引

一、生成时间类数据

Timestamp 是最基础的时间类，表示某个时间点，在绝大多数场景中的时间都是 Timestamp 形式的时间。

1. 生成 Timestamp 类数据

在 Pandas 中，如果要生成一个 Timestamp 类数据，可以先创建一个字符型的时间数据，再转化为 Timestamp 类数据，其一般方法为：

```
str = 'yearmonthday hour:minute:second'
pd.Timestamp(str)
```

示例代码如下：

```
import pandas as pd
str = '20200202 12:30:00'
data = pd.Timestamp(str)
print("data = ",data)
print("data 的数据类型为:",type(data))
```

输出结果如图 3-63 所示。

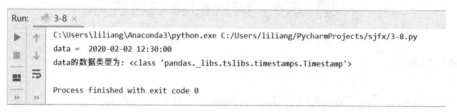

图 3-63　生成一个 Timestamp 类数据示例结果

2. 生成 Timedelta 类数据

在 Pandas 中，如果要生成 Timedelta 类数据，可以先创建两个 Timestamp 类数据，再通过运算得到，其一般方法为：

```
pd.Timestamp(str2) - pd.Timestamp(str1)
```

示例代码如下：

```
str1 = '20200201 12:30:00'
str2 = '20200202 13:30:00'
data1 = pd.Timestamp(str1)
data2 = pd.Timestamp(str2)
data = data2 - data1
print("data = ",data)
print("data 的数据类型为:",type(data))
```

输出结果如图 3-64 所示。

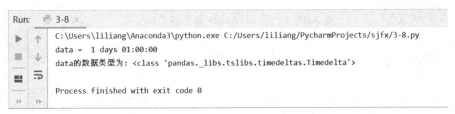

图 3-64　生成 Timedelta 类数据示例结果

3. 生成 DatetimeIndex 类序列

在 Pandas 中，DatetimeIndex 类序列可以作为 DataFrame 或 Series 的索引。在 DataFrame 中，如果将时间序列设为时间索引，那么在数据查询时会减少处理时间，提高效率。

（1）利用列表生成

如果要生成一个 DatetimeIndex 类序列，可以先创建一个字符时间型列表，其一般方法为：

```
str_list = ['*']
pd.to_Timedate(str_list)
```

（2）利用 data_range 函数

如果要生成一个 DatetimeIndex 类序列，还可以利用 data_range 函数来生成，其一般方法为：

```
pd.data_range(start,stop,freq)
```

其中，start 表示开始时间，stop 表示结束时间，freq 表示时间频率，如 freq='D'表示日，freq='H' 表示小时，freq='T'表示分钟，freq='S'表示秒。

示例代码如下：

```
list_str = ['20200201','20200202','20200203']
data = pd.to_datetime(list_str)
print("data = ",data)
print("data 的数据类型为:",type(data))
print("----------")
data = pd.date_range('20200201 12:00:00','20200201 18:00:00',freq='H')
print("data = ",data)
print("data 的数据类型为:",type(data))
```

输出结果如图 3-65 所示。

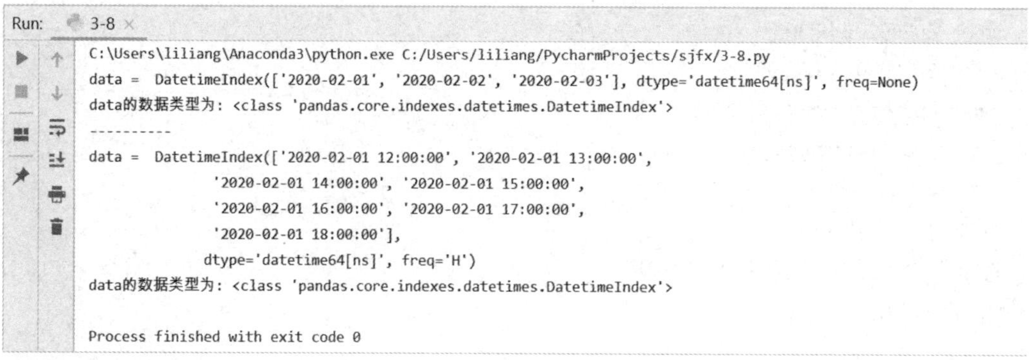

```
Run:     3-8 ×
    C:\Users\liliang\Anaconda3\python.exe C:/Users/liliang/PycharmProjects/sjfx/3-8.py
    data = DatetimeIndex(['2020-02-01', '2020-02-02', '2020-02-03'], dtype='datetime64[ns]', freq=None)
    data的数据类型为: <class 'pandas.core.indexes.datetimes.DatetimeIndex'>
    ----------
    data = DatetimeIndex(['2020-02-01 12:00:00', '2020-02-01 13:00:00',
                '2020-02-01 14:00:00', '2020-02-01 15:00:00',
                '2020-02-01 16:00:00', '2020-02-01 17:00:00',
                '2020-02-01 18:00:00'],
                dtype='datetime64[ns]', freq='H')
    data的数据类型为: <class 'pandas.core.indexes.datetimes.DatetimeIndex'>

    Process finished with exit code 0
```

图 3-65　生成 Timedelta 类数据示例结果

二、转化 DataFrame 时间数据

在 DataFrame 中，导入的时间常常是字符串的形式，此时可以利用 to_datetime 函数将字符串的列转换为时间类型，其一般方法为：

```
pd.to_datetime(DataFrame[column])
```

三、提取时间信息

在处理时间数据时，常常需要提取时间中年、月、日等信息。在 DataFrame 中，利用 dt 方法可以提取一列数据中的年、月、日等信息，提取时间属性如表 3-7 所示。

表 3-7　提取时间属性

属性名称	说明	属性名称	说明
year	年	second	秒
month	月	date	日期
day	日	time	时间
hour	小时	weekday	星期序号，周一为 0
minute	分钟	weekday_name	星期名称

提取 Timestamp 时间信息的一般方法为：

```
Timestamp.dt.属性名称
```

示例代码如下：

```
import numpy as np
arr = np.arange(1,10).reshape(3,3)
data = pd.DataFrame(arr,columns=['a','b','c'])
data['d'] = ['20200201 10:30:00','20200202 9:45:00','20200203 14:15:00']
data['d'] = pd.to_datetime(data['d'])
print("初始数据为:\n",data)
print("提取 d 列中的月份为:\n",data['d'].dt.month)
print("提取 d 列中的小时为:\n",data['d'].dt.hour)
```

输出结果如图 3-66 所示。

```
Run: 3-8
C:\Users\liliang\Anaconda3\python.exe C:\Users\liliang\PycharmProjects\python\3-8.py
初始数据为:
   a  b  c                   d
0  1  2  3 2020-02-01 10:30:00
1  4  5  6 2020-02-02 09:45:00
2  7  8  9 2020-02-03 14:15:00
提取d列中的月份为:
 0    2
1    2
2    2
Name: d, dtype: int64
提取d列中的小时为:
 0    10
1     9
2    14
Name: d, dtype: int64

Process finished with exit code 0
```

图 3-66　提取时间信息示例结果

【任务实训】

任务 3-18：利用 read_csv 导入 supermarket.csv（supermarket.csv 存放在 C:\data 路径中），导入时 encoding 参数使用'gbk'，数据如图 3-67 所示。

```
supermarket - 记事本
文件(F) 编辑(E) 格式(O) 查看(V) 帮助(H)
订单 ID,产品 ID,产品名称,客户,订单日期,发货日期
US-2018-1357144,办公用-用品-10002717,"Fiskars 剪刀, 蓝色",曾惠-14485,2018/4/27,2018/4/29
CN-2018-1973789,办公用-信封-10004832,"GlobeWeis 搭扣信封, 红色",许安-10165,2018/6/15,2018/6/19
CN-2018-1973789,办公用-装订-10001505,"Cardinal 孔加固材料, 回收",许安-10165,2018/6/15,2018/6/19
US-2018-3017568,办公用-用品-10003746,"Kleencut 开信刀, 工业",宋良-17170,2018/12/9,2018/12/13
CN-2017-2975416,办公用-器具-10003452,"KitchenAid 搅拌机, 黑色",万兰-15730,2017/5/31,2017/6/2
CN-2016-4497736,技术-设备-10001640,"柯尼卡 打印机, 红色",俞明-18325,2016/10/27,2016/10/31
CN-2016-4497736,办公用-装订-10001029,"Ibico 订书机, 实惠",俞明-18325,2016/10/27,2016/10/31
CN-2016-4497736,家具-椅子-10000578,"SAFCO 扶手椅, 可调",俞明-18325,2016/10/27,2016/10/31
CN-2016-4497736,办公用-纸张-10001629,"Green Bar 计划信息表, 多色",俞明-18325,2016/10/27,2016/10/31
CN-2016-4497736,办公用-系固-10004801,"Stockwell 橡皮筋, 整包",俞明-18325,2016/10/27,2016/10/31
```

图 3-67　任务 3-18 导入数据

完成：

（1）查看“订单日期”和“发货日期”两列的数据类型。

（2）将“订单日期”和“发货日期”两列的数据类型转换为“日期型”，新增“订单处理时间”列，计算公式为：“订单处理时间” = “发货日期” − “订单日期”。

（3）查看数据的前 5 行。再查看“订单日期”“发货日期”“订单处理时间”3 列的数据类型。

具体代码如下：

```
pd.set_option('display.max_columns',None)
pd.set_option('display.width',None)
pd.set_option('display.unicode.east_asian_width',True)
data1 = pd.read_csv('c:\data\supermarket.csv',encoding='gbk')
print("***时间数据转化前***")
print("'订单日期'的数据类型:%s\n'发货日期'的数据类型:%s"
```

```
                %(data1['订单日期'].dtype,data1['发货日期'].dtype))
    print("----------")
    data1['订单日期'] = pd.to_datetime(data1['订单日期'])
    data1['发货日期'] = pd.to_datetime(data1['发货日期'])
    print("***时间数据转化后***")
    data1['订单处理时间'] = data1['发货日期'] - data1['订单日期']
    print("导入数据前 5 行为:\n",data1.head())
    print("'订单日期'的数据类型:%s\n'发货日期'的数据类型:%s\n'订单处理时间'的数据类型:%s"
                %(data1['订单日期'].dtype,data1['发货日期'].dtype,data1['订单处理时间'].dtype))
```

输出结果如图 3-68 所示。

图 3-68　任务 3-18 输出结果

【结果分析】如果不将"订单日期"和"发货日期"两列的数据类型转换为时间型数据，公式"订单处理时间"＝"发货日期"－"订单日期"是不能算出结果的，因为字符串之间是不能进行运算的。

任务 3-19：将任务 3-18 的结果 data1 重新命名为 data2，完成：

（1）将"订单日期"中的年、月提取出来，并将提取的信息放入新列"年""月"，选取 data2 中 2018 年 5 月、9 月的数据，并计算数据的行数。

（2）将"订单日期"中的星期名称取出来，并将提取的信息放入新列"星期"，选取 data2 中 2017 年的周一的数据，并计算数据的行数。

任务 3-19（1）具体代码如下：

```
data2=data1
data2['年'] = data2['订单日期'].dt.year
data2['月'] = data2['订单日期'].dt.month
result1 = data2.loc[(data2['年']==2018)&((data2['月']==5)|(data2['月']==9))]
print("2018 年 5 月、9 月的数据为:\n",result1)
print("2018 年 5 月、9 月的数据行数为:",result1.shape[0])
```

输出结果如图 3-69 所示。

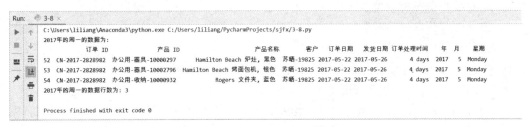

图 3-69　任务 3-19（1）输出结果

任务 3-19（2）具体代码如下：

```
data2['星期'] = data2['订单日期'].dt.weekday_name
result2 = data2.loc[(data2['年']==2017) & (data2['星期']=='Monday')]
print("2017 年的周一的数据为:\n",result2)
print("2017 年的周一的数据行数为:",result2.shape[0])
```

输出结果如图 3-70 所示。

```
Run:    3-8 ×
    C:\Users\liliang\Anaconda3\python.exe C:/Users/liliang/PycharmProjects/sjfx/3-8.py
    2017年的周一的数据为：
            订单 ID          产品 ID                  产品名称         客户    订单日期      发货日期  订单处理时间    年  月      星期
    52 CN-2017-2828982 办公用-器具-10000297   Hamilton Beach 炉灶，黑色   苏晒-19825 2017-05-22 2017-05-26    4 days 2017  5  Monday
    53 CN-2017-2828982 办公用-器具-10002796 Hamilton Beach 烤面包机，银色 苏晒-19825 2017-05-22 2017-05-26    4 days 2017  5  Monday
    54 CN-2017-2828982 办公用-收纳-10000932        Rogers 文件夹，蓝色   苏晒-19825 2017-05-22 2017-05-26    4 days 2017  5  Monday
    2017年的周一的数据行数为：3

    Process finished with exit code 0
```

图 3-70　任务 3-19（2）输出结果

【巩固训练】

在 data2 中，将"订单日期"的日提出，并将提取的信息放入新列"日"，选取 data2 中每月上旬的数据，并计算数据的行数。

3.9　利用 Pandas 进行数据预处理测试题

一、选择题

1. csv 文件的默认的分隔符是（　　　）。

A. Tab 键　　　　　　　B. 逗号　　　　　　　C. 分号　　　　　　　D. 冒号

2. 显示数据 data 开头的前 5 行的方法是（　　　）。

A. data.head(0:5)　　　B. data.tail(5)　　　C. data.head(4)　　　D. data.iloc[:5,:]

3. tail() 表示（　　　）。

A. 最后 1 行　　　　　B. 最后 3 行　　　　　C. 最后 5 行　　　　　D. 最后 10 行

4. pd.set_option('display.width',None)的含义是（　　　　）。

A. 不限制显示的列的数量 　　　　　　　　B. 不限制显示宽度

C. 设置字体颜色 　　　　　　　　　　　　D. 设置字体的大小

5. 函数 drop(labels, axis, inplace)中的参数 axis=1 表示（　　　　）。

A. 删除整个 DataFrame 的数据 　　　　　　B. 随机删除数据

C. 按行删除数据 　　　　　　　　　　　　D. 按列删除数据

6. 函数 drop([3,7],axis=0)表示（　　　　）。

A. 删除索引号 3 到 6 的行 　　　　　　　　B. 删除索引号 3 和 6 的行

C. 删除索引号 3 到 7 的行 　　　　　　　　D. 删除索引号 3 和 7 的行

7. data.iloc[2:5,1:5]表示（　　　　）。

A. 选取数据 data 行索引号 2 到 4，列索引号 1 到 4 的数据

B. 选取数据 data 行索引号 2 到 5，列索引号 1 到 5 的数据

C. 选取数据 data 行索引号 2 和 4，列索引号 1 和 4 的数据

D. 选取数据 data 行索引号 2 和 5，列索引号 1 和 5 的数据

8. data.isnull().sum()的作用是（　　　　）。

A. 统计数据 data 各列的重复值的数量

B. 判断数据是否为空值

C. 统计各行的空值的数量

D. 统计各列的空值的数量

9. 在利用 merge 函数进行数据合并时，默认的合并方式是（　　　　）。

A. 'inner' 　　　　B. 'outer' 　　　　C. 'left' 　　　　D. 'right'

10. 在利用 data_range 生成一个 DatetimeIndex 类序列时，其参数 freq='T'表示时间间隔是

（　　　　）。

A.日 　　　　B.小时 　　　　C.分钟 　　　　D.秒

二、填空题

1. 查看数据 data 的行数的方法是_____。

2. 如果 DataFrame 中的某列的数据类型是 object，表示这一列是_____型数据。

3. 在 dropna 函数中，若参数 axis=0 表示按照_____删除空值。

4. 在使用 append 函数进行纵向拼接时，如果想要忽略原来的索引，应该让参数 ignore_index=_____。

5. 如果要将 DataFrame 中的某列从字符型转换为时间型，可以用函数_____。

三、编程题

1. 利用 read_csv 导入 score.csv，完成：

（1）查看所有列的空值的数量。

（2）删除 4 个科目列全为空值的行。

（3）删除"ID"列中重复值的行，保留第一次出现的值。

（4）将"gender"列的空值填充为"男"。

（5）选取"math"和"english"两列前 5 行的数据。

（6）选取"chinese"和"computer"列中大于 80 的数据。

2．利用 read_csv 导入 study_time.csv，完成：

（1）将"start_time"和"stop_time"两列从字符型转换为时间型。

（2）从"start_time"列中提取日和星期名，分别生成"day"和"weekday"两列。

（3）生成新列"time"，计算公式是 time = stop_time - start_time。

第4章 利用 Pandas 进行数据分析

Pandas 除了可以对数据进行预处理之外，还可以进一步对数据进行分析，如对数据进行排序排名、描述统计、分组分段、交叉透视、正态分析、相关分析等。

本章将重点介绍如何使用 Pandas 高效地完成数据分析工作。第 4 章知识图谱如 4-1 所示。

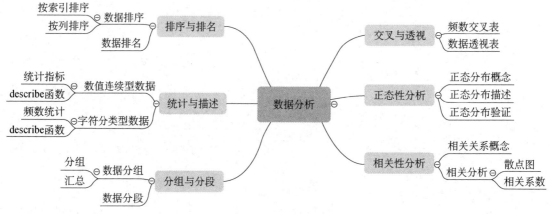

图 4-1　第 4 章知识图谱

 4.1　数据的排序与排名

【学习目标】

1. 能够对数据按照指定列排序。
2. 能够对数据按照指定列排名。
3. 理解排名函数 rank 中排名方法参数 method 的用法。

【知识指南】

在数据分析时，对数据进行排序和排名是常用的操作。通过数据的排序和排名，比较容易发现数据的特征或趋势，找到解决问题的线索。除此之外，排序和排名还有助于对数据检查纠错，为数据的分组或分段等提供方便。

一、数据排序

数据排序是指使数据按一定方式进行排列,通过数据排序可以更为方便地看出数据特征。DataFrame 排序可以分为按索引排序和按某列值排序。索引排序是指按照 DataFrame 索引的值升序或降序的方式重新排列数据,而按列值排序是指可以按照 DataFrame 某一列的值升序或降序的方式重新排列数据。利用 sort_index 函数可对索引进行排序,而利用 sort_values 函数可对值进行排序。

1. 按索引排序

按索引排序是指 DataFrame 按照索引进行排序。索引排序可以使用 sort_index 函数。sort_index 函数的一般用法如下:

```
sort_index(ascending,inplace)
```

其中,ascending 表示排序方式,其值是 True 为升序排序,其值是 False 为降序排序,默认是True,即默认是升序排序。

示例代码如下:

```
import numpy as np
import pandas as pd
arr = np.arange(1,10).reshape(3,3)
data = pd.DataFrame(arr,columns=['a','b','c'])
data['d'] = [3,4,2]
data = data.set_index('d')
print("初始数据为:\n",data)
data_sort_index_1 = data.sort_index(inplace=False)
print("按索引升序排序的结果为:\n",data_sort_index_1)
data_sort_index_2 = data.sort_index(ascending=False,inplace=False)
print("按索引降序排序的结果为:\n",data_sort_index_2)
```

输出结果如图 4-2 所示。

图 4-2　按索引排序示例结果

2. 按列值排序

按列值排序是 DataFrame 按照某一列的值进行的排序。按列值排序可以使用 sort_values 函数。sort_values 函数的一般用法为：

```
sort_values(by,ascending,inplace)
```

其中，by 表示按照某一列或几列的值进行排序；ascending 表示排序方式，其值是 True 为升序排序，其值是 False 为降序排序，默认是 True，即默认是升序排序。

示例代码如下：

```
data = data.reset_index()  #取消用户自定义索引，恢复成自动索引
data['e'] = [2,3,2]
data = data[['a','b','c','d','e']]   #重新排列原来的列
print("初始数据为:\n",data)
data_sort = data.sort_values(by=['e','d'],ascending=[False,False])
print("按 e、d 两列降序排序的结果为:\n",data_sort)
```

输出结果如图 4-3 所示。

图 4-3　按列排序示例结果

【结果分析】按 e、d 两列降序排序时，即先按 e 列降序排序，再按 d 列降序排序。只有当 e 列的值相同时（都为 2），才会再按 d 列的值排序。

二、数据排名

在实际工作中，经常需要对数据进行排名，如对客户的销售金额进行排名，查看重点客户名单。排名函数在很多数据分析软件中都有，如 Excel 中的 rank 函数。而在 Pandas 中，也有类似的 rank 函数，该函数可以对 DataFrame 按照某列进行排名，其一般用法如下：

```
rank(method, ascending)
```

其中，method 表示重复数值排名的处理方法，其值为 average 表示整个相同排名组中平均排名，其值为 min 表示整个相同排名组中的最小排名，其值为 max 表示整个相同排名组中的最大排名；ascending 表示排名顺序，其值为 True 表示升序，其值为 False 表示降序，默认是 True。

如一组数据 6、5、5、2，在降序的情况下，数值 6 排名第 1，数值 2 排名第 4，重复的

数值 5 占据排名第 2 和第 3。如果按照平均排名，两个数值 5 排名都是 2.5；如果按照最小排名，两个数值 5 排名都是 2；如果按照最大排名，两个数值 5 排名都是 3。

在利用 rank 函数对数据进行排名时，还有一点需要注意，就是在对某一列进行排名，需要对该列进行去空处理，否则会报错。

示例代码如下：

```
print("初始数据为:\n", data)
data['e_rank_avg'] = data['e'].rank(method='average',ascending=False)
print("降序排名时按平均排名的结果:\n",data)
data.drop(labels='e_rank_avg',axis=1,inplace=True)
data['e_rank_min'] = data['e'].rank(method='min',ascending=False)
print("降序排名时按最小排名的结果:\n",data)
data.drop(labels='e_rank_min',axis=1,inplace=True)
data['e_rank_max'] = data['e'].rank(method='max',ascending=False)
print("降序排名时按最大排名的结果:\n",data)
```

输出结果如图 4-4 所示。

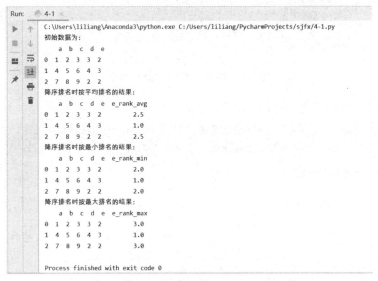

图 4-4　数据排名示例结果

【任务实训】

任务 4-1：利用 read_excel 导入 supermarket.xlsx（supermarket.xlsx 存放在 C:\data 路径中）中的"销售统计"工作表（第 1 张工作表），导入时将"客户 ID"列设为索引，将导入数据命名为 data1，完成：

（1）按索引升序排序，输出前 5 个数据。

（2）按列进行排序，先按"折扣"列降序排序，再按照"折扣金额"升序排序，输出前 5 个数据。

任务 4-1（1）具体代码如下：

```
pd.set_option('display.max_columns',None)
pd.set_option('display.width',None)
```

```
pd.set_option('display.unicode.east_asian_width',True)
data1 = pd.read_excel("C:\data\supermarket.xlsx",index_col='客户 ID')
print("导入的数据为:\n",data1.head())
result_sort_1 = data1.sort_index().head()
print("按索引升序排序的结果为:\n",result_sort_1)
```

输出结果如图 4-5 所示。

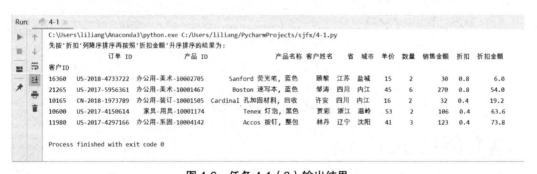

图 4-5　任务 4-1（1）输出结果

任务 4-1（2）具体代码如下：

```
result_sort_2 = data1.sort_values(by=['折扣','折扣金额'],ascending=[False,True]).head()
print("先按'折扣'列降序排序再按照'折扣金额'升序排序的结果为:\n",result_sort_2)
```

输出结果如图 4-6 所示。

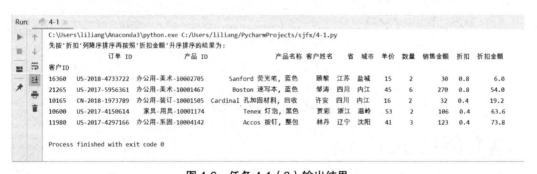

图 4-6　任务 4-1（2）输出结果

任务 4-2：将任务 4-1 的结果 data1 重新命名为 data2，在"销售金额"列降序排序的情况下，统计"数量"列的排名，"数量"列排名方式为降序，如果"数量"列数据出现重复，采用最小排名。

具体代码如下：

```
data2 = data1
data2 = data2.sort_values(by='销售金额',ascending=False)
data2['数量排名'] = data2['数量'].rank(method='min',ascending=False)
print("排序和排名处理结果为:\n",data2.head())
```

输出结果如图 4-7 所示。

```
Run:    4-1 ×
    C:\Users\liliang\Anaconda3\python.exe C:/Users/liliang/PycharmProjects/sjfx/4-1.py
    排序和排名处理结果为:
                    订单 ID        产品 ID              产品名称 客户姓名    省  城市  单价  数量  销售金额  折扣  折扣金额  数量排名
    客户 ID
    19825   CN-2017-2828982  办公用-器具-10000297  Hamilton Beach 炉灶, 黑色   苏晗  山东  青岛  2528   5   12640  0.0  12640.0   18.0
    15985   CN-2018-2396895  技术-电话-10004015       思科 充电器, 全尺寸   薛磊  吉林  蛟河  3046   4   12184  0.0  12184.0   37.0
    18325   CN-2016-4497736  技术-设备-10001640       柯尼卡 打印机, 红色   俞明  江西  景德镇 1237   9   11133  0.0  11133.0    2.0
    20965   US-2017-2511714  办公用-器具-10003582      KitchenAid 冰箱, 黑色   刘斯  江苏  徐州  1477   7   10339  0.4  6203.4    6.0
    14815   US-2017-3857264  办公用-器具-10004757      Breville 炉灶, 黑色     武杰  江苏  淮阴  1571   6    9426  0.4  5655.6   11.0

    Process finished with exit code 0
```

图 4-7　任务 4-2 输出结果

【巩固训练】

利用 read_csv 导入 c:\data\score.csv，将前 10 行数据作为操作数据完成：

（1）将"area"列中的"江苏-苏州"替换为 0，"江苏-盐城"替换为 1，"江苏-连云港"替换为 2，"江苏-常州"替换为 3，"山东-济南"替换为 4，按照"area"列升序排序。

（2）生成一个新列，列名为"all"，计算公式：all ＝ math + Chinese + English 。按照第 1 关键字"all"列降序排序，再按照第 2 关键字"computer"列升序排序。

（3）去掉"all"列中的带有空值的行，按"all"列降序排名，如果排名相同，全部取最小排名。

4.2　数据的统计与描述

【学习目标】

1. 能够计算数值型字段的统计指标。
2. 能够统计字符型字段的频数。
3. 掌握 describe 函数的用法。

【知识指南】

数据的统计与描述可以用来概括和表示数据的状况，通过一些统计指标可以方便地表示一组数据的集中趋势、离散程度、频数分布等特征。

一、数值型字段的统计与描述

数值型字段是指该字段是用数值来描述的，如身高、体重、成绩等。数值型字段的描述性统计主要包括计算最小值、最大值、均值、中位数、四分位数、极差、方差、标准差等统计指标。

1. 直接利用统计指标进行计算

Pandas 提供了很多方法来计算数值型字段的各类指标，常用统计指标如表 4-1 所示。

表 4-1　数值型数据统计指标

方法名称	说明	方法名称	说明
mean	均值	max	最大值
median	中位数	min	最小值
mode	众数	ptp	极差
quantile	四分位数	std	标准差
sum	总和	cumsum	累加和
skew	偏度	kurt	峰度

quantile 表示四分位数，是指通过三个分割点将全部数据等分为四部分，其中每部分包含 25%的数据，这三个分割点就是四分位数。中间的四分位数就是中位数，而处在 25%位置上的四分位数称为下四分位数，处在 75%位置上的四分位数称为上四分位数。

skew 表示偏度，是描述分布偏离对称性程度的一个特征数。当分布左右对称时，偏度系数为 0。当偏度系数大于 0 时，该分布为右偏。当偏度系数小于 0 时，该分布为左偏。

kurt 表示峰度，是指用来反映频数分布曲线顶端尖峭或扁平程度的指标。峰度大于 0，表示该数据分布与正态分布相比较为陡峭，为尖顶峰；峰度小于 0，表示该数据分布与正态分布相比较为平坦，为平顶峰。

cumsum 表示累加和，是指对列数据进行累加，其结果也是一列数据。

直接利用统计指标进行计算的一般方法为：

```
DataFrame[column].统计指标
```

示例代码如下：

```
import numpy as np
import pandas as pd
arr = np.arange(1,17).reshape(4,4)
data = pd.DataFrame(arr,columns=['a','b','c','d'])
print("初始数据为:\n",data)
print("a 列的最大值=",data['a'].max())
print("b 列的平均值=",data['b'].mean())
print("c 列的标准差值=%.2f"%(data['c'].std()))
print("----------")
data['e']=data['d'].cumsum()
print("d 列的累加和结果为 e 列:\n",data[['d','e']])
```

输出结果如图 4-8 所示。

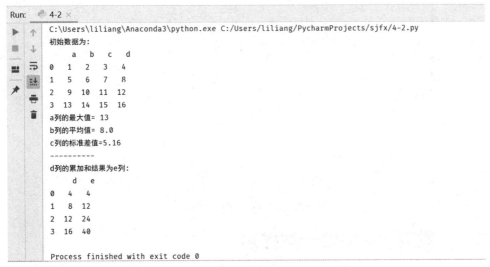

图 4-8 统计指标计算示例结果

2. 利用 describe 函数进行计算

Pandas 提供了 describe 函数用来一次性计算数值型字段的 8 个统计指标，如表 4-2 所示。

表 4-2 数值型字段的 describe 函数统计结果

方法名称	说　明
count	非空个数
mean	均值
std	标准差
min	最小值
25%	25%分位数
50%	50%分位数，即中位数
75%	75%分位数
max	最大值

在调用 describe 函数计算统计指标时，还可以采用 describe()[i]（i=0,1,2,…）的方法调用某个统计指标，如用 describe()[0]调用第 1 个统计指标 count，describe()[1]调用第 2 个统计指标 mean。同时，还可以利用指标名称来调用指标，如 describe()['25%']表示调用 25%分位数，即调用下四分位数。

示例代码如下：

```
des = data['a'].describe()
print("a 列的 describe 函数计算结果:\n",round(des,2)) #利用 round 函数保留所有 2 位小数
print("a 列的平均值 = ",des[1])
print("a 列的 25%分位数 = ",des['25%'])
```

输出结果如图 4-9 所示。

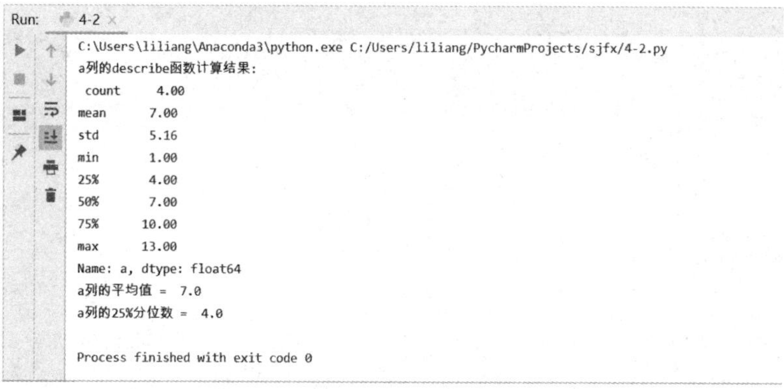

```
C:\Users\liliang\Anaconda3\python.exe C:/Users/liliang/PycharmProjects/sjfx/4-2.py
a列的describe函数计算结果:
 count     4.00
mean      7.00
std       5.16
min       1.00
25%       4.00
50%       7.00
75%      10.00
max      13.00
Name: a, dtype: float64
a列的平均值 =  7.0
a列的25%分位数 =  4.0

Process finished with exit code 0
```

图 4-9　统计指标计算示例结果

二、分类型字段的统计与描述

分类型字段是指该字段具有分类作用，如省份名、城市名、商品类别等，分类型字段的统计与描述主要是频数统计。

1. 利用 value_counts 函数进行统计分析

Pandas 提供了 value_counts 函数用来统计分类型字段的频数。value_counts 函数的一般用法为：

```
value_counts(normalize,ascending)
```

其中，normalize 表示是否按频率显示，其值为 True 表示按频率显示（频率=频数/总频数），其值为 False 表示按频数显示，默认为 False，即默认按频数显示。

示例代码如下：

```
data['f']=['A','B','B','C']
print("初始数据为:\n",data)
print("按频数统计 f 列降序的结果:\n",
        data['f'].value_counts(ascending=False))
print("按频率统计 f 列升序的结果:\n",
        data['f'].value_counts(normalize=True,ascending=True))
```

输出结果如图 4-10 所示。

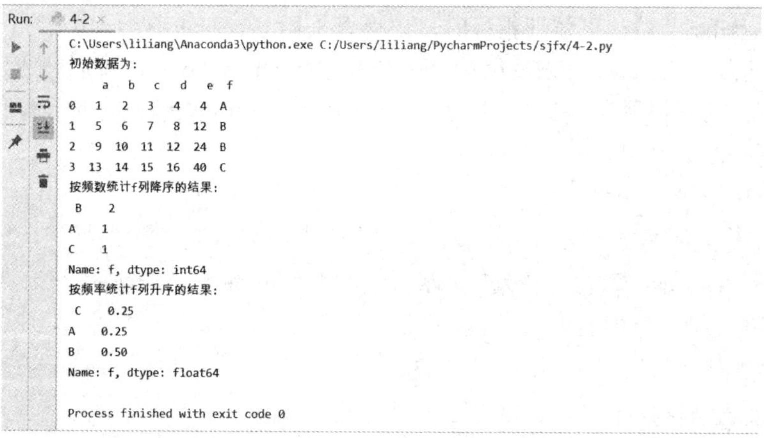

```
C:\Users\liliang\Anaconda3\python.exe C:/Users/liliang/PycharmProjects/sjfx/4-2.py
初始数据为:
    a   b   c   d   e  f
0   1   2   3   4   4  A
1   5   6   7   8  12  B
2   9  10  11  12  24  B
3  13  14  15  16  40  C
按频数统计f列降序的结果:
 B    2
A    1
C    1
Name: f, dtype: int64
按频率统计f列升序的结果:
 C    0.25
A    0.25
B    0.50
Name: f, dtype: float64

Process finished with exit code 0
```

图 4-10　value_counts 函数示例结果

2. 利用 describe 函数进行统计分析

Pandas 中 describe 函数除了可以对数值型字段进行统计描述，还可以对分类型字段进行统计描述。对于分类型字段，describe 函数可以统计分类数目、最多频数类别等结果，具体统计结果如表 4-3 所示。

表 4-3　字符型数据 describe 函数统计结果

方法名称	说　明
count	表示非空数目
unique	表示数据的种类
top	表示出现最多的类型
freq	表示出现最多的类型的数目

示例代码如下：

```
des= data['f'].describe()
print("f 列 describe 函数统计结果为:\n",des)
print("f 列的类别数量 = ",des[1])
print("f 列频数最多的类别为:%s,该类别出现的次数为:%d"%(des['top'],des['freq']))
```

输出结果如图 4-11 所示。

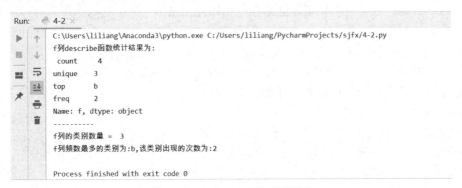

图 4-11　describe 函数示例结果

【任务实训】

任务 4-3：利用 read_excel 导入 supermarket.xlsx（supermarket.xlsx 存放在 C:\data 路径中）中的"销售统计"工作表（第 1 张工作表），导入时将"客户 ID"列设为索引，将导入数据命名为 data1，完成：

（1）直接计算"销售金额"列的平均值和中位数以及偏度，并根据这些统计指标判断数据的大致分布。

（2）通过 describe 函数生成"单价"列统计指标，再单独输出其平均值。

任务 4-3（1）具体代码如下：

```
pd.set_option('display.max_columns',None)
pd.set_option('display.width',None)
pd.set_option('display.unicode.east_asian_width',True)
data1 = pd.read_excel("C:\data\supermarket.xlsx",index_col='客户 ID')
```

```
print("导入的数据为:\n",data1.head())
mean = data1['销售金额'].mean()
median = data1['销售金额'].median()
skew = data1['销售金额'].skew()
print("销售金额的平均值=%.2f\n 销售金额的中位数=%.2f\n 销售金额的偏度 = %.2f\n"
    %(mean,median,skew))
```

输出结果如图 4-12 所示。

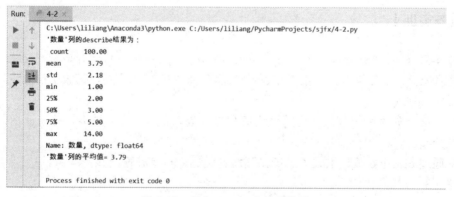

图 4-12　任务 4-3（1）输出结果

【结果分析】销售金额的平均值远大于中位数，并且偏度为 2.59，远大于 0，说明数据是右偏的，即销售金额存在着大量的极大值，也就是说在数据中，有一些客户贡献了极高的销售金额，这一点也比较符合"帕累托法则"。"帕累托法则"也叫"二八法则"，它是指在任何特定群体中，重要的因子通常只占少数，而不重要的因子却占多数，因此只要能控制具有重要性的少数因子即能控制全局，即 80%的价值来自 20%的因子，其余的 20%的价值则来自 80%的因子。经济学家认为，20%的人掌握着 80%的财富。推而广之，在任何大系统中，约 80%的结果是由该系统中约 20%的变量产生的。

任务 4-3（2）具体代码如下：

```
des = data1['数量'].describe()
print("'数量'列的 describe 结果为：\n",round(des,2)) #利用 round 函数保留所有 2 位小数
print("'数量'列的平均值=",des[1])
```

输出结果如图 4-13 所示。

```
Run:    4-2 ×
▶    ↑    C:\Users\liliang\Anaconda3\python.exe C:/Users/liliang/PycharmProjects/sjfx/4-2.py
■    ↓    '数量'列的describe结果为：
             count    100.00
▦    ⋻     mean      3.79
             std       2.18
★    ⊻     min       1.00
             25%       2.00
    ⎙      50%       3.00
    📄     75%       5.00
             max      14.00
             Name: 数量, dtype: float64
             '数量'列的平均值=3.79

             Process finished with exit code 0
```

图 4-13　任务 4-3（2）输出结果

任务 4-4：将任务 4-3 导入的数据重新命名为 data2，计算贡献所有销售金额的前 80%的订单笔数占总笔数的比例。

具体代码如下：

```
data2 = data1
data2 = data2.reset_index()
data2.sort_values(by='销售金额',ascending=False,inplace=True)
data2['订单销售金额占比'] = data2['销售金额']/data2['销售金额'].sum() #计算订单成交额占比
data2['订单销售金额累计占比'] = data2['订单销售金额占比'].cumsum() #计算订单成交额的累计占比
print("订单销售金额累计占比前 5 条数据为:\n",data2.head())
key = data2.loc[data2['订单销售金额累计占比']>0.8].index[0]   #找到累计占比超过 80%的第 1 个用户
print("----------")
print("订单销售金额累计占比超过 80%的临界数据的索引编号=",key)
print("----------")
data2_80 = data2.loc[:key]
print("订单销售金额累计占比接近 80%的最后 5 条数为:\n",data2_80.tail())
print("----------")
print("销售金额累计占比超过 80%订单笔数=",data2_80.shape[0])
result = data2_80.shape[0]/data2.shape[0]
print("销售金额累计占比超过 80%%订单笔数占总比数的比例=%.2f%%"%(result*100))        #在输出
语句中，%%是格式符表示百分号%
```

输出结果如图 4-14 所示。

```
Run: 4-2
C:\Users\liliang\Anaconda3\python.exe C:/Users/liliang/PycharmProjects/sjfx/4-2.py
订单销售金额累计占比前5条数据为:
    客户ID        订单 ID            产品 ID                 产品名称 客户姓名  省   城市  单价  数量  销售金额  折扣  折扣金额  订单销售金额占比  订单销售金额累计占比
52  19825  CN-2017-2828982  办公用-器具-10000297  Hamilton Beach 炉灶, 黑色  苏硒  山东   青岛  2528   5   12640  0.0  12640.0   0.074058   0.074058
49  15985  CN-2018-2396895   技术-电话-10004015      思科 充电器, 全尺寸  薛磊  吉林   蛟河  3046   4   12184  0.0  12184.0   0.071386   0.145444
5   18325  CN-2016-4497736   技术-设备-10001640      柯尼卡 打印机, 红色  俞明  江西  景德镇  1237   9   11133  0.0  11133.0   0.065228   0.210673
15  20965  US-2017-2511714  办公用-器具-10003582    KitchenAid 冰箱, 黑色  刘斯  江苏   徐州  1477   7   10339  0.4   6203.4   0.060576   0.271249
41  14815  US-2017-3857264  办公用-器具-10004757      Breville 炉灶, 黑色  武杰  江苏   淮阴  1571   6    9426  0.4   5655.6   0.055227   0.326476
----------
订单销售金额累计占比超过80%的临界数据的索引编号= 24
----------
订单销售金额累计占比接近80%的最后5条数为:
    客户ID        订单 ID           产品 ID                      产品名称 客户姓名  省  城市  单价  数量  销售金额  折扣  折扣金额  订单销售金额占比  订单销售金额累计占比
87  15445  CN-2017-5552260  家具-用具-10001977              Eldon 框架, 优质  曾康  四川  绵阳   322   6   1932  0.4  1159.2   0.011320   0.766817
72  13180  CN-2018-2187292  技术-电话-10000393          三星 信号增强器, 全尺寸  孟刚  重庆  重庆   643   3   1929  0.0  1929.0   0.011302   0.778119
47  21265  US-2017-5956361  技术-电话-10004349            诺基亚 充电器, 蓝色  邹涛  四川  内江  1781   1   1781  0.4  1068.6   0.010435   0.788554
33  12310  CN-2018-3230180  家具-椅子-10000374  Harbour Creations 椅垫, 可调  宋栋  河北  唐山   348   5   1740  0.0  1740.0   0.010195   0.798749
24  10600  US-2017-4150614  家具-书架-10004730             Sauder 书架, 金属  贾彩  浙江  温岭   410   4   1640  0.4   984.0   0.009609   0.808357
----------
销售金额累计占比超过80%订单笔数= 29
销售金额累计占比超过80%订单笔数占总比数的比例=29.00%

Process finished with exit code 0
```

图 4-14　任务 4-4 输出结果

任务 4-5：将任务 4-3 导入的数据重新命名为 data3，完成：

（1）利用 value_counts 函数统计订单数量排名前 5 的客户姓名。

（2）利用 describe 函数统计订单数量最多的省份，并统计次数。

具体代码如下：

```
data3 = data1
result = data3['客户姓名'].value_counts(ascending=False).head()
print("订单数量排名前 5 的客户姓名:\n",result)
print("---------")
des = data3['省'].describe()
print("订单数量最多的省份为:%s,其频数为:%d"%(des['top'],des['freq']))
```

输出结果如图 4-15 所示。

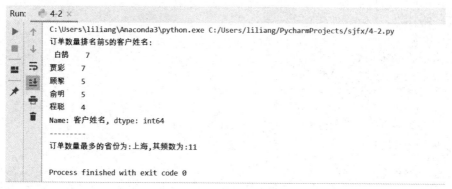

图 4-15　任务 4-5 输出结果

【巩固训练】

利用 read_excel 导入 supermarket.xlsx 中的"销售统计"工作表（第 1 张工作表），完成：
（1）去掉折扣为 0 的数据后，计算平均折扣。
（2）计算"折扣金额"的中位数。
（3）统计订单数量最多的城市，并统计次数。

 # 4.3　数据的分组与分段

【学习目标】

1. 能够将数据按照指定列分组并汇总统计。
2. 能够将数据按指定列进行数据分段。

【知识指南】

在数据分析时，对数据进行分组和分段是常用的操作，通过分组和分段可以挖掘出更多数据的内在信息。数据分组的作用是可以快速对所有分组进行统计计算，如计算男女学生的平均成绩时，可以先按性别分组，然后再按成绩统计各组的平均数。数据分段作用在于可以将连续的数据离散化，如将成绩分为不同的成绩等级，将年龄分为不同的年龄段，这样就可以通过不同数据段的统计分析挖掘出一些更加有用的信息。

一、数据分组统计分析

分组是指将 DataFrame 按照某列划分为多个不同的组，然后再按另外一列计算每组的一些统计指标，这一点类似于 Excel 的分类汇总，分组统计时只要确定分组字段、统计字段和统计方法就可以执行。

1. 数据分组

Pandas 提供了一个灵活高效的 groupby 函数，通过 groupby 函数可以对 DataFrame 进行分组操作，进而再对每一组进行统计分析，如计算最大值、最小值、平均值、中位数等。

（1）按某列对 DataFrame 进行分组

通过 groupby 函数执行分组操作，只会返回一个 GroupBy 对象，该对象实际上并没有进行任何的计算，其仅仅是中间数据。groupby 函数的一般用法为：

```
DataFrame.groupby(by=分组列)
```

其中，by 表示分组的列，即 DataFrame 按照这一列进行分组，但是其结果只是一个中间数据，不产生任何的统计结果。

示例代码如下：

```
import numpy as np
import pandas as pd
arr = np.arange(1,17).reshape(4,4)
data = pd.DataFrame(arr,columns=['a','b','c','d'])
data['e'] = ['A','B','B','A']
print("初始数据为:\n",data)
group = data.groupby(by='e')
print("按 e 列分组的结果为:",group)
print("分组结果的类型为:",type(group))
```

输出结果如图 4-16 所示。

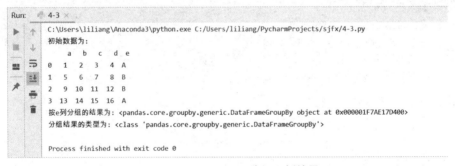

图 4-16　DataFrame 分组示例结果

（2）查看分组结果

按某列对 DataFrame 进行分组后的结果是一个可以迭代的对象，通过循环语句可以查看每一组的情况。

示例代码如下：

```
print("按 e 列分组后的每一组的结果为:")
for g in group:
    print(g)
```

输出结果如图 4-17 所示。

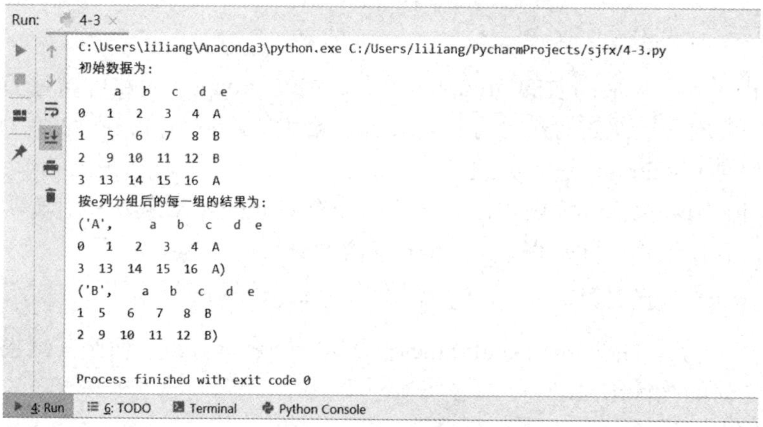

图 4-17　查看分组结果示例结果

【结果分析】从图 4-17 的结果中可以看到，利用 grougby 对 data 按照 e 列进行分组后，所有"A"为一组，所有"B"为一组，共分成了两组，这些分组的信息都被存储在 DataFrameGroupBy 的数据类型中，通过循环语句就可以查看每一组的结果。

2. 分组统计

在 DataFrame 中，按照某一列进行分组后，还可以再对指定的列进行统计分析，其一般方法为：

DataFrame.groupby(by=分组列)[统计列].统计方法

示例代码如下：

```
print("初始数据为:\n",data)
data_result1 = data.groupby(by='e')['a'].mean()
data_result2 = data.groupby(by='e')['b'].max()
print("按 e 列分组再按 a 列统计平均值的结果为:\n",data_result1)
print("按 e 列分组再按 b 列统计最大值的结果为:\n",data_result2)
```

输出结果如图 4-18 所示。

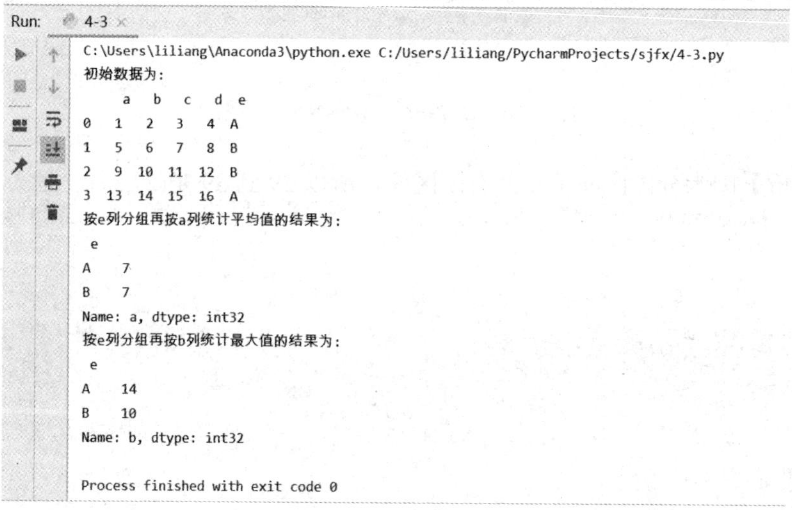

图 4-18　分组统计示例结果

二、数据分段统计分析

在数据分析中，常常需要将连续数据离散化，这就是数据分段。数据分段就是指在连续数据取值范围内设置一些离散的分段点，而将连续数据按照这些分段点进行分段。例如，将年龄按照四个分段点 7、18、35、65 就可以分为五个年龄段，分别是童年、少年、青年、中年、老年。

Pandas 中的 cut 函数可以实现将连续型数据转换为分段型数据。cut 函数的一般用法为：

```
pandas.cut(x,bins,labels)
```

其中，x 表示要分段的列；bins 表示用于分段的分段点，这些分段点可以组成分段区间，并且这些区间是左开右闭区间（除了第 1 个区间和最后 1 个区间），如 bins=[0,10,20,30,40]表示[0,10)、[11,20)、[21,30)、[31,40)四个分段区间；labels 表示每个分段的标签。

示例代码如下：

```
arr = np.arange(3,50,3).reshape(4,4)
data = pd.DataFrame(arr,columns=['a','b','c','d'])
print("初始数据为:\n",data)
data['a_cut'] = pd.cut(data['a'],bins=[0,9,19,29,39,49],labels=['0+','10+','20+','30+','40+'])
print("a 列分段后的结果:\n",data)
```

输出结果如图 4-19 所示。

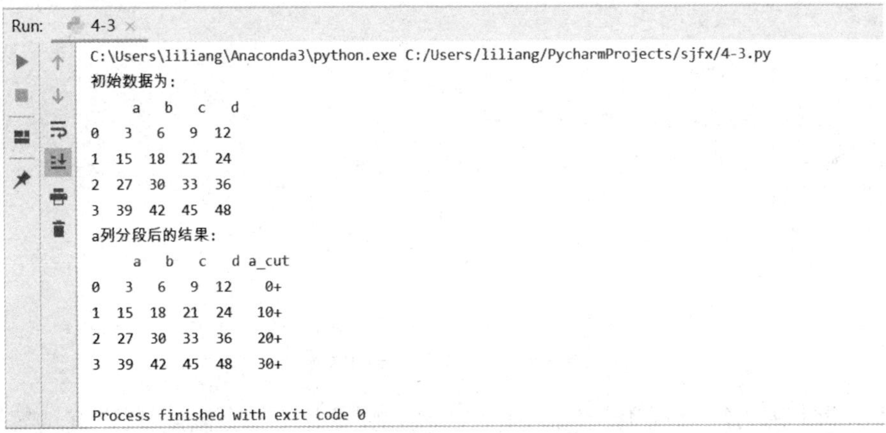

```
Run:    4-3 ×
        C:\Users\liliang\Anaconda3\python.exe C:/Users/liliang/PycharmProjects/sjfx/4-3.py
        初始数据为:
            a   b   c   d
        0   3   6   9  12
        1  15  18  21  24
        2  27  30  33  36
        3  39  42  45  48
        a列分段后的结果:
            a   b   c   d a_cut
        0   3   6   9  12   0+
        1  15  18  21  24  10+
        2  27  30  33  36  20+
        3  39  42  45  48  30+

        Process finished with exit code 0
```

图 4-19　数据分段示例结果

【结果分析】因为分段区间是左开右闭区间，所以 29 到 39 是(29,39]，即从 30 到 39，而这一数据分段对应的标签是"30+"，因此 39 属于"30+"。

【任务实训】

任务 4-6：利用 read_excel 导入 supermarket.xlsx（supermarket.xlsx 存放在 C:\data 路径中）中的"销售统计"工作表（第 1 张工作表），导入时将"客户 ID"列设为索引，将导入数据命名为 data1，完成：

（1）统计平均销售金额最少的 3 个省。

（2）统计折扣金额总和排名前 5 的客户名单。

具体代码如下：

```
pd.set_option('display.max_columns',None)
pd.set_option('display.width',None)
pd.set_option('display.unicode.east_asian_width',True)
data1 = pd.read_excel("C:\data\supermarket.xlsx",index_col='客户 ID')
print("导入的数据为:\n",data1.head())
data1_result1 = data1.groupby(by='省')['销售金额'].mean()
data1_result1 = data1_result1.sort_values().head(3)
print("平均销售金额最少的 3 个省的结果为:\n",data1_result1)
data1_result2 = data1.groupby(by='客户姓名')['折扣金额'].sum()
data1_result2 = data1_result2.sort_values(ascending=False).head()
print("折扣金额总和排名前 5 的客户名单的结果为:\n",data1_result2)
```

输出结果如图 4-20 所示。

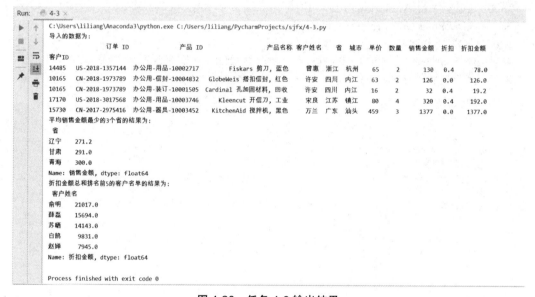

图 4-20　任务 4-6 输出结果

【结果分析】因为每个客户都有很多订单，所以要统计折扣金额排名前 10 的客户名单，首先需要对数据按照客户进行分组，才能进行后续的统计分析。

任务 4-7：将任务 4-6 导入的数据重新命名为 data2，将"销售金额"列进行分段并生成新列，新列命名为"客户等级"。具体分段方法为：将销售金额的 25%分位数、50%分位数、75%分位数设为三个分段点，并以此将数据分为"D""C""B""A" 4 段。输出前 10 个数据，查看分段的效果。

具体代码如下：

```
data2 = data1
des = data2['销售金额'].describe()
cut_bins = [0,des['25%'],des['50%'],des['75%'],data2['销售金额'].max()]
cut_labels = ['D','C','B','A']
data2['客户等级'] = pd.cut(data2['销售金额'],bins=cut_bins,labels=cut_labels)
```

```
print(data2.head(10))
```

输出结果如图 4-21 所示。

订单 ID	产品 ID	产品名称	客户姓名	省	城市	单价	数量	销售金额	折扣	折扣金额	客户等级

```
C:\Users\liliang\Anaconda3\python.exe C:/Users/liliang/PycharmProjects/sjfx/4-3.py
              订单 ID          产品 ID               产品名称 客户姓名    省    城市  单价  数量  销售金额  折扣  折扣金额 客户等级
客户ID
14485   US-2018-1357144  办公用-用品-10002717         Fiskars 剪刀, 蓝色  雷惠  浙江   杭州    65   2   130  0.4   78.0    D
10165   CN-2018-1973789  办公用-信封-10004832       GlobeWeis 搭扣信封, 红色  许安  四川   内江    63   2   126  0.0  126.0    D
10165   CN-2018-1973789  办公用-装订-10001505    Cardinal 孔加固材料, 回收  许安  四川   内江    16   2    32  0.4   19.2    D
17170   US-2018-3017568  办公用-用品-10003746         Kleencut 开信刀, 工业  宋良  江苏   镇江    80   4   320  0.4  192.0    C
15730   CN-2017-2975416  办公用-器具-10003452     KitchenAid 搅拌机, 黑色  万兰  广东   汕头   459   3  1377  0.0 1377.0    B
18325   CN-2016-4497736  技术-设备-10001640        柯尼卡 打印机, 红色  俞明  江西  景德镇  1237   9 11133  0.0 11133.0   A
18325   CN-2016-4497736  办公用-装订-10001029        Ibico 订书机, 实惠  俞明  江西  景德镇   240   2   480  0.0  480.0    C
18325   CN-2016-4497736  家具-椅子-10000578          SAFCO 扶手椅, 可调  俞明  江西  景德镇  2165   4  8660  0.0 8660.0    A
18325   CN-2016-4497736  办公用-纸张-10001629  Green Bar 计划信息表,多色  俞明  江西  景德镇   118   5   590  0.0  590.0    B
18325   CN-2016-4497736  办公用-系固-10004801     Stockwell 橡皮筋, 整包  俞明  江西  景德镇    77   2   154  0.0  154.0    D

Process finished with exit code 0
```

图 4-21 任务 4-7 输出结果

【巩固训练】

利用 read_csv 导入 c:\data\score.csv，完成：

（1）按"class"（班级）分组，计算各班"math"列的平均数和中位数。

（2）将"math"列进行分段，成绩段分段方法为：0～59 为"不及格"，60～74 为"合格"，75～89 为"良好"，90～100 为"优秀"，并将结果生成新列"math_cut"。

 # 4.4 数据的交叉与透视

【学习目标】

1. 理解频数交叉表与数据透视表的区别。
2. 能够绘制频数交叉表。
3. 能够绘制数据透视表。

【知识指南】

数据交叉透视分析是数据分析中常用方法之一，通过交叉透视分析可以用来判断不同字段之间是否存在相互关联。

一、频数交叉表

频数交叉表是一种用于计算分组频率的表格，频数交叉表只统计行与列字段交叉出现的频数，因为表格统计的内容是有限的，所以行字段和列字段的取值不能过多，一般都是字符型分类字段。例如，判断分析性别与商品类别之间是否存在关联，就可以把性别与商品类别分别作为行字段和列字段，进而统计交叉字段出现的频数，并判断不同性别选择不同商品时是否存在明显差异。

例如，一共有 20 个客户，其中男性和女性客户各占 10 个，而使用 A 手机和 B 手机的客户各占 10 个，如果仅仅分析性别或商品类别的话，看不出明显的规律。但是如果将两个字段进行交叉分析的话，就可以进一步统计不同性别选择不同商品类别的频数，将各个频数绘制在表格中，如表 4-4 所示。

表 4-4 不同性别选择不同商品结果

	A	B	小计
男	2	8	10
女	8	2	10
小计	10	10	20

从表 4-4 可以看出，购买 A 手机的客户中，女性客户明显多于男性客户；而购买 B 手机的客户中，男性客户明显多于女性客户。这些规律是无法仅通过一个字段看出的，只有通过字段的交叉统计才能看出。

如果要把数值型字段作为交叉表的行字段或列字段，可以先将数值型字段通过分段函数转化成分类型字段，进而再进行统计分析。例如，直接绘制年龄和商品类别的交叉表意义不大，因为年龄的取值过多。此时，可以对年龄进行分段，再制作年龄段和商品类别的交叉表。

频数交叉表一般格式如表 4-5 所示。

表 4-5 频数交叉表一般格式

		行字段	
		行字段=①	行字段=②
列字段	列字段=③	①和③频数	②和③频数
	列字段=④	①和④频数	②和④频数

Pandas 提供了 crosstab 函数用来制作频数交叉表，crosstab 函数的一般用法为：

```
pd.crosstab(index,columns,margins)
```

其中，index 表示交叉表行字段；columns 表示交叉表列字段；margins 表示汇总（Total）功能的开关，设为 True 后结果会出现名为 "ALL" 的行和列，默认为 False。

示例代码如下：

```
import pandas as pd
pd.set_option('display.unicode.east_asian_width',True)
dict = {'性别':[0,1,1,1,1,1,0,0,0,0],'商品类别':[0,0,0,0,0,1,1,1,1,1]}
data = pd.DataFrame(dict)
data['性别'] = data['性别'].replace({0:'男',1:'女'}) #将性别中的 0 替换为男，将 1 替换为女
data['商品类别'] = data['商品类别'].replace({0:'商品 A',1:'商品 B'})
#将商品类别中的 0 替换为商品 A，将 1 替换为商品 B
print("初始数据为:\n",data)
result_crosstab_1 = pd.crosstab(index=data['性别'],columns=data['商品类别'])
print("频数交叉表的结果为:\n",result_crosstab_1)
result_crosstab_2 = pd.crosstab(index=data['性别'],columns=data['商品类别'],
                                margins=True)
print("添加汇总行与汇总列后频数交叉表的结果为:\n",result_crosstab_2)
```

输出结果如图 4-22 所示。

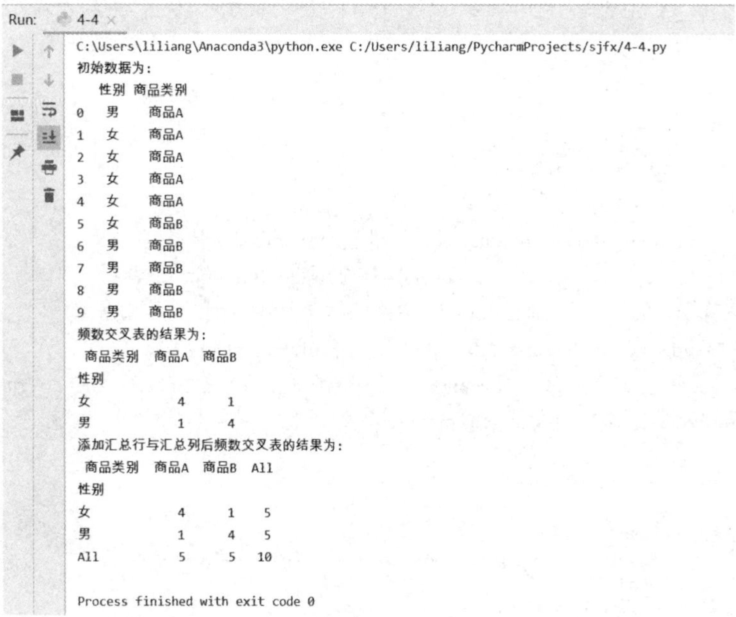

```
Run:    4-4 ×
    C:\Users\liliang\Anaconda3\python.exe C:/Users/liliang/PycharmProjects/sjfx/4-4.py
    初始数据为：
        性别  商品类别
    0    男   商品A
    1    女   商品A
    2    女   商品A
    3    女   商品A
    4    女   商品A
    5    女   商品B
    6    男   商品B
    7    男   商品B
    8    男   商品B
    9    男   商品B
    频数交叉表的结果为：
     商品类别  商品A  商品B
    性别
    女          4    1
    男          1    4
    添加汇总行与汇总列后频数交叉表的结果为：
     商品类别  商品A  商品B  All
    性别
    女          4    1    5
    男          1    4    5
    All         5    5   10

    Process finished with exit code 0
```

图 4-22　频数交叉表示例结果

二、数据透视表

频数交叉表只能统计行与列字段交叉出现的频数，而如果还要再统计行与列字段以外的第 3 个字段，就需要用到数据透视表。Pandas 中的数据透视表类似于 Excel 中的数据透视表，需要找到行字段、列字段以及统计字段，再确定统计方法就可以绘制数据透视表。比如年份与地区可以分别作为行字段和列字段，进而再统计销售金额的各种指标，就可以制作数据透视表。

数据透视表结果如表 4-6 所示。

表 4-6　数据透视表结果

		行字段	
		行字段=①	行字段=②
列字段	列字段=③	①和③统计字段的统计指标	②和③统计字段的统计指标
	列字段=④	①和④统计字段的统计指标	②和④统计字段的统计指标

Pandas 提供了制作数据透视表的函数 pivot_table，pivot_table 函数的一般用法为：

```
pd.pivot_table(data,index,columns,values,aggfunc,margins)
```

各个参数的作用如下：

data 表示待分析的 DataFrame。

index 表示数据透视表的行字段。

columns 表示数据透视表的列字段。

values 表示数据透视表的统计字段。

aggfunc 表示统计指标。例如，np.sum 表示计算总和，np.mean 表示计算平均数，使用前需要导入 numpy。

margins 表示汇总（Total）功能的开关，设为 True 后结果集中会出现名为"ALL"的行和列，默认为 False。

示例代码如下：

```
import numpy as np
data['销售金额'] = np.arange(11,1,-1)
print("初始数据为:\n",data)
result_pivot_1 = pd.pivot_table(data=data,index='性别',columns='商品类别',
                                values='销售金额',aggfunc=np.sum)
print("数据透视表 1 的结果为:\n",result_pivot_1)
result_pivot_2 = pd.pivot_table(data=data,index='性别',columns='商品类别',
                                values='销售金额',aggfunc=np.mean,margins=True)
print("数据透视表 2 的结果为:\n",result_pivot_2)
```

输出结果如图 4-23 所示。

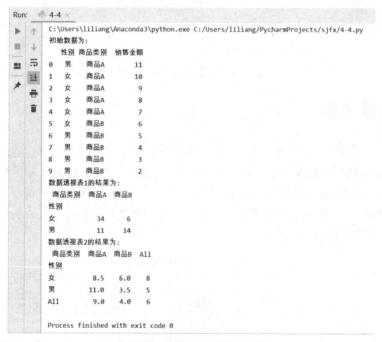

图 4-23　数据透视表示例结果

【结果分析】从结果可以看出，购买商品 A 的男性客户的平均销售金额明显大于女性客户，而购买商品 B 的女性客户平均销售金额明显大于男性客户。

【任务实训】

任务 4-8：利用 read_excel 导入 supermarket.xlsx（supermarket.xlsx 存放在 c:\data 路径中）中的"销售统计"工作表（第 1 张工作表），导入时将"客户 ID"列设为索引，完成：

（1）从"订单 ID"列中提取年份，并将结果存放到新列"年"中。

（2）制作数据交叉表，统计不同年份的不同省份的频数，并统计汇总结果。

（3）从"产品 ID"中提取产品类别，如从"办公用-用品-10002717"提取出"用品"，并将结果存放到新列"产品类别"中。将"销售金额"进行分段，销售金额 75%分位数以上的数据命名为"优质客户"，销售金额 75%分位数以下的数据命名为"一般客户"，并将结果存放到新列"客户等级"中。

（4）制作数据交叉表，统计不同年份的不同客户等级的频数，并统计汇总结果。

任务 4-8（1）具体代码如下：

```
pd.set_option('display.max_columns',None)
pd.set_option('display.width',None)
pd.set_option('display.unicode.east_asian_width',True)
data1 = pd.read_excel("c:\data\supermarket.xlsx",index_col='客户 ID')
print("导入的数据为:\n",data1.head())
data1['年'] = data1['订单 ID'].str.split('-',expand=True)[1]
print("生成新列'年'的结果为:\n",data1.head())
```

输出结果如图 4-24 所示。

图 4-24　任务 4-8（1）输出结果

任务 4-8（2）具体代码如下：

```
crosstab_result1 = pd.crosstab(index = data1['省'],columns = data1['年'],margins=True)
print(crosstab_result1)
```

输出结果如图 4-25 所示。

【结果分析】从结果中可以看出，江苏、辽宁、重庆、黑龙江等省份近三年的订单有明显的上升，广东、甘肃、福建等省份的订单有下降的趋势。

任务 4-8（3）具体代码如下：

```
data1['产品类别'] = data1['产品 ID'].str.split('-',expand=True)[1]
des = data1['销售金额'].describe()
data1['客户等级'] = pd.cut(data1['销售金额'],
                    bins=[0,des['75%'],des['max']],labels=['一般客户','优质客户'])
print("生成新列'产品类别'和'客户等级'的结果为:\n", data1.head())
```

输出结果如图 4-26 所示。

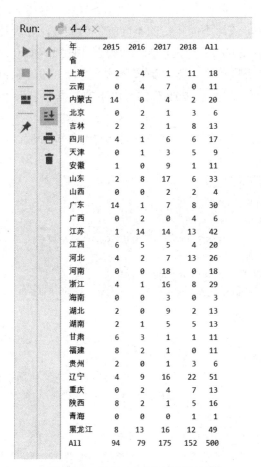

图 4-25　任务 4-8（2）输出结果

订单ID	产品ID	产品名称	客户姓名	省	城市	单价	数量	销售金额	折扣	折扣金额	年	产品类别	客户等级

生成新列'产品类别'和'客户等级'的结果为：

客户ID													
14485	US-2018-1357144	办公用-用品-10002717	Fiskars 剪刀，蓝色	曹惠	浙江	杭州	65	2	130	0.4	78.0	2018	用品 一般客户
10165	CN-2018-1973789	办公用-信封-10004832	GlobeWeis 搭扣信封，红色	许安	四川	内江	63	2	126	0.0	126.0	2018	信封 一般客户
10165	CN-2018-1973789	办公用-装订-10001505	Cardinal 孔加固材料，回收	许安	四川	内江	16	2	32	0.4	19.2	2018	装订 一般客户
17170	US-2018-3017568	办公用-用品-10003746	Kleencut 开信刀，工业	宋良	江苏	镇江	80	4	320	0.4	192.0	2018	用品 一般客户
15730	CN-2017-2975416	办公用-器具-10003452	KitchenAid 搅拌机，黑色	万兰	广东	汕头	459	3	1377	0.0	1377.0	2017	器具 一般客户

Process finished with exit code 0

图 4-26　任务 4-8（3）输出结果

任务 4-8（4）具体代码如下：

```
crosstab_result2 = pd.crosstab(index = data1['产品类别'],columns = data1['客户等级'],
                               margins=True)
print(crosstab_result2)
```

输出结果如图 4-27 所示。

【结果分析】从结果中可以看出，虽然优质客户的人数较少，但是"器具""复印""椅子""电话""设备"等产品有至少一半订单来自优质客户。

任务 4-9：将任务 4-8 的结果重新命名为 data2，制作数据透视表，统计分析不同年份的不同产品类别对应的平均销售金额。

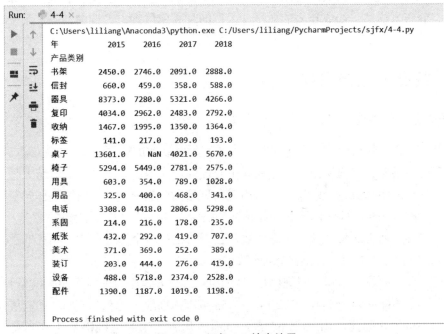

```
Run:      4-4 ×
          C:\Users\liliang\Anaconda3\python.exe C:/Users/liliang/PycharmProjects/sjfx/4-4.py
          客户等级    一般客户   优质客户   All
          产品类别
          书架           11        13     24
          信封           30         0     30
          器具            9        22     31
          复印            6        18     24
          收纳           31         8     39
          标签           28         0     28
          桌子            1         7      8
          椅子           18        18     36
          用具           22         2     24
          用品           35         0     35
          电话           18        21     39
          系固           33         0     33
          纸张           26         0     26
          美术           20         0     20
          装订           49         0     49
          设备           10        10     20
          配件           28         6     34
          All          375       125    500

          Process finished with exit code 0
```

图 4-27　任务 4-8（4）输出结果

具体代码如下：

```
data2 = data1
result_pivot = pd.pivot_table(data=data2,index='产品类别',columns='年',
                                values='销售金额',aggfunc=np.mean)
print(round(result_pivot,0))
```

输出结果如图 4-28 所示。

```
Run:      4-4 ×
          C:\Users\liliang\Anaconda3\python.exe C:/Users/liliang/PycharmProjects/sjfx/4-4.py
          年           2015      2016      2017      2018
          产品类别
          书架        2450.0    2746.0    2091.0    2888.0
          信封         660.0     459.0     358.0     588.0
          器具        8373.0    7280.0    5321.0    4266.0
          复印        4034.0    2962.0    2483.0    2792.0
          收纳        1467.0    1995.0    1350.0    1364.0
          标签         141.0     217.0     209.0     193.0
          桌子       13601.0       NaN    4021.0    5670.0
          椅子        5294.0    5449.0    2781.0    2575.0
          用具         603.0     354.0     789.0    1028.0
          用品         325.0     400.0     468.0     341.0
          电话        3308.0    4418.0    2806.0    5298.0
          系固         214.0     216.0     178.0     235.0
          纸张         432.0     292.0     419.0     707.0
          美术         371.0     369.0     252.0     389.0
          装订         203.0     444.0     276.0     419.0
          设备         488.0    5718.0    2374.0    2528.0
          配件        1390.0    1187.0    1019.0    1198.0

          Process finished with exit code 0
```

图 4-28　任务 4-9 输出结果

【巩固训练】

利用 read_excel 导入 c:\data\score.xls，完成：

（1）将"area"列拆分成两个新列，将其中的省份生成新列"province"，将其中的城市生成新列"city"。

（2）制作频数交叉表，统计不同省份不同性别的频数。

（3）制作数据透视表，统计不同城市不同性别对应的数学的平均分。

 # 4.5 数据的正态性分析

【学习目标】

1. 理解正态分布的概念。
2. 能够用多种方法判断数据正态性。

【知识指南】

正态分布是最重要的一种概率分布，正态分布概念是由德国的数学家和天文学家棣莫弗于 1733 年首次提出的，但由于德国数学家高斯率先将其应用于天文学研究，故正态分布又叫高斯分布。

正态分布有极其广泛的实际背景，生产与科学实验中很多随机变量的概率分布都可以近似地用正态分布来描述，如成年人的血压、人群的身高或体重、人群的鞋码、某个地区的年降水量等。

一、数据的正态分布

1. 正态分布的概念

正态分布就是指随机变量服从一个位置参数和尺度参数的概率分布，位置参数就是均值，尺度参数就是标准差。均值决定了正态曲线中心位置，当均值为正且绝对值越大时，说明曲线整体向右移动的距离就越大；反之，当均值为负且绝对值越大时，曲线整体向左移动的距离就越大。标准差决定了曲线的形状，即标准差决定了曲线的"高矮胖瘦"。

正态分布在几何上的表现就是正态曲线，正态曲线是一个钟形曲线，如标准正态分布的均值为 0，标准差为 1 对应的标准正态曲线如图 4-29 所示。

标准正态分布曲线下面积分布规律是：在−1.96～+1.96 范围内曲线下的面积等于 95%（即取值在这个范围的概率为 95%），在−2.58～+2.58 范围内曲线下面积为 99%（即取值在这个范围的概率为 99%）。因此，由 np.random.randn()函数所产生的随机样本基本上取值主要在−1.96～+1.96 之间，当然也不排除存在较大值的情形，只是概率较小而已。

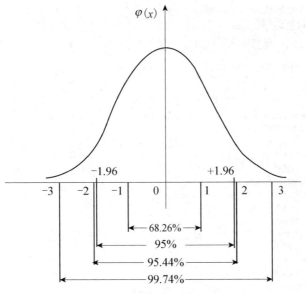

图 4-29　标准正态分布曲线

2. 正态分布曲线特点

（1）集中性：正态曲线的高峰位于正中央，即均数所在的位置。

（2）对称性：正态曲线以均数为中心，左右对称，曲线两端永远不与横轴相交。

（3）均匀变动性：正态曲线由均数所在处开始，分别向左右两侧逐渐均匀下降。

二、正态分布的描述

偏度和峰度是描述数据分布的两个常用概念，可以用来描述数据分布与正态分布的偏离程度。

（1）偏度用来描述数据分布的对称性，正态分布的偏度为 0。计算数据样本的偏度，当偏度<0 时，称为负偏，数据出现左侧长尾；当偏度>0 时，称为正偏，数据出现右侧长尾；当偏度为 0 时，表示数据相对均匀地分布在平均值两侧。

Pandas 提供了 skew 函数用来计算 Series 数据的偏度。skew 函数的一般用法为：

```
Series.skew()
```

（2）峰度又称峰态系数，用来描述总体中所有取值分布形态陡缓程度的统计量，反映了峰部的尖度。当峰度大于 0 时，说明两侧极端数据较少，分布曲线更高更瘦，为尖顶曲线；当峰度小于 0 时，说明表示两侧极端数据较多，分布曲线更矮更胖，为平顶曲线。

Pandas 提供了 kurt 函数用来计算 Series 数据的峰度。kurt 函数的一般用法为：

```
Series.kurt()
```

示例代码如下：

```
import numpy as np
import pandas as pd
arr = np.random.randn(10000)     #生成 10000 个标准正态分布的数据
data = pd.Series(arr)
```

```
print("随机正态分布数据为:\n",data[:10])
print("随机正态分布的偏度=", data.skew())
print("随机正态分布的峰度=",data.kurt())
```

输出结果如图 4-30 所示。

图 4-30　正态分布描述示例结果

【结果分析】因为计算峰度和偏度的数据是随机生成的，所以每一次运行的结果可能都会有所不同。

三、正态分布的验证

数据服从正态分布是很多分析方法使用的前提条件，在进行假设检验、方差分析、回归分析等分析操作前，一般首先要对数据的正态性进行分析。如果不满足正态性特质，则需要考虑使用其他方法或对数据进行处理。

1. 通过直方图进行正态性检验

直方图是一种统计报告图，由一系列高度不等的纵向线段表示数据分布的情况，常用于验证数据是否服从正态分布。服从正态分布的直方图一般都有"中间高，两边对称"的特点。

Python 中绘图库 matplotlib 中的 hist 函数可以用来绘制直方图，其中参数 bins 表示直方图的柱形的数量，如果不设置也可以用默认设置。绘制直方图的一般方法为：

```
import matplotlib.pyplot as plt
data.hist(bins=num)
plt.show()
```

其中，import matplotlib.pyplot as plt 表示导入 matplotlib 库种模块 pyplot，bins=num 表示设置直方图的柱形的数量，plt.show()表示显示绘图结果。

示例代码如下：

```
import matplotlib.pyplot as plt
data.hist()
```

```
plt.show()
```

输出结果如图 4-31 所示。

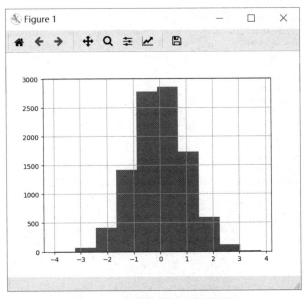

图 4-31　正态分布描述示例结果

【结果分析】因为绘图的数据集来自于随机标准正态分布，所以根据标准正态分布曲线分布规律，有 99%数据都集中在−3 到 3 之间，从最终的结果来看，也符合这一规律。

2. 通过正态性检验指标进行正态性检验

数据是否服从正态分布，仅仅通过直方图来观察是不够的，一般还需要通过一些具体的方法来验证，如正态分布的 K-S（Kolmogorov-Smirnov）检验。正态分布的 K-S 检验是基于累计分布函数，通过对两个分布之间的差异进行分析，用以检验对象是否服从正态分布。Scipy 库 stats 模块提供的 kstest 函数可以执行 K-S 检验，当 K-S 检验中的计算结果概率值 p 大于 0.05 时，说明服从正态分布；当 K-S 检验中的计算结果概率值 p 小于 0.05 时，说明不服从正态分布。kstest 函数的一般用法为：

```
from scipy.stats import kstest
kstest(rvs,cdf)
```

其中，rvs 表示检验的数据，一般为 DataFrame 中的一列数据；cdf 表示检验方法，这里取"norm"，即表示正态性检验。kstest 的结果有两个值，其中第 2 个值就是概率值 p，数据是否服从正态正态分布主要看这个值，如果这个值大于 0.05，即说明服从正态分布。

示例代码如下：

```
from scipy.stats import kstest
ks_result = kstest(data,'norm')
p = ks_result[1] #取出 kstest 计算结果的第 2 个值
if p > 0.05:
    print("正态性 K-S 检验的 p 值=%.4f,所以数据 服从 正态分布。"%p)
else:
```

```
print("正态性 K-S 检验的 p 值=%.4f,所以数据  不服从正态分布。"%p)
```

输出结果如图 4-32 所示。

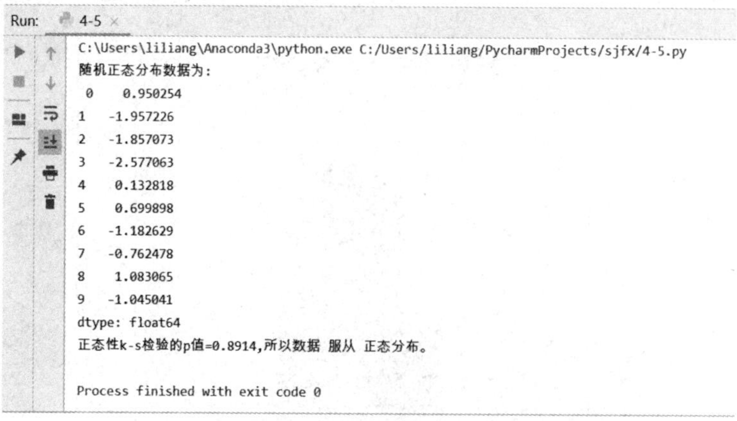

图 4-32　正态分布描述示例结果

【任务实训】

任务 4-10：利用 Numpy，完成：

（1）模拟抛掷 10000 次 2 个骰子，统计 2 个骰子的数字之和，根据结果生成一个 Series，并查看前 10 条数据。

（2）统计 Series 所有结果的频数，并分析其规律。

（3）计算该 Series 的峰度和偏度，并分析其特点。

任务 4-10（1）具体代码如下：

```
data1_1 = np.random.randint(1,7,10000)
data1_2 = np.random.randint(1,7,10000)
data1 = pd.Series(data1_1 + data1_2)
print("初始数据为:\n",data1[:10])
```

输出结果如图 4-33 所示。

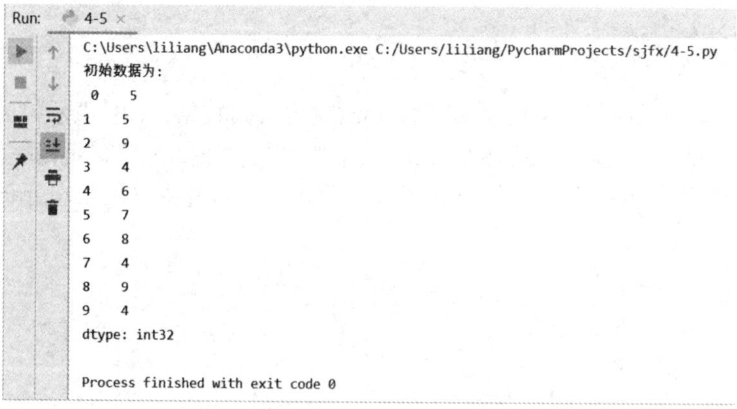

图 4-33　任务 4-10（1）输出结果

任务 4-10（2）具体代码如下：

```
result = data1.value_counts().sort_index(ascending=True)
print("两个骰子和的统计结果为:\n",result)
```

输出结果如图 4-34 所示。

图 4-34　任务 4-10（2）输出结果

【结果分析】根据概率学，两个骰子和为 2、3、4、5、6、7、8、9、10、11、12 的概率分别为 1/36、2/36、3/36、4/36、5/36、6/36、5/36、4/36、3/36、2/36、1/36，其中概率最大为 7 点，这也正如统计的频数结果，7 点出现次数最多。

任务 4-10（3）具体代码如下：

```
print("偏度 = ",data1.skew())
print("峰度 = ",data1.kurt())
```

输出结果如图 4-35 所示。

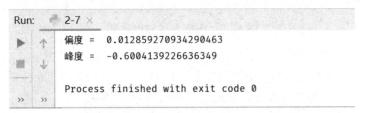

图 4-35　任务 4-10（3）输出结果

【结果分析】偏度非常接近于 0，说明没有左偏和右偏的趋势，从统计的频数中也可以大致看出分布是较为均匀的，分别向左右两侧逐渐均匀下降。峰度明显小于 0，说明中间的数据并不是非常集中在中间位置，而是较为分散，是平顶曲线。这一点也可以从统计的频数中看出，和为 7 在中间位置，其频数最高，和为 7 两边的频数并没有迅速减少，而是慢慢减少。

任务 4-11：将 data1 重新命名为 data2，绘制直方图，分别设置直方图柱形数量为 9、10、11、12，并比较其效果。

具体代码如下：

```
data2 = data1
for i in range(9,13):
    data2.hist(bins=i)
    plt.title("bin=%d"%i)      #plt.title 表示设置图表的标题
```

plt.show()

输出结果如图 4-36 所示。

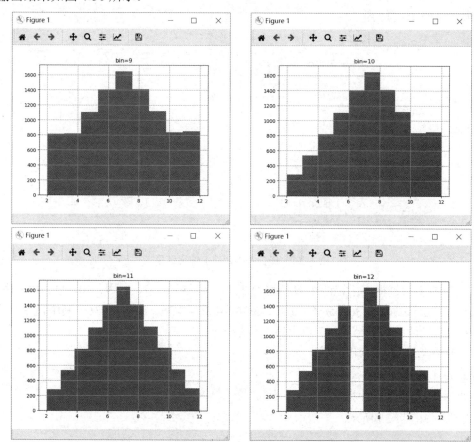

图 4-36　任务 4-11 输出结果

【结果分析】在绘制直方图时，直方图的柱形数量参数 bins 最好等于数据的类别数量，比如任务 4-11 中的两个骰子数字之和的结果只有 11 种，所以将 bins 设为 11 为宜。如果将 bins 设为其他值，也可以绘制直方图，但是左右对称的效果会略差。

任务 4-12：利用 read_excel 导入 supermarket.xlsx（supermarket.xlsx 存放在 C:\data 路径中）中的"销售统计"工作表（第 1 张工作表），导入时将"客户 ID"列设为索引，完成：

（1）绘制"单价"列的直方图，判断"单价"列是否服从正态分布。

（2）定义函数 ks_normal，该函数有一个参数 input，input 表示需要判断的数据列，函数 ks_normal 的作用可以通过 K-S 检验判断是否服从正态分布。

（3）利用函数 ks_p 判断"单价"列是否服从正态分布。

任务 4-12（1）具体代码如下：

```
pd.set_option('display.max_columns',None)
pd.set_option('display.width',None)
pd.set_option('display.unicode.east_asian_width',True)
data3 = pd.read_excel("C:\data\supermarket.xlsx",index_col='客户 ID')
print("导入的数据为:\n",data1.head())
data3['单价'].hist()
plt.show()
```

输出结果如图 4-37 和图 4-38 所示。

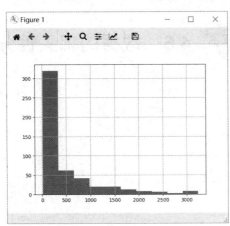

图 4-37　任务 4-12（1）输出数据结果

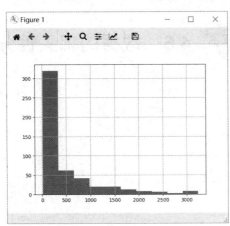

图 4-38　任务 4-12（1）输出图表结果

【结果分析】从直方图来看，有 300 笔以上订单的单价较低，说明低价产品占了绝大多数，所以"单价"列并不服从正态分布。

任务 4-12（2）具体代码如下：

```
def ks_normal(input):
    from scipy.stats import kstest
    p = kstest(input,'norm')[1]
    if p > 0.05:
        print("正态性 k-s 检验的 p 值=%.4f,所以数据  服从  正态分布。"%p)
    else:
        print("正态性 k-s 检验的 p 值=%.4f,所以数据  不服从  正态分布。"%p)
```

任务 4-12（3）具体代码如下：

```
print("'单价'列的正态性检验结果为:")
ks_normal(data3['单价'])
```

输出结果如图 4-39 所示。

图 4-39　任务 4-12（3）输出结果

【结果分析】从 K-S 检验结果来看，"单价"列并不服从正态分布，这一结论与直方图的结论一致。

【巩固训练】

利用 read_excel 导入 c:\data\score.xls，完成：
（1）绘制"math"列的直方图，判断"math"列是否服从正态分布。
（2）通过 K-S 检验判断"math"列是否服从正态分布。

4.6　数据的相关性分析

【学习目标】

1. 理解数据相关性的概念。
2. 能够根据数据绘制直散点图。
3. 能够根据数据计算相关系数。

【知识指南】

自然界许多事物之间总是相互联系的，并可以通过一定的数量关系反映出来，这种依存关系一般可以分为两种：函数关系和相关关系。

函数关系是指事物之间存在着严格的依存关系，变量之间可以用函数 $y=f(x)$ 表示出来，如 $V=IR$，$S=\pi R^2$ 等。如果所研究的事物或现象之间，存在着一定的数量关系，即当一个变量取一定数值时，另外几个与之相对应的变量按照某种规律在一定的范围内变化，这就是相关关系。

一、相关关系的概念

变量之间不稳定、不精确的变化关系称为相关关系。相关关系反映出变量之间虽然相互影响，具有依存关系，但彼此之间却不像函数那样一一对应，如人的身高和体重、学生成绩与智商。在复杂的社会中，各种事物之间的联系大多体现为相关关系，而不是函数关系，这主要是因为影响一个变量的因素往往有很多，而其中的一些因素还没有被完全认识，因此，这些偶然因素导致了变量之间关系的不确定性。

二、相关分析

相关分析是研究两个或两个以上处于同等地位变量之间的相关关系的统计分析方法，如人的身高和体重，相关分析在工业、农业、水文、气象、社会经济和生物学等方面都有应用。

相关分析通常有两种方法，一种是散点图，另一种是相关系数。散点图以横轴表示自变量，以纵轴表示因变量，将两个变量之间的对应关系以坐标点的形式逐一标在直角坐标系中。相关系数是一个研究变量之间相关程度的统计指标。

1. 利用散点图进行相关分析

（1）强相关和弱相关

相关关系从强弱程度上分，分为强相关和弱相关。若两个变量的关系较为密切，就称为强相关；若两个变量的关系较为疏远，就称为弱相关。从散点图来看，如果呈现窄长且密集时，就是强相关；如果散点图呈现宽松且稀疏时，就是弱相关。

（2）正相关和负相关

如果散点分布在一条直线附近，称为线性相关，线性相关属于强相关。线性相关从相关方向上可分为正相关和负相关。正相关是指一个变量增加，另一个变量随之增加，或一个变量数值减少，另一个变量随之减少，即两个变量的变化方向是相同的。负相关是指一个变量增加，另一个变量反而减少，或一个变量减少，另一个变量反而增加，即两个变量的变化方向是相反的。

从图形上来看，当散点图呈现"左下→右上"趋势的时候，就是正相关；从图形上来看，当散点图呈现"左上→右下"趋势的时候，就是负相关。

绘制散点图的一般方法为：

```
import matplotlib.pyplot as plt
plt.scatter(x,y)
plt.show()
```

其中，x 和 y 表示接受的 x 轴和 y 轴对应的数据。

示例代码如下：

```
import numpy as np
import pandas as pd
import matplotlib.pyplot as plt
dict={'a':[1,2,3,4,5,6],'b':[2,2,4,3,5,6],'c':[5,4,4,3,2,2],'d':[2,1,2,2,2,1]}
data = pd.DataFrame(dict)
print("初始数据为:\n",data)
plt.scatter(data['a'],data['b'])        #正相关
plt.show()
plt.scatter(data['a'],data['c'])        #负相关
plt.show()
plt.scatter(data['a'],data['d'])        #弱相关
plt.show()
```

散点图初始数据如图 4-40 所示，输出结果如图 4-41 所示。

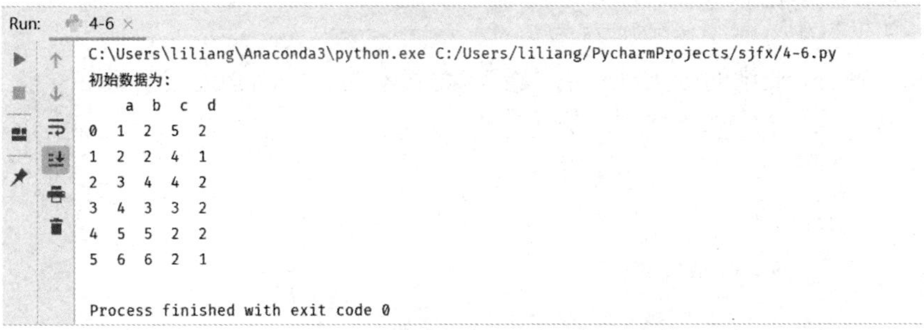

图 4-40　散点图初始数据示例结果

【结果分析】从正相关散点图中可以看出，正相关呈现"左下→右上"趋势，负相关呈现"左上→右下"趋势，弱相关呈现稀疏的趋势。

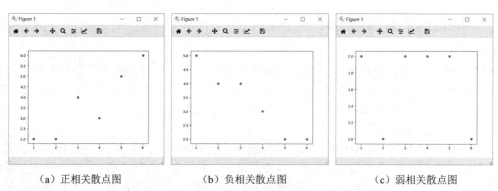

| （a）正相关散点图 | （b）负相关散点图 | （c）弱相关散点图 |

图 4-41　散点图示例

2. 利用相关系数进行相关分析

利用相关系数进行相关分析就是用指标计算的方法来分析变量之间的相关关系，首先判断是否有关系，接着判断关系为正相关还是负相关。相关系数反映了变量之间的线性关系的强弱程度。计算相关系数的方法很多，因此应当根据变量的特点选择适当的计算指标。

Pearson（皮尔逊）相关系数可以分析多个数值型变量之间是否具有线性相关关系，在相关条件下，可以描述多个变量之间的线性相关方向和相关程度。Pearson（皮尔逊）相关系数的计算公式如下：

$$\rho = \frac{1}{n-1}\sum_{i=1}^{n}\left(\frac{y_i - \overline{y}}{s_y}\right)\left(\frac{x_i - \overline{x}}{s_x}\right)$$

皮尔逊相关系数的特点包括：
①相关系数一般用 ρ 表示，$-1 < \rho < 1$。
②相关系数为正，为正相关。相关系数为负，为负相关。
③相关系数绝对值越大，相关性越强。
Pandas 提供了 corr 函数用来计算皮尔逊相关系数，其一般方法为：

```
DataFrame.corr()
```

示例代码如下：

```
print("初始数据为:\n",data)
print("data 的相关系数的计算结果为:\n",data.corr())
```

输出结果如图 4-42 所示。

```
Run:      4-6 ×
C:\Users\liliang\Anaconda3\python.exe C:/Users/liliang/PycharmProjects/sjfx/4-6.py
初始数据为:
   a  b  c  d
0  1  2  5  2
1  2  2  4  1
2  3  4  4  2
3  4  3  3  2
4  5  5  2  2
5  6  6  2  1
data的相关系数的计算结果为:
          a         b         c         d
a  1.000000  0.916515 -0.971008 -0.207020
b  0.916515  1.000000 -0.842750 -0.158114
c -0.971008 -0.842750  1.000000  0.213201
d -0.207020 -0.158114  0.213201  1.000000

Process finished with exit code 0
```

图 4-42　相关系数示例结果

【结果分析】从结果可以看出，在 data 中 a 列与 b 列的相关系数为正且绝对值较大，说明 a 列与 b 列呈现正向的强相关。a 列与 c 列的相关系数为负且绝对值较大，说明 a 列与 c 列呈现负向的强相关。a 列与 d 列的相关系数绝对值较小，说明 a 列与 d 列呈现弱相关。

【任务实训】

任务 4-13：利用 read_csv 导入鸢尾花数据集 iris.csv 的前 4 列和前 50 行数据（iris.csv 存放在 C:\data 路径中），并命名为 data1， iris.csv 如图 4-43 所示（其中 Sep_len 表示花萼长度，Sep_wid 表示花萼宽度，Pet_len 表示花瓣长度，Pet_wid 表示花瓣宽度，Iris_type 表示鸢尾花种类），完成：

（1）输出行数、列数以及所有列名。

（2）利用循环语句，绘制第 1 列与其余各列的散点图。

图 4-43　任务 4-13 数据源（部分）

任务 4-13（1）具体代码如下：

```
data1 = pd.read_csv("C:\data\iris.csv").iloc[:50,:4]
print("导入的数据行数 = %d，列数 = %d"%(data1.shape[0],data.shape[1]))
col = data1.columns
print("所有列名为：",data1.columns)
```

输出结果如图 4-44 所示。

图 4-44　任务 4-13（1）输出结果

任务 4-13（2）具体代码如下：

```
x = col[0]
y_s = col[1:]
for y in y_s:
    plt.scatter(data1[x],data1[y])
    plt.title("%s--%s"%(x,y))
```

```
plt.show()
```

输出结果如图 4-45 所示。

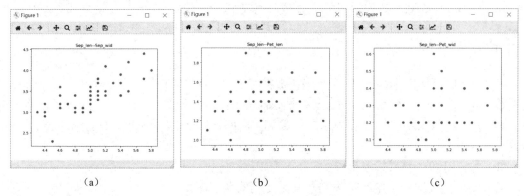

（a）　　　　　　　　　　　（b）　　　　　　　　　　　（c）

图 4-45　任务 4-13（2）输出结果

【结果分析】从结果可以看出，Sep_len（花萼长度）与 Sep_wid（花萼宽度）散点图最接近正向的强相关，说明这两列的关系最为密切。

任务 4-14：将任务 4-13 导入的数据重新命名为 data2，完成：

（1）输出各列之间的相关系数。

（2）输出第 1 列与其余各列之间的相关系数。

（3）输出所有相关系数绝对值大于 0.7 的结果。

任务 4-14（1）具体代码如下：

```
data2=data1
result = data2.corr()
print("各列之间相关系数的结果为:\n",result)
```

输出结果如图 4-46 所示。

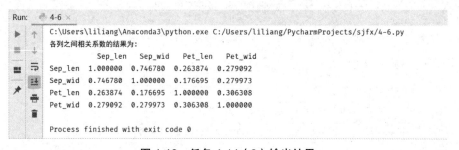

图 4-46　任务 4-14（2）输出结果

任务 4-14（2）具体代码如下：

```
result_1 = result['Sep_len']
print("Sep_len 与其余各列的相关系数的结果为:\n",result_1)
```

输出结果如图 4-47 所示。

任务 4-14（3）具体代码如下：

```
result_2= result[result>0.7]
print("各列的相关系数大于 0.7 的结果为:\n",result_2)
```

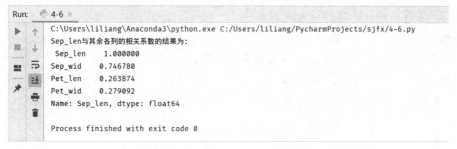

图 4-47　任务 4-14（2）输出结果

输出结果如图 4-48 所示。

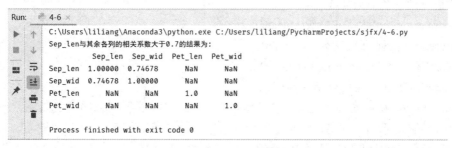

图 4-48　任务 4-14（3）输出结果

【结果分析】从结果可以看出，Sep_len（花萼长度）与 Sep_wid（花萼宽度）之间的相关系数较高，说明两者之间的关系较为密切，这一点与任务 4-13 得到的结论是相似的。

【巩固训练】

利用 read_csv 导入鸢尾花数据集 iris 的前 4 列和前 50 行数据，完成：
（1）绘制 Pet_len 与其余各列的散点图。
（2）绘制 Pet_len 与其余各列的相关系数。

4.7　利用 Pandas 进行数据分析测试题

一、选择题

1. 按索引排序的函数是（　　）。

A. sort_values　　　　B. sort_index　　　　C. sort　　　　D. index

2. 函数 sort_values 中的参数 ascending=False 表示（　　）。

A. 升序　　　　B. 降序　　　　C. 按默认方式排序　　D. 随机排序

3. 如果采用 rank(method='min',ascending=False)函数对一组数 100、80、90、85、90、90 进行排名，则 90 排名为（　　）。

A. 2　　　　B. 3　　　　C. 4　　　　D. 5

4. 有一组数 5、2、3、2、6、7，若利用 median 计算这一组数据的结果为（　　）。

A. 2　　　　B. 3　　　　C. 4　　　　D. 5

5. 能够求出一组数的四分位数的函数为（　　　）。

A. ptp   B. quantile   C. skew   D. kurt

6. 能够反映频数分布曲线顶端尖峭或扁平程度的指标为（　　　）。

A. ptp   B. quantile   C. skew   D. kurt

7. 对于数值型字段（如消费金额），采用 describe 函数，结果不包括指标（　　　）。

A. 最大值   B. 最小值   C. 中位数   D. 众数

8. 将年龄转换为年龄段，应采用函数（　　　）。

A. cut   B. describe   C. transform   D. group

9. DataFrame 数据集 score 包含"班级""姓名""数学""语文"等字段，统计不同班级的数学平均成绩的正确方法是（　　　）。

A. score.groupby('数学')['班级'].mean()

B. score.groupby('班级')['数学'].mean()

C. score['数学']mean().groupby('班级')

D. score['班级']mean().groupby('数学')

10. DataFrame 数据集 sale 包含"订单编号""姓名""地区""销售额"等字段，统计不同地区的销售总额的正确方法是（　　　）。

A. sale.groupby('地区')['销售额'].sum()

B. sale. sum().groupby('地区')['销售额']

C. sale['地区'].sum().groupby('销售额')

D. sale.sum().groupby('地区')['销售额']

二、填空题

1. 对于字符型字段，利用 describe 函数得到的结果中，用于表示出现最多的类型的是_____。

2. 分段函数 pandas.cut(x,bins,labels)中参数 labels 的作用是_____。

3. 标准正态分布是指均值为_____，标准差为_____。

4. 如果 K-S 检验计算结果概率值等于 0.06，说明_____正态分布。（填"服从"或"不服从"）

5. 如果数据之间的相关系数等于 0.6 时，表明数据之间的相关关系为_____相关。（填"正"或"负"）

三、编程题

利用 read_csv 导入鸢尾花数据集 iris（其中，Sep_len 表示花萼长度，Sep_wid 表示花萼宽度，Pet_len 表示花瓣长度，Pet_wid 表示花瓣宽度，Iris_type 表示鸢尾花种类），完成：

（1）按照"Sep_len"列降序排序。

（2）计算"Pet_len"列与"Pet_wid"列的平均值和中位数。

（3）按照"Iris_type"列分组，再计算"Sep_len"的平均值。

（4）绘制"Sep_len"的直方图。

（5）利用 K-S 方法，判断"Sep_len"列是否服从正态分布。

第 5 章　利用 Matplotlib 进行数据可视化

Python 中 Matplotlib 库是受 MATLAB 的启发构建的。MATLAB 是数据绘图领域广泛使用的语言和工具。利用函数的调用，在 MATLAB 中可以轻松地利用一行命令来绘制直线，然后再用一系列的函数调整结果。Matplotlib 有一套完全仿照 MATLAB 的函数形式的绘图接口。

本章将重点介绍如何使用 Matplotlib 高效地完成数据可视化工作，第 5 章知识图谱如图 5-1 所示。

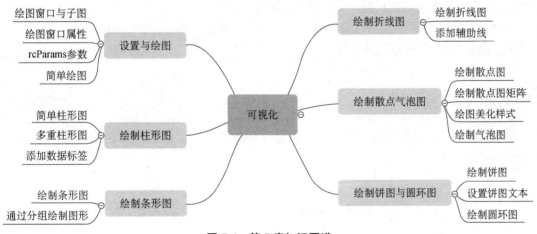

图 5-1　第 5 章知识图谱

 ## 5.1　绘图设置与简单绘图

【学习目标】

1. 能够创建绘图窗口及其子图。
2. 能够对绘图窗口进行各种属性设置。
3. 能够设置图形的 rcParams 参数。
4. 能够利用 plot 进行简单绘图。

【知识指南】

在绘制各种图形之前，一般需要设置绘图的各种参数，这是绘图的基础。每一幅图的绘制都涉及不少参数，虽然这些参数大多都有默认值，但是也有一些参数必须自主设置，才能更好辅助绘制图形。

一、绘图设置

1. 导入绘图库

绘制图形之前，一般需要导入 Matplotlib 库中的 pyplot 模块，其一般方法为：

```
import matplotlib.pyplot as plt
```

2. 创建与显示绘图窗口

创建画布的主要作用是构建出一张空白的绘图窗口（figure），其一般方法为：

```
plt.figure(figsize=(len,wid))
```

其中，len 表示绘图窗口的长度，wid 表示绘图窗口的宽度。

创建的绘图窗口只有显示以后才能看到，显示绘图窗口的一般方法为：

```
plt.show()
```

示例代码如下：

```
import matplotlib.pyplot as plt
plt.figure(figsize=(6,4))    #创建一个 6*4 的空白绘图窗口
plt.show()   #显示绘图窗口
```

输出结果如图 5-2 所示。

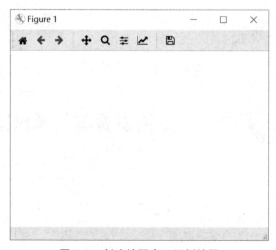

图 5-2　创建绘图窗口示例结果

【结果分析】因为是创建的第一个绘图窗口，所以默认名称为 Figure 1。示例代码中如果缺少 plt.show()，则不会显示该绘图窗口。

3. 创建子图

在 Matplotlib 中，整个图像为一个 Figure 对象。在 Figure 对象中可以包含一个或者多个 Axes 对象，每个 Axes 对象相当于一个子图。在绘图时，可以选择是否将整个绘图窗口划分为多个子图（Axes），方便在同一幅图上绘制多个子图。

利用 subplot 可以将当前绘图窗口（figure）划分为按行、列编号的多个矩形窗格，每一个矩形窗格都对应一个子图。创建子图的方法主要有两种：一种是分步添加子图，再分别填充子图；另一种是一次创建多个子图，再选取其中的子图进行填充。

（1）分步添加子图

在 Matplotlib 中，可以利用 add_subplot 逐一创建子图，其一般方法为：

```
fig=plt.figure()  #利用 plt.figure()创建绘图窗口并命名为 fig
ax=fig.add_subplot(m,n,k)  #添加编号为 k 的子图
```

其中，m 表示绘图窗口分为 m 行，n 表示绘图窗口分为 n 列，k 表示创建的子图编号。

示例代码如下：

```
fig=plt.figure(figsize=(6,4)) #利用 plt.figure()创建绘图窗口并命名为 fig
ax1=fig.add_subplot(1,2,1)
ax2=fig.add_subplot(1,2,2)
plt.show()
```

输出结果如图 5-3 所示。

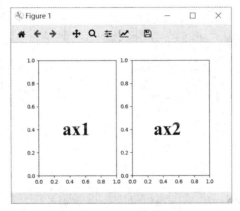

图 5-3　创建绘图窗口示例结果

（2）创建多个子图

在 Matplotlib 中，可以利用 subplots 一次创建多个子图，其一般方法为：

```
fig,axes=plt.subplots(m,n)
ax=axes[i,j]
```

其中，m 和 n 表示将绘图窗口分割为 m 行 n 列矩形子窗口，使用时需要保证 m 和 n 都要大于 1；i 和 j 分别表示在矩形子窗口中的行列位置，并且行与列都是从 0 开始编号的。

示例代码如下：

```
fig,axes=plt.subplots(2,3)    #创建 2 行 3 列的绘图窗口
ax1=axes[0,1]
ax2=axes[1,2]
```

```
plt.show()
```

输出结果如图 5-4 所示。

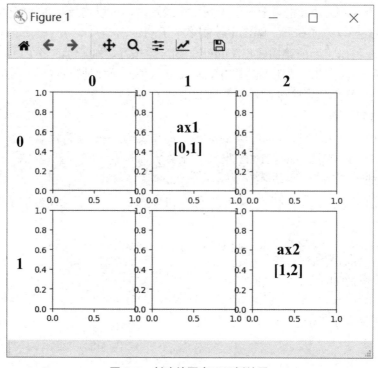

图 5-4　创建绘图窗口示例结果

创建子图时，如需要同时编辑所有子图，还可以利用循环语句进行编辑，其一般方法为：

```
fig,axes=plt.subplots(m,n)
ax=axes.ravel()
for i in range(k):
    ax[i]
```

4. 设置绘图窗口属性

绘图窗口是绘图的主体部分，绘图窗口属性包括标题、坐标轴名称、坐标轴刻度等，设置绘图窗口属性与绘制图形是并列的，没有先后顺序。一般来说，可以先绘制图形，再设置绘图窗口属性。绘图窗口属性如表 5-1 所示。

表 5-1　绘图窗口属性表

属性名称	说明
plt.title	表示添加标题
plt.legend	表示显示图例
plt.xlabel	表示添加 x 轴名称
plt.ylabel	表示添加 y 轴名称
plt.xlim	表示指定 x 轴的范围
plt.ylim	表示指定 y 轴的范围
plt.xticks	表示指定 x 轴刻度的数目与取值

属性名称	说明
plt.yticks	表示指定 y 轴刻度的数目与取值
plt.axvline	表示添加 x 轴辅助线
plt.axhline	表示添加 y 轴辅助线
plt.text	表示添加文本标注，常用来添加数据标签

【说明】

（1）在设置标题、坐标轴等含有字符信息时，如果需要显示中文字符，需要使用 rc Params 参数。

（2）在设置图例时，可以利用参数 loc 控制图例的位置，如 loc = 'upper right'表示图例在上方靠右位置，"loc = lower center"表示图例在下方居中位置。默认是上方靠右位置。

（3）利用 plt.xlim 和 plt.ylim 添加设置 x 轴与 y 轴范围时，需要将范围写进列表中，如 plt.xlim([0,10])表示 x 轴的范围为 0 到 10。

（4）利用 plt.xticks 和 plt.yticks 添加 x 轴与 y 轴刻度时，需要将一系列刻度都写进列表中，并且用逗号隔开。如 plt.xticks([0,2,4,6,8,10])表示在 x 轴显示刻度 0、2、4、6、8、10；如果刻度较为规律，可以利用 np.arange 进行创建。

（5）利用 plt.axvline(color,linestyle)与 plt.axhline(color,linestyle)添加 x 轴和 y 轴辅助线时，参数 color 表示辅助线的颜色，参数 linestyle 表示辅助线的类型。

（6）利用 plt.text(x,y, string)添加文本标注时，参数 x、y 表示文本标注的位置，即文本标注的横坐标与纵坐标，string 表示添加的说明文字。

（7）子图的绘图属性与窗口的绘图属性略有不同，子图的绘图属性只需要在窗口的绘图属性之前加 set_即可，如设置子图的标题可用 set_title。

示例代码如下：

```
plt.figure(figsize=(6,4))    #创建一个 6*4 的绘图窗口
plt.title("title")  #添加标题 "title"
plt.ylabel("y label")    #添加 y 轴标题 "y label"
plt.xlim([0,10])      #将 x 轴范围设为 0 到 10
plt.xticks([0,2,4,6,8,10])  #将 x 轴刻度设为 0、2、4、6、8、10
plt.show()
```

输出结果如图 5-5 所示。

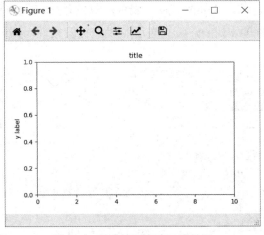

图 5-5　创建绘图窗口示例结果

5. 设置图形的 rcParams 参数

pyplot 可以使用 rcParams 参数修改图形的各种默认属性，包括窗体大小、每英寸的点数、线条宽度、颜色、样式、坐标轴、网络属性、字体等。rcParams 参数可以在 Python 的交互环境中动态修改属性，参数修改后，绘图时默认参数就会改变。设置图形的 rcParams 参数如表 5-2 所示。

表 5-2 图形的 rcParams 参数表

参数名称	说　明
figure.figsize	表示窗口的大小
font.sans-serif	表示图像显示的中文字体，SimHei 表示黑体，KaiTi 表示楷体，FanfSong 表示仿宋
lines.linewidth	表示线宽
lines.linestyle	表示线的类型，可取 "-"、"--"、".-"、和 ":" 四种，默认为 "-"
axes.unicode_minus	表示是否显示负数，False 表示显示负数
font.size	表示字体的大小
text.color	表示文本的颜色

【说明】

（1）在图形中输入中文字符时，一定要使用参数 font.sans-serif，如

```
plt.rcParams['font.sans-serif'] = ['SimHei']
```

表示输入中文为黑体。如果不适用该参数，则在图形中输入中文时，会显示□□□□□等缺省符。

（2）lines.linestyle 表示线型类型，默认为实线，如需修改为虚线，可用

```
plt.rcParams['lines.linestyle']= '--'
```

（3）color 参数在绘图中使用较为广泛，既可以表示文本颜色，又可以表示点或线的颜色。颜色种类有很多，如 "k" 表示黑色，"g" 表示绿色，"r" 表示红色，"b" 表示蓝色，"yellow" 表示黄色，"orange" 表示橙色，"grey" 表示灰色，"brown" 表示棕色，"yellowgreen" 表示黄绿色、"skyblue" 表示天蓝色，"lightyellow" 表示淡黄色，"darkorange" 表示深橙色等。颜色参数具体设置可参考附录 A。

示例代码如下：

```
plt.figure(figsize=(6,4))    #创建一个 6*4 的绘图窗口
plt.rcParams['font.sans-serif'] = ['SimHei']    #设置中文字体
plt.rcParams['axes.unicode_minus'] = False   #显示负数
plt.rcParams['font.size'] = 20   #显示字体大小
plt.rcParams['text.color'] = 'r'   #显示字体颜色
plt.title("标题")   #将标题设为 "标题"
plt.xticks([-2,-1,0,1,2])    #设置 x 轴刻度
plt.show()
```

输出结果如图 5-6 所示。

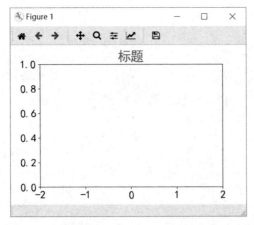

图 5-6　设置图形的 rc Params 参数示例结果

二、简单绘图

在 Matplotlib 中，可以使用通用的 plot 函数针对 DataFrame 绘制简单图形，如折线图、柱形图、条形图等。

1. 利用 plot 函数绘制 Series 图形

利用 plot 函数绘制 Series 图形的一般方法为：

```
Series.plot(kind,color)
```

其中，参数 kind 表示绘图的类型，kind=line 表示折线图，kind：bar 表示柱形图，kind：barh 表示条形图。color 表示绘图对象的颜色。

2. 利用 plot 函数绘制 DataFrame 图形

利用 plot 函数绘制 DataFrame 图形的一般方法为：

```
DataFrame.plot(kind,color)
```

其中，kind 表示绘图的类型，kind=line 表示绘制折线图，kind=bar 表示绘制柱形图，kind=barh 表示绘制条形图。color 表示绘图对象的颜色。

【任务实训】

任务 5-1：创建 Series 数据 data1，data1 的数据为 90、85、95、90，其对应的 index 为 "001" "002" "003" "004"，根据 data1，完成：

（1）利用 rcParams 参数设置绘图窗口的大小为 12*8，设置中文字体为黑体。

（2）在第 1 个子图中，绘制柱形图，柱子的颜色为天蓝，添加图表标题"数学成绩"，利用 np.arange 生成 y 轴刻度 0、10、20、30、…、100，并在 y 轴上 90 的位置添加辅助线，辅助线为红色虚线。

（3）在第 2 个子图中，绘制条形图，柱子的颜色为天蓝，添加图表标题"数学成绩"，利用 np.arange 生成 x 轴刻度 0、10、20、30、…、100，并在 x 轴上 90 的位置添加辅助线，辅助线为红色虚线。

具体代码如下：

```
import pandas as pd
import numpy as np
data1 = pd.Series([90,85,95,80],index=['001','002','003','004'])    #创建 Series
fig=plt.figure(figsize=(12,8))
plt.rcParams['font.sans-serif'] = ['SimHei']
fig.add_subplot(1,2,1)
data1.plot(kind='bar',color='skyblue')        #绘制柱形图
plt.title('数学成绩')        #添加标题
plt.yticks(np.arange(0,101,10))        #利用 np 生成序列作为 y 轴的刻度
plt.axhline(90,linestyle='--',color='darkorange')      #添加 y 轴辅助线
fig.add_subplot(1,2,2)
data1.plot(kind='barh',color='skyblue')         #绘制柱形图
plt.title('数学成绩')        #添加标题
plt.xticks(np.arange(0,101,10))        #利用 np 生成序列作为 x 轴的刻度
plt.axvline(90,linestyle='--',color='darkorange')      #添加 x 轴辅助线
plt.show()
```

输出结果如图 5-7 所示。

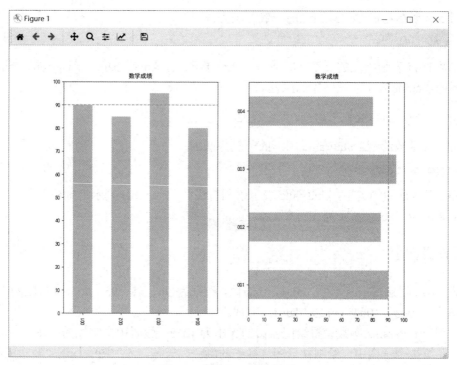

图 5-7　任务 5-1 输出结果

任务 5-2：创建 DataFrame 数据 data2，data2 包含 4 行 3 列，3 列的列名分别为"数学""语文""英语"，4 行的 index 分别为"001""002""003""004"，data2 如表 5-3 所示。

表 5-3 任务 5-2 数据源

index	数学	语文	英语
001	90	95	100
002	85	85	95
003	95	90	90
004	80	85	85

根据 data2，完成：

（1）利用 rcParams 参数设置绘图窗口的大小为 12×8，设置中文字体为黑体。

（2）绘制条形图，三个条形的颜色分别为"红色""绿色""橙色"。

（3）添加标题为"考试成绩"，图例位于上部靠右位置。

具体代码如下：

```
dict = {'数学成绩':[90,85,95,80],'语文成绩':[95,85,90,85],'英语成绩':[100,95,90,85]}
data2 = pd.DataFrame(dict,index=['001','002','003','004'])
plt.rcParams['figure.figsize'] = (12,8)
plt.rcParams['font.sans-serif'] = ['SimHei']
data2.plot(kind='barh',color=['r','g','orange'])
plt.title("考试成绩")
plt.legend(loc='upper right')
plt.show()
```

输出结果如图 5-8 所示。

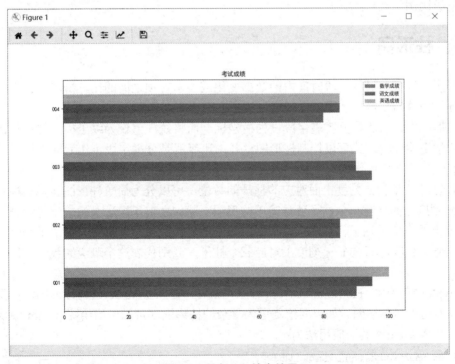

图 5-8 任务 5-2 输出结果

【巩固训练】

创建 Series，数据为 641、578、612、561、739，其对应的 index 为"周一""周二""周三""周四""周五"，完成：

（1）利用 rcParams 参数设置绘图窗口的大小为 8×8，设置中文字体为黑体。

（2）绘制折线图，柱状的颜色为红色。

（3）添加图表标题"周一到周五平均营业额"。

 # 5.2　绘制柱形图

【学习目标】

1. 能够根据数据绘制简单柱形图。

2. 能够根据数据绘制多重柱形图。

3. 理解数据标签的添加方法。

【知识指南】

各种统计图表中，柱形图是常用图形之一，柱形图用柱形来显示数据，并且柱形的长度与数据值成比例。

一、柱形图

柱形图可以用于显示一段时间内的数据变化或显示各项之间的比较情况，柱形图一般用于描述分类型数据，每根柱子宽度固定，柱子之间会有间距。

在柱形图中，一般将分类型字段设为横坐标，而将统计值设为纵坐标。比如在比较不同班级的数学平均分时，就可以绘制柱形图，其中班级就是分类字段可作为横坐标，数学成绩的平均值就是统计值可作为纵坐标。

柱形图根据每个 x 刻度上面对应的柱子的数量，可以分为简单柱形图和多重柱形图。如果每个 x 刻度上面只有一个柱子就是简单柱形图，就如之前不同班级的数学平均分。如果每个 x 刻度上面有多个柱子就是多重柱形图，如不同班级的数学、语文、英语平均分，一个班级就是一个 x 刻度，而这个 x 刻度上对应三个柱子，分别代表这个班级的数学、语文、英语平均分。

在 pyplot 模块中，plot(kind=bar)可以针对 Series 或 DataFrame 绘制柱形图，但是其参数较少，只能用于简单绘图。如果要绘制更为复杂的柱形图，可以使用绘图 pyplot 模块提供的柱形图绘制函数 bar，其一般用法为：

```
plt.bar(x,height,width,color,edgecolor,label)
```

其中，各参数的作用介绍如下：

x 表示 *x* 轴对应数据的列表。height 表示柱子的高度，即表示 *y* 轴对应数据的列表。width 表示柱子的宽度。color 表示柱子的颜色。edgecolor 表示柱子边框的颜色。label 表示图例的内容，用于解释每个柱子的含义，这个参数在绘制多重柱形图时作用较为明显，因为可以用不同的颜色区分不同的柱子。

1. 绘制简单柱形图

绘制简单柱形图时，可以直接使用 bar 函数进行绘制。

示例代码如下：

```
import pandas as pd
import matplotlib.pyplot as plt
dict = {'a':['A','B','C'],'b':[95,85,90],'c':[60,65,70],'d':[100,80,90],'e':[65,70,75]}
data = pd.DataFrame(dict)
print(data)
plt.rcParams['font.sans-serif']=['SimHei']
x = data['a']
height = data['b']
width = 0.4
plt.bar(x,height,width,color='darkorange',edgecolor='b')
plt.title("b 列统计")
plt.show()
```

输出结果如图 5-9 所示。

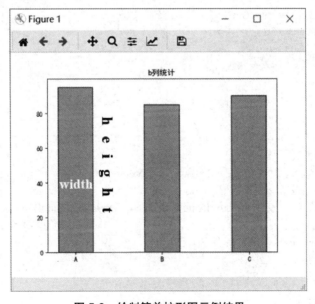

图 5-9　绘制简单柱形图示例结果

【结果分析】在简单柱形图中，每个柱子的刻度恰好是柱子的中间位置，如图 5-9 中的 *x* 轴刻度 *A*、*B*、*C*。而在 Matplotlib 中，当绘制完柱形图之后，由于没有数据标签，所以显示效果往往不是很好。此时，可以使用 plt.text 方法加以添加，此部分内容会在后续的添加数据标签中详细阐述。

2. 绘制多重柱形图

绘制多重柱形图，需要在每个 *x* 刻度上画出多个柱子，这一过程可以分多次完成。第 1 次先确定第 1 个柱子的数字刻度位置，然后在此刻度位置基础上再增加一个柱子宽度，就是第 2 个柱子的数字刻度位置，以此类推，如图 5-10 所示。

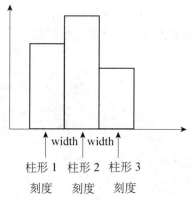

图 5-10　多重柱形图刻度位置设置

如果最后需要显示文本刻度，可以利用 plt.xticks 将数字刻度转换为文本刻度。

示例代码如下：

```
import numpy as np
plt.rcParams['figure.figsize'] = (10,8)
plt.rcParams['font.sans-serif']=['SimHei']
x = np.arange(1,4)        #设置 x 轴刻度为 1，2，3
height1 = data['c']
height2 = data['d']
height3 = data['e']
width = 0.2        #设置柱形的宽度为 0.2
plt.rcParams['font.sans-serif']=['SimHei']
plt.bar(x,height1,width,color='darkorange',edgecolor='grey',label='c 列')
#根据 c 列绘制第 1 组系列柱形
plt.bar(x+width,height2,width,color='yellowgreen',edgecolor='grey',label='d 列')
#根据 d 列绘制第 2 组系列柱形
plt.bar(x+2*width,height3,width,color='skyblue',edgecolor='grey',label='e 列')
#根据 e 列绘制第 3 组系列柱形
plt.legend(loc='upper right')    #在右上方显示图例
plt.title("c 列、d 列、e 列统计")
plt.show()
```

输出结果如图 5-11 所示。

根据数字刻度绘制多重柱形图后，还需要将数字刻度[1 2 3]转换为 a 列的文本刻度['A' 'B' 'C']，此时就需要确定新刻度的位置。新刻度['A' 'B' 'C']应放在第 2 组系列柱子的中间位置，即刻度[1 2 3]右侧一个柱形宽度位置。

在绘制多重柱形图的适当位置增加一行代码 plt.xticks(x+width,data['a'])，就可以将数字刻度转换为文本刻度。

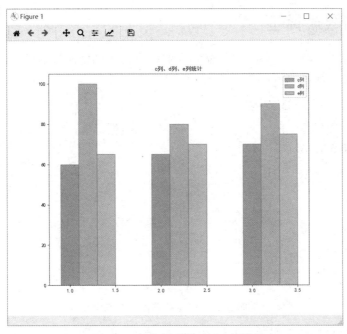

图 5-11　创建多重柱形图示例结果

示例代码如下：

```
plt.xticks(x+width,data['a'])        #将 x 轴刻度重新设为 a 列数据
plt.legend(loc='upper right')
plt.title("c 列、d 列、e 列统计")
plt.show()
```

输出结果如图 5-12 所示。

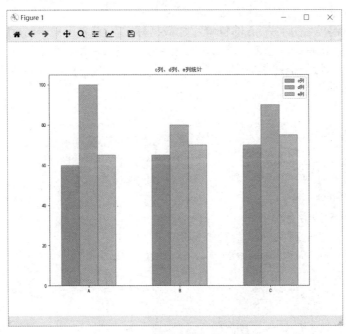

图 5-12　x 轴刻度转化示例结果

二、添加数据标签

比如在柱形图中，默认的图形只有光秃秃的柱子，这样就使得图形好像缺少一些元素，此时就可以根据需要添加数据标签。

1. 添加简单柱形图的数据标签

添加柱形图的数据标签时，首先确定柱子对应的数据标签，然后在柱子上方添加该柱子的数据标签，如图 5-13 所示。

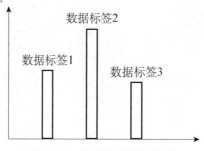

图 5-13　数据标签添加位置

以 3 个柱子的柱形图为例，数据标签的位置可以比每个柱子的实际高度略高。设置柱形图数据标签可以使用 text 函数，该函数有 3 个参数，分别是数据标签横坐标、数据标签纵坐标、数据标签显示值。添加简单柱形图数据标签的一般方法为：

```
x=[x1,x2,x3]           #设置数据标签的横坐标
height=[height1,height2,height3]      #设置数据标签的纵坐标
for i,j in zip(x,height):
        plt.text(i,j+Δh,j)
```

其中，在 plt.text 函数中，第 1 个参数 i 表示数据标签横坐标，使用时也可以根据实际情况左移一点位置，以保证添加的数据标签处于水平居中位置。第 2 个参数 $j+\Delta h$ 表示数据标签纵坐标，即在每个柱子高度 j 的上方 Δh 的位置添加数据标签，Δh 表示柱子高度与数据标签之间的距离，如 $j+0.5$ 表示在每个柱子的上方 0.5 的位置设置数据标签。第 3 个参数 j 表示显示出来的数据标签的值，即每一个柱子的实际高度。使用 plt.text 时，前两个参数表示添加数据标签位置，需要使用数值型数据。

示例代码如下：

```
import numpy as np
x = np.arange(1,4)
dict = {'a':['A','B','C'],'b':[95,85,90],'c':[60,65,70],'d':[100,80,90],'e':[65,70,75]}
data = pd.DataFrame(dict)
print(data)
```

输出结果如图 5-14 所示。

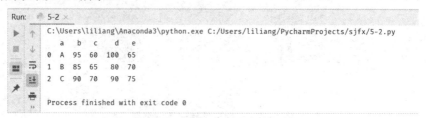

图 5-14　添加简单柱形图的数据标签示例

根据以上数据，添加柱形图示例代码如下：

```
height = data['b']
width = 0.4
plt.bar(x,height,width)
for i,j in zip(x,height):
    plt.text(i-0.08,j+2,j,color='r',size=15)
    #数据标签左移 0.08，可以使得数据处于水平居中位置
    #数据标签上移 2，可以使得数据位于柱子上方的 2 个单位高度
    #数据标签的文本颜色设为红色
    #数据标签的文本大小颜色设为 15
plt.xticks(x,data['a'])
plt.show()
```

简单柱形图如图 5-15 所示。

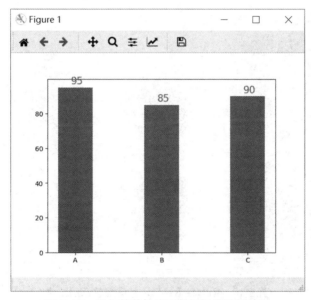

图 5-15　添加简单柱形图数据标签示例结果

2. 添加复杂柱形图的数据标签

添加复杂柱形图的数据标签与添加简单柱形图的数据标签类似，只是添加的时候，重点要注意横坐标和纵坐标的变化即可。

示例代码如下：

```
plt.rcParams['figure.figsize'] = (12,8)
x = np.arange(1,4)
print(type(x))
height1 = data['c']
height2 = data['d']
height3 = data['e']
width = 0.2        #设置柱子的宽度为 0.2
plt.bar(x,height1,width,color='darkorange',edgecolor='grey')
plt.bar(x+width,height2,width,color='yellowgreen',edgecolor='grey')
```

```
plt.bar(x+2*width,height3,width,color='skyblue',edgecolor='grey')
for i,j in zip(x,height1):
    plt.text(i-0.05,j+2,j,color='r',size=15)
for i,j in zip(x+width,height2):
    plt.text(i-0.05,j+2,j,color='r',size=15)
for i,j in zip(x+2*width,height3):
    plt.text(i-0.05,j+2,j,color='r',size=15)
plt.xticks(x+width,data['a'])
plt.show()
```

输出结果如图 5-16 所示。

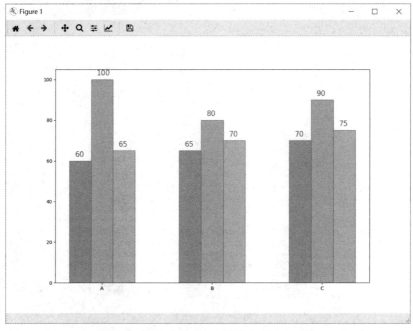

图 5-16　添加多重柱形图数据标签示例结果

【巩固训练】

创建 DataFrame 数据 data，data 包含 4 行 3 列，记录了苏州、重庆、杭州 3 个城市的 GDP（单位：亿元），如表 5-4 所示。

表 5-4　练习数据源

index	苏州	重庆	杭州
2017 年	17000	19530	12556
2018 年	18697	20363	13500
2019 年	19300	23605	15373

完成：

（1）绘制多重柱形图，年份为横坐标，各个城市的 GDP 为纵坐标。

（2）在多重柱形图中，添加各个城市 GDP 的数据标签。

5.3　绘制条形图

【学习目标】

1. 能够根据数据绘制条形图。
2. 能够根据子图绘制多个条形图。

【知识指南】

各种统计图表中，条形图与柱形图类似，两者都用于比较多个数据，只是两者的区别在于图形的方向，柱形图面向垂直方向，条形图面向水平方向。条形图又称横向柱形图，当坐标轴刻度取值较多且名称又较长时，可以考虑使用条形图，因为条形图能够横向布局，方便展示较长的坐标轴刻度值。

一、直接绘制条形图

1. 绘制条形图

pyplot 模块提供了条形图绘制函数 barh，其一般用法为：

```
plt.barh(y,height,width,color,edgecolor,label)
```

其中，各参数的作用介绍如下：

y 表示 y 轴对应数据的列表。width 表示条形的长度。height 表示条形的宽度。color 表示条形的颜色。edgecolor 表示条形边框的颜色。label 表示图例的内容，用于解释每个条形的含义，这个参数在绘制多重条形图时作用较为明显，因为可以用不同的颜色区分不同的条形。

示例代码如下：

```
import pandas as pd
import matplotlib.pyplot as plt
dict = {'a':['A','B','C'],'b':[95,85,90],'c':[60,65,70],'d':[100,80,90],'e':[65,70,75]}
data = pd.DataFrame(dict)
print(data)
plt.rcParams['font.sans-serif']=['SimHei']
y = data['a']
width = data['b']
height = 0.4
plt.barh(y,width,height,color='darkorange',edgecolor='b')
plt.title("b 列统计")
plt.show()
```

示例的数据输出结果如图 5-17 所示。

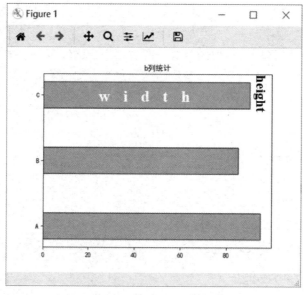

图 5-17　绘制简单条形图示例结果 1

示例的条形图输出结果如图 5-18 所示。

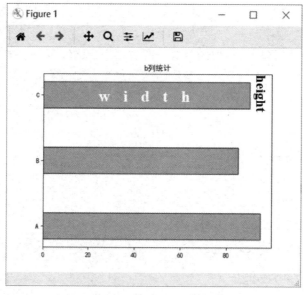

图 5-18　绘制简单条形图示例结果 2

2. 添加数据标签

添加条形图的数据标签时，首先确定条形对应的数据标签，然后在条形右侧添加该条形的数据标签，如图 5-19 所示。

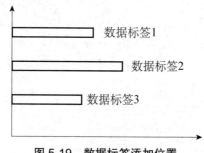

图 5-19　数据标签添加位置

以 3 个条形的条形图为例，数据标签的位置比每个条形长度略靠右，设置条形图数据标签的一般方法为：

```
width=[width1,wedth2,width3]        #设置每个条形的横坐标
y=[y1,y2,y3]            #设置每个条形的纵坐标
for i,j in zip(width,y):
    plt.text(i+Δw,j,i)
```

其中，在 plt.text 函数中，第 1 个参数 i+Δw 表示数据标签的横坐标，即条形的长度，使用时也可以根据实际情况右移一点位置Δw，以保证添加的数据标签处于条形图右侧的Δw 位置，如 i+0.5 表示在每个条形长度的右侧 0.5 的位置设置数据标签。第 2 个参数 j 表示数据标签的纵坐标，使用时也可以根据实际情况下移一点位置，以保证添加的数据标签处于垂直居中位置。第 3 个参数 i 表示显示出来的数据标签的值，即每一个条形的实际长度。使用 plt.text 时，前两个参数表示添加数据标签位置，需要用数值型数据。

示例代码如下：

```
import numpy as np
plt.rcParams['figure.figsize'] = (10,6)
plt.rcParams['font.sans-serif']=['SimHei']
y = np.arange(1,4)        #设置 y 轴刻度为 1，2，3
width = data['b']
height = 0.4
plt.barh(y,width,height,color='darkorange',edgecolor='b')
plt.title("b 列统计")
for i,j in zip(width,y):
    plt.text(i+2,j-0.05,i,color='r',size=15)
    # 数据标签右移 2，可以使得数据位于条形右侧的 2 个单位长度
    # 数据标签下移 0.05，可以使得数据处于垂直居中位置
    # 数据标签的文本颜色设为红色 y
    # 数据标签的文本大小颜色设为 15
plt.yticks(y,data['a'])        #将 y 轴刻度重新设为 a 列数据
plt.show()
```

输出结果如图 5-20 所示。

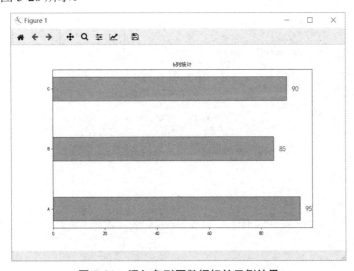

图 5-20　添加条形图数据标签示例结果

二、利用数据分组绘制条形图

绘制统计图时，除了可以直接绘制以外，也常常需要先对数据进行分组统计后，再根据统计绘制图。这种方法几乎在所有统计图中均可以使用，下面以条形为例加以说明。

示例代码如下：

```
import numpy as np
dict = {'a':[1,2,3,3,2,1,1,2,3],'b':np.arange(60,101,5),'c':np.arange(100,59,-5)}
data = pd.DataFrame(dict)
data['a'] = data['a'].replace({1:'1 班',2:'2 班',3:'3 班'})   #将 a 列中的 1、2、3 分别替换为 1 班、2 班、3 班
print(data)
```

示例数据的输出结果 1 如图 5-21 所示。

```
Run:   5-3
C:\Users\liliang\Anaconda3\python.exe C:/Users/liliang/PycharmProjects/sjfx/5-3.py
    a    b    c
0  1班   60  100
1  2班   65   95
2  3班   70   90
3  3班   75   85
4  2班   80   80
5  1班   85   75
6  1班   90   70
7  2班   95   65
8  3班  100   60

Process finished with exit code 0
```

图 5-21　利用数据分组绘制条形图示例结果 1

示例代码如下：

```
group = data.groupby(by='a')['b'].mean()          #按 a 列分组再计算 b 列的平均值
group = round(group,0)              #统计结果按照四舍五入显示整数
print("按 a 列分组再计算 b 列的平均值的结果为:\n",group)
```

示例数据的输出结果 2 如图 5-22 所示。

```
Run:   5-3
C:\Users\liliang\Anaconda3\python.exe C:/Users/liliang/PycharmProjects/sjfx/5-3.py
按a列分组再计算b列的平均值的结果为:
 a
1班    78.0
2班    80.0
3班    82.0
Name: b, dtype: float64

Process finished with exit code 0
```

图 5-22　利用数据分组绘制条形图示例结果 2

绘制条形图示例代码如下：

```
plt.rcParams['figure.figsize'] = (10,6)
plt.rcParams['font.sans-serif']=['SimHei']
y = group.index
width = group
height = 0.4
plt.barh(y,width,height,color='darkorange',edgecolor='b')
plt.title("按 a 列分组再计算 b 列的平均值")
```

```
plt.show()
```

示例数据输出结果 3 如图 5-23 所示。

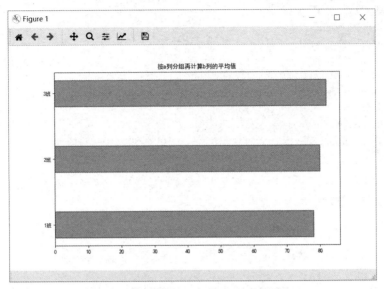

图 5-23 利用数据分组绘制条形图示例结果 3

【任务实训】

任务 5-3：利用 read_csv 导入鸢尾花数据集 iris.csv 数据（iris.csv 存放在 C:\data 路径中），并命名为 data1，完成：

（1）按 "Iris_type" 列分组，再计算 "Sep_wid" 列的平均值，结果保留 2 位小数，查看分组统计结果。

（2）根据分组统计结果绘制条形图，显示标题 "不同类别鸢尾花的平均花萼宽度条形图"，并将标题文字颜色设为蓝色，大小设为 20；添加数据标签，数据标签文字颜色设为红色，大小设为 15；添加 x 轴辅助线，辅助线的值为 "Sep_wid" 列的总体平均值，辅助线的线型为点虚线，辅助线的颜色为灰色。

任务 5-3（1）具体代码如下：

```
data1 = pd.read_csv("C:\data\iris.csv")
data1_group = data1.groupby('Iris_type')['Sep_wid'].mean()
data1_group = round(data1_group,2)
print("data1 的分组结果为：\n",data1_group)
```

输出结果如图 5-24 所示。

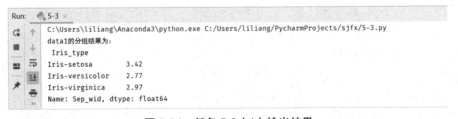

图 5-24 任务 5-3（1）输出结果

任务 5-3（2）具体代码如下：

```
plt.rcParams['figure.figsize'] = (12,6)
plt.rcParams['font.sans-serif']=['SimHei']
y = np.arange(1,4)
width = data1_group
height = 0.4
plt.barh(y,width,height,color='darkorange',edgecolor='b')
plt.title("不同类别鸢尾花的平均花萼宽度条形图",color='b',size=20)
for i,j in zip(width,y):
    plt.text(i+0.1,j,i,color='r',size=15)
plt.yticks(y,data1_group.index)
plt.axvline(data1['Sep_wid'].mean(),linestyle=':',color='grey')
plt.show()
```

输出结果如图 5-25 所示。

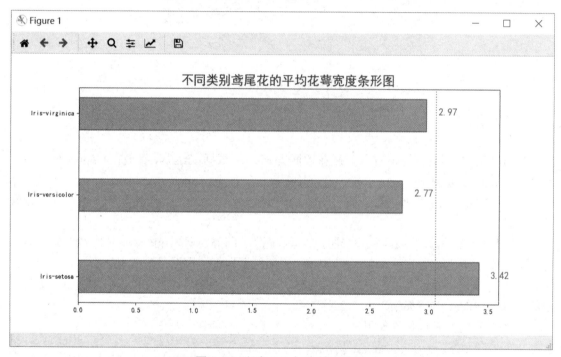

图 5-25　任务 5-3（2）输出结果

任务 5-4：将任务 5-3 导入的数据，重新命名为 data2，完成：

（1）按"Iris_type"列分组，再计算"Pet_len"列和"Pet_wid"列的平均值，结果保留 2 位小数。

（2）根据（1）的分组计算结果，在 2 行 1 列的两个子图中，分别绘制条形图，并比较其结果。

任务 5-4（1）具体代码如下：

```
data2 = data1
print(data2.columns)
data2_group1 = data1.groupby('Iris_type')['Pet_len'].mean()
```

```
data2_group1 = round(data2_group1,2)
data2_group2 = data1.groupby('Iris_type')['Pet_wid'].mean()
data2_group2 = round(data2_group2,2)
```

任务 5-4（2）具体代码如下：

```
fig=plt.figure(figsize=(12,6))
y1 = data2_group1.index
width1 = data2_group1
y2 = data2_group2.index
width2 = data2_group2
height = 0.4
ax1=fig.add_subplot(2,1,1)
ax1.barh(y1,width1,height,color='darkorange',edgecolor='b')
ax1.set_title("Pet_len",color='r',size=15)
ax2=fig.add_subplot(2,1,2)
ax2.barh(y2,width2,height,color='darkorange',edgecolor='b')
ax2.set_title("Pet_wid",color='r',size=15)
plt.show()
```

输出结果如图 5-26 所示。

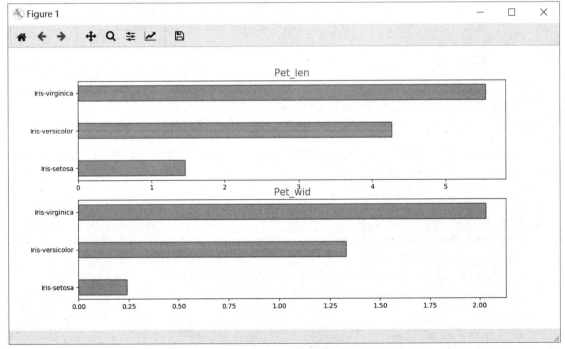

图 5-26 任务 5-4 输出结果

【结果分析】从两个子图可以看出，不管是"Pet_len"，还是"Pet_wid"，不同类别的鸢尾花，平均值都是 Iris-virginica>Iris-versicolor>Iris-setosa。

【巩固训练】

创建 DataFrame 数据 data，data 包含 4 行 3 列，记录了苏州、重庆、杭州 3 个城市的 GDP（单位：亿元），如表 5-4 所示。在 3 行 1 列的三个子图中，分别绘制不同年份三个地区 DGP 条形图，并比较其结果。

 # 5.4　绘制折线图

【学习目标】

1. 能够根据数据绘制折线图。
2. 理解辅助线的添加方法。

【知识指南】

折线图是一种将数据点按照顺序连接起来的图形，可以看作将散点图按照 x 轴顺序连接起来的图形。折线图的主要功能是查看因变量 y 随着自变量 x 改变的趋势，比较适合用于显示随时间而变化的连续数据，同时还可以看出数量的差异和增长趋势的变化。

一、折线图

pyplot 模块中绘制折线图的函数为 plot，其一般用法为：

```
plt.plot(x,y,linestyle)
```

其中，x 表示 x 轴对应的数据。y 表示 y 轴对应的数据。linestyle 表示线条样式，linestyle 可取"-""--""…"":" 四种，默认为"-"。

示例代码如下：

```
import pandas as pd
import matplotlib.pyplot as plt
dict = {'a':['A','B','C','D','E'],'b':[90,85,90,80,95],'c':[60,65,70,65,75]}
data = pd.DataFrame(dict)
print(data)
x=data['a']
y=data['b']
plt.plot(x,y,linestyle='-')
plt.show()
```

数据输出结果如图 5-27 所示。

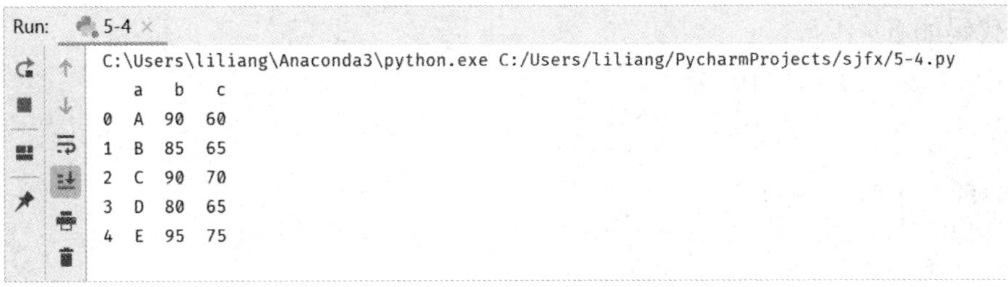

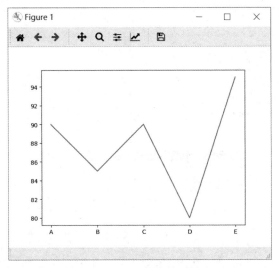

图 5-27　绘制折线图示例结果 1

折线图输出结果如图 5-28 所示。

图 5-28　绘制折线图示例结果 2

二、添加折线图辅助线

在绘制柱形图或条形图时，一般可采用某个字段的平均值作为辅助线，平均值可以通过计算得到，添加起来较为简单。而在折线图中，往往需要通过辅助线标注最高点或最低点，其位置并不固定，所以需要确定好最高点或最低点的横坐标与纵坐标，才能添加折线图的辅助线。

1. 确定最值的索引位置

确定最值的索引位置，首先需要算出最大值或最小值，然后得到该值对应的索引位置，以 Series 的最大值为例，其一般方法为：

```
s = pd.Series
max = s.max()
max_num = s.loc[s==max].index
```

其中，利用 Series.max()可以算出 Series 中的最大值，利用 s.loc[s==max].index 得到最大值数据对应的索引编号。如果最大值出现多次，其对应的索引编号就有多个，这些索引编号就构成了一个列表。index 返回的是符合条件（最大值）对应索引构成的列表，利用 index[0]可以取出列表中的第一个元素，即最大值第一次出现时对应的索引编号。

示例代码如下：

```
s = pd.Series([12,13,15,11,14])
print(s)
max = s.max()
max_num = s.loc[s==max].index[0]
print("s 中最大值对应的索引编号为：%d,最大值为：%d"%(max_num,s[max_num]))
min = s.min()
min_num = s.loc[s==min].index[0]
print("s 中最小值对应的索引编号为：%d,最小值为：%d"%(min_num,s[min_num]))
```

输出结果如图 5-29 所示。

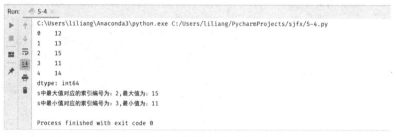

图 5-29　确定最值的索引位置示例结果

2.　根据最值添加折线图辅助线

示例代码如下：

```
x = s.index
y = s
plt.plot(x,y)
max = s.max()
max_num = s.loc[s==max].index[0]
plt.axvline(max_num,color='r',linestyle=':')
plt.axhline(s[max_num],color='r',linestyle=':')
plt.show()
```

输出结果如图 5-30 所示。

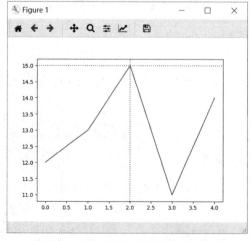

图 5-30　添加折线图辅助线示例结果

【结果分析】在绘制折线图 x 轴和 y 轴的辅助线时，还可以通过控制其中的参数最大显示比例以保证辅助线的添加效果更好，如添加 x 轴辅助线时，可以利用 plt.axvline(ymax)中的参数 ymax 来控制 x 轴辅助线的 y 轴方向的最大显示比例，如 plt.axvline(ymax=0.5)表示 x 轴辅助线在 y 轴方向的最大显示比例为 50%。

【任务实训】

任务 5-5：利用 read_excel 导入 meal.xlsx（meal.xlsx 存放在 C:\data 路径中），导入数据命名为 data1，完成：

（1）查看 data1 的前 5 行。

（2）从“开始时间”列中提取出星期名称，并存放在新列“星期”中。

（3）根据“星期”列数据进行分组，并计算不同星期的消费金额的平均值，将分组统计结果按照'Monday' 'Tuesday' 'Wednesday' 'Thursday' 'Friday' 'Saturday' 'Sunday'的顺序排列，命名为 data1_group，并查看结果。

（4）根据（3）的结果，绘制不同星期平均消费金额的折线图，折线图的线型为直线，颜色为蓝色，标题为“不同星期平均消费金额折线图”。

任务 5-5（1）具体代码如下：

```
data1 = pd.read_excel("C:\data\meal.xls")
pd.set_option('display.width',None)
pd.set_option('display.unicode.east_asian_width',True)
print(data1.head())
```

输出结果如图 5-31 所示。

```
Run:   5-4 ×
C:\Users\liliang\Anaconda3\python.exe C:/Users/liliang/PycharmProjects/sjfx/5-4.py
   订单号  菜品编号      菜品名称  消费金额             开始时间             结束时间
0    2352    609967  香酥两吃大虾        89 2019-08-01 11:05:00 2019-08-01 11:11:00
1    2354    609961    姜葱炒花蟹        45 2019-08-01 11:15:00 2019-08-01 11:31:00
2    2356    606000      香烤牛排        55 2019-08-01 12:42:00 2019-08-01 12:54:00
3    2358    606106      铁板牛肉        66 2019-08-01 12:51:00 2019-08-01 13:08:00
4    2361    610003        蒜香包        13 2019-08-01 12:58:00 2019-08-01 13:07:00
```

图 5-31 任务 5-5（1）输出结果

任务 5-5（2）具体代码如下：

```
data1['weekday'] = data1['开始时间'].dt.weekday_name
print(data1.head())
```

输出结果如图 5-32 所示。

```
Run:   5-4 ×
C:\Users\liliang\Anaconda3\python.exe C:/Users/liliang/PycharmProjects/sjfx/5-4.py
   订单编号  订单明细号  菜品编号      菜品名称  消费金额             开始时间             结束时间 weekday
0       366        2352    609967  香酥两吃大虾        89 2019-07-01 11:05:00 2019-07-01 11:11:00  Monday
1       366        2354    609961    姜葱炒花蟹        45 2019-07-01 11:15:00 2019-07-01 11:31:00  Monday
2       366        2356    606000      香烤牛排        55 2019-07-01 12:42:00 2019-07-01 12:54:00  Monday
3       366        2358    606106      铁板牛肉        66 2019-07-01 12:51:00 2019-07-01 13:08:00  Monday
4       366        2361    610003        蒜香包        13 2019-07-01 12:58:00 2019-07-01 13:07:00  Monday

Process finished with exit code 0
```

图 5-32 任务 5-5（2）输出结果

任务 5-5（3）具体代码如下：

```
data1_group = data1.groupby('weekday')['消费金额'].mean()
data1_group = round(data1_group,2)
data1_group = data1_group.reindex
(['Monday','Tuesday','Wednesday','Thursday','Friday','Saturday','Sunday'])
print(data1_group)
```

输出结果如图 5-33 所示。

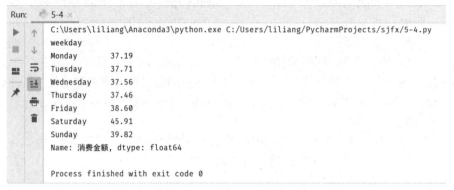

图 5-33　任务 5-5（3）输出结果

任务 5-5（4）具体代码如下：

```
plt.rcParams['figure.figsize'] = (8,6)
plt.rcParams['font.sans-serif']=['SimHei']
x = data1_group.index
y = data1_group
plt.plot(x,y,linestyle='-',color='b')
plt.title("不同星期平均消费金额折线图",size=15)
plt.show()
```

输出结果如图 5-34 所示。

任务 5-6：根据任务 5-5 得到的结果 data1_group，重新命名为 result，并完成：

（1）绘制不同星期平均消费金额的折线图，折线图的线型为直线，颜色为蓝色，标题为"不同星期平均消费金额折线图"。

（2）根据折线的最高点，添加相应 x 轴和 y 轴的辅助线（ymax 和 xmax 的值分别设为 0.95 和 0.8）。

任务 5-6（1）具体代码如下：

```
import numpy as np
result = data1_group
plt.rcParams['figure.figsize'] = (8,6)
plt.rcParams['font.sans-serif']=['SimHei']
x= result.index
y = result
plt.plot(x,y,linestyle='-',color='b')
plt.title("不同星期平均消费金额折线图",size=15)
```

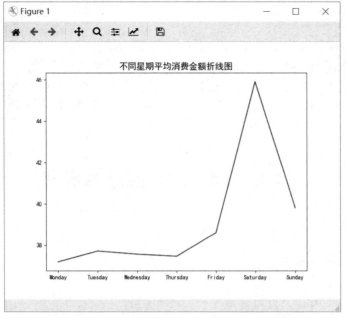

图 5-34　任务 5-5（4）输出结果

任务 5-6（2）具体代码如下：

```
max = result.max()
max_num = result.loc[result==max].index[0]
plt.axvline(max_num,color='r',linestyle=':',ymax=0.95)
plt.axhline(result[max_num],color='r',linestyle=':',xmax=0.8)
plt.show()
```

输出结果如图 5-35 所示。

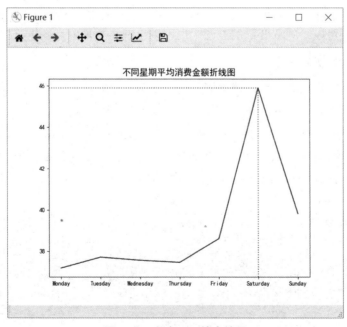

图 5-35　任务 5-6 输出结果

【巩固训练】

利用 read_excel 导入 meal.xlsx（meal.xlsx 存放在 C:\data 路径中），完成：

（1）从"开始时间"列中提取出小时数，并存放在新列"小时"中。

（2）根据小时数进行分组，计算不同小时的消费金额的平均值，并查看结果。

（3）根据（2）的结果，绘制不同小时平均消费金额的折线图，折线图的线型为直线，颜色为蓝色，标题为"不同小时平均消费金额折线图"。

 ## 5.5 绘制散点气泡图

【学习目标】

1. 能够根据数据绘制散点图。
2. 能够根据数据绘制气泡图。
3. 理解绘图美化样式的使用方法。

【知识指南】

在数据分析中，相关分析是研究两个或两个以上，处于同等地位的变量之间的相关关系的统计分析方法。散点图和气泡图都是在一个图表中显示大量相关数据的常用绘图方式。在散点图中，x 轴和 y 轴分别表示两个数值字段，这样就可以很容易通过散点看出两个字段的相关关系。而在气泡图中，第三个数值字段用于控制数据点的大小，通过点的大小判断其重要程度。

一、散点图

散点图是数据点在直角坐标系平面上的分布图，在统计学的回归分析与预测中经常用到。绘制散点图时，既可以绘制双变量散点图，也可以绘制多变量散点图矩阵。

1. 绘制双变量散点图

在绘制双变量散点图时，可以使用横轴代表变量 x，纵轴代表变量 y，每组数据(x_i, y_i)在坐标系中用一个点表示。pyplot 模块提供了绘制散点图的函数 scatter，其一般用法为：

```
plt.scatter (x,y,s,c,marker)
```

其中，x 表示 x 轴对应的数据。y 表示 y 轴对应的数据。s 表示表示每个点的大小。c 表示每个点的颜色。marker 表示绘制的点的类型，'o'表示圆圈，'+'表示加号，'*'表示星号，'.'表示点。

示例代码如下：

```
import numpy as np
import matplotlib.pyplot as plt
x = np.random.randn(5000)      #生成 5000 个正态分布的随机数
y = np.random.randn(5000)      #生成 5000 个正态分布的随机数
plt.scatter(x,y,color='r',marker='.')
plt.show()
```

输出结果如图 5-36 所示。

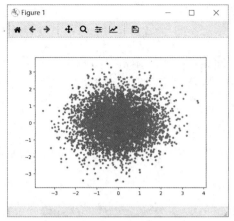

图 5-36　绘制散点图示例结果

2. 绘制多变量散点图矩阵

如果想要一次性画出多个变量的散点图矩阵，可以使用 scatter_matrix 函数，其一般用法为：

pd. plotting.scatter_matrix(DataFrame,color,marker)

示例代码如下：

```
plt.rcParams['figure.figsize']=(8,8)
data = pd.DataFrame(np.random.randint(1,100,size=(100,4)),columns = ['a','b','c','d'])
pd.plotting.scatter_matrix(data)
plt.show()
```

输出结果如图 5-37 所示。

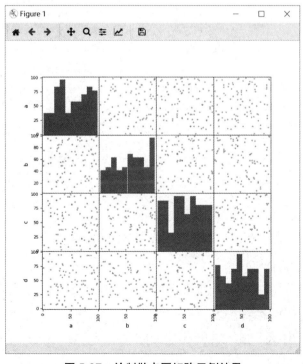

图 5-37　绘制散点图矩阵示例结果

二、绘制气泡图

气泡图可用于展示三个变量之间的关系，它与散点图类似，区别在于散点图的散点大小是不变的，而气泡图可以利用散点大小（或气泡大小）来表示第三个变量的值。绘制气泡图时，可将第一个变量放在横轴，第二个变量放在纵轴，再将第三个变量用气泡的大小来表示。气泡图允许在图形中额外加入一个表示大小的变量进行对比，为了突出第三个变量的比较效果，除了可以利用大小表示之外，还可以利用绘图样式美化绘图结果。

1. 绘图美化样式

pyplot 模块中提供了绘图样式，用来美化绘图结果。绘图美化样式主要包括字体、字号、子图边距、网格类型等。绘图美化样式可以通过 plt.style 实现，style 是 pyplot 的一个子模块，方便进行绘图样式的转换，它里面定义了很多预设样式。

（1）查看 pyplot 模块自带的美化样式

pyplot 模块自带了很多美化样式，通过 plt.style.available，可以查查自带的美化样式。

示例代码如下：

```
styles = plt.style.available
print("pyplot 自带的美化样式：\n")
for i in range(len(styles)):
    print(styles[i], end='\t')
    if (i+1) %5==0:
        print("\n")
```

输出结果如图 5-38 所示。

图 5-38　绘图美化样式示例结果

（2）绘图美化样式应用

利用绘图美化样式可以美化绘图结果，其一般方法为：

```
plt.style.use(style_name)
```

其中，style_name 表示样式名称，如 bmp、ggplot 等。

示例代码如下：

```
for s in ['ggplot','fivethirtyeight','seaborn-ticks']:
    plt.style.use(s)
    x = np.random.randn(5000)    # 生成 5000 个正态分布的随机数
    y = np.random.randn(5000)    # 生成 5000 个正态分布的随机数
    plt.scatter(x,y)
    plt.title(s)
    plt.show()
```

输出结果如图 5-39 所示。

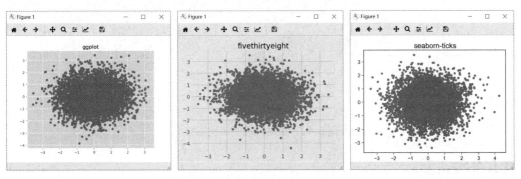

图 5-39　绘图美化样式应用示例结果

2. 绘图颜色系列

颜色系列（colormap）是指一系列颜色，简称 cmap，表示从起始颜色渐变到结束颜色。在可视化中，颜色系列用于突出数据的规律。例如，有时可能用较浅的颜色来显示较小的值，使用较深的颜色来显示较大的值。

颜色系列 cmap 的取值有很多，如 Blues（蓝色系列）、Greens（绿色系列）、Reds（红色系列）、Greys（灰色系列）等。

3. 利用绘图样式与颜色系列绘制气泡图

利用绘图样式与颜色系列绘制气泡图的一般方法为：

```
plt.style.use(style_name)
plt.scatter (x,y,s,c,cmap,alpha)
```

其中，x 表示 x 轴对应的数据，y 表示 y 轴对应的数据，s 表示气泡的大小，c 表示气泡的颜色深浅，cmap 表示气泡的颜色系列，alpha 表示气泡的透明度。

示例代码如下：

```
plt.style.use('fivethirtyeight')
x = np.random.randn(100)
y = np.random.randn(100)
plt.scatter(x,y,s=np.power(10*x+10*y,2), c=np.random.rand(100),cmap='Reds',alpha=0.6)
plt.show()
```

输出结果如图 5-40 所示。

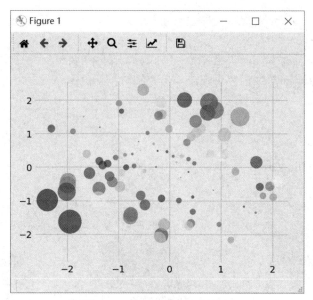

图 5-40　绘制气泡图示例结果

【任务实训】

任务 5-7：利用 read_excel 导入 score.xlsx（score.xlsx 存放在 C:\data 路径中），绘制四门学科之间的散点图矩阵。

（1）创建带有 2 行 2 列子图的窗口。

（2）利用循环语句绘制 4 个子图，4 个子图的 x 变量均设为"math"，y 变量分别设为"math""chinese""english""computer"。

任务 5-7（1）具体代码如下：

```python
import pandas as pd
pd.set_option('display.unicode.east_asian_width',True)
plt.rcParams['figure.figsize']=(8,8)
plt.rcParams['font.sans-serif'] = ['Simhei']
data1 = pd.read_excel("C:\data\score.xls")
fig,axes = plt.subplots(2,2)
ax = axes.ravel()
```

任务 5-7（2）具体代码如下：

```python
x = data1['math']
y = [data1['math'],data1['chinese'],data1['english'],data1['computer']]
names=['数学','语文','英语','计算机']
for i,j,k in zip(range(4),y,names):
    ax[i].scatter(x,j)
    ax[i].set_xlabel('数学')
    ax[i].set_ylabel(k)
plt.show()
```

输出结果如图 5-41 所示。

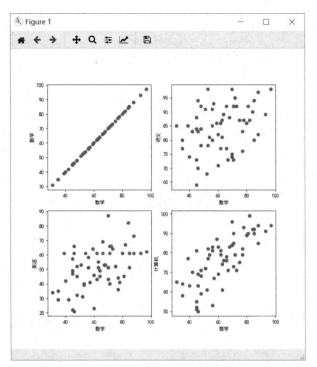

图 5-41　任务 5-7 输出结果

【结果分析】从结果中可以看出，除了数学与数学本身的散点图之外，数学与计算机的散点图最接近直线，说明数学与计算机这两门学科的关系最为密切。

任务 5-8：根据任务 5-7 导入的数据，重新命名为 data2，完成：

（1）筛选 data2 中的四列"math""chinese""english""computer"，并将筛选结果命名为 data2_result。

（2）根据 data2_result，绘制 4 个学科之间的散点图矩阵，散点颜色为红色。

任务 5-8（1）具体代码如下：

```
data2 = data1
data2_result = data2[['math','chinese','english','computer']]
```

任务 5-8（2）具体代码如下：

```
pd.plotting.scatter_matrix(data2_result,color='r')
plt.show()
```

输出结果如图 5-42 所示。

【结果分析】从四门学科的散点矩阵中，可以看出数学与计算机的相关程度最高。

任务 5-9：利用 read_csv 导入深圳二手房数据 houseprice.csv（houseprice.csv 存放在 C:\data 路径中），命名为 data3，完成：

（1）查看 data3 的前 5 条数据。

（2）分别查看"房屋单价"排名前 5 的小区名称及经纬度。

（3）绘制气泡图，x 为经度，y 为维度，房屋单价/200 为气泡的大小，参考总价为气泡颜色，绘图样式采用"ggplot"，颜色系列采用"Reds"。

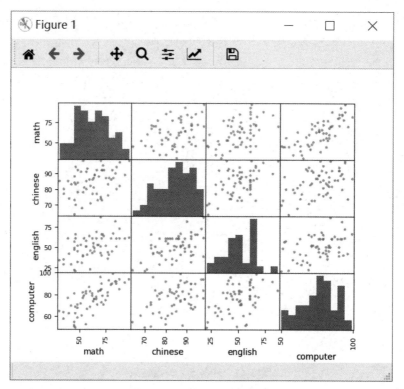

图 5-42　任务 5-8 输出结果

任务 5-9（1）具体代码如下：

```
pd.set_option('display.unicode.east_asian_width',True)
pd.set_option('display.width',None)
data3 = pd.read_csv("c:\data\houseprice.csv",encoding='gbk')
print(data3.head())
```

输出结果如图 5-43 所示。

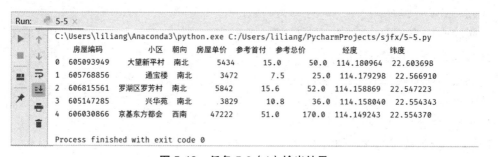

图 5-43　任务 5-9（1）输出结果

任务 5-9（2）具体代码如下：

```
result = data3.sort_values(by='房屋单价',ascending=False)
print("房屋单价排名前 5 的小区为：")
print(result[['经度','纬度','小区','房屋单价']][:5])
```

输出结果如图 5-44 所示。

```
Run:    5-5 ×
        C:\Users\liliang\Anaconda3\python.exe C:/Users/liliang/PycharmProjects/sjfx/5-5.py
        房屋单价排名前5的小区为：
                  经度        纬度       小区   房屋单价
        18  114.133820  22.569849  金丽豪苑   95238
        32  114.131081  22.572523  嘉湖新都   89523
        19  114.133820  22.569849  金丽豪苑   80000
        21  114.133743  22.571991  愉天小区   66574
        20  114.133743  22.571991  愉天小区   66574

        Process finished with exit code 0
```

图 5-44　任务 5-9（2）输出结果

任务 5-9（3）具体代码如下：

```
x = data3['经度']
y = data3['纬度']
plt.style.use('ggplot')
plt.scatter(x,y,s=data3['房屋单价']/200,c=data3['参考总价'],cmap='Reds',alpha=0.4)
plt.show()
```

输出结果如图 5-45 所示。

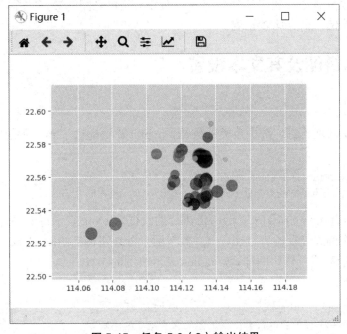

图 5-45　任务 5-9（3）输出结果

【巩固训练】

利用 read_csv 导入鸢尾花数据集 iris.csv，绘制 4 列"Sep_len""Sep_wid""Pet_len""Pet_wid"的散点图矩阵。

5.6　绘制饼图与圆环图

【学习目标】

1. 能够根据数据绘制饼图。
2. 能够根据数据制圆环图。
3. 理解饼图文本的设置方法。

【知识指南】

饼图可以显示一个数据序列（图表中绘制的相关数据点）中各项大小与各项总和的比例，每个数据序列具有唯一的颜色，并且与图例中的颜色是对应的。饼图以圆形代表研究对象的整体，用以圆心为共同顶点的各个不同扇形显示各组成部分在整体中所占的比例，一般可用图例表明各扇形所代表的项目的名称及其所占百分比。

饼图可以比较清楚地反映出部分与部分、部分与整体之间的数量关系，易于显示每组数据相对于总数的比例，而且比较直观。

一、绘制饼图及其文本设置

1. 绘制饼图

饼图主要用于表现比例、份额之类的数据，pyplot 模块提供了 pie 函数用来绘制饼图，其一般用法为：

```
plt.pie(x,colors,explode,labels,autopct,radius)
plt.axis("equal") #表示绘制的是正圆
```

各个参数的作用介绍如下：x 表示每份饼片的数据。colors 表示每份饼片的颜色。explode 表示每份饼片边缘偏离半径的百分比，该参数常用于分裂饼图的绘制。labels 表示每份饼片的标签。autopct 表示数值百分比的样式。radius 表示饼图的半径。

示例代码如下：

```
import numpy as np
import matplotlib.pyplot as plt
data = [0.2,0.45,0.25,0.1]
lab = ['A','B','C','D']
ex = [0,0.1,0,0]
c = ['yellowgreen','darkorange','skyblue','lightyellow']
plt.pie(x=data, explode = ex,labels = lab, autopct = '%.1f%%',colors = c)
plt.show()
```

输出结果如图 5-46 所示。

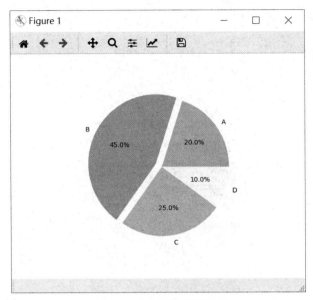

图 5-46　绘制饼图示例结果

2. 设置饼图文本

饼图绘制之后，还可以为饼图内部和外部文本设置相应的颜色大小，其一般方法如下：

```
patches,text1,text2 = plt.pie()
for i in text1:
    i.set_size()
    i.set_color()
for i in text2:
    i.set_size()
    i.set_color()
```

其中，patches 表示饼图的返回值，text1 表示饼图外部文本，text2 表示饼图内部文本。

示例代码如下：

```
data = [0.2,0.45,0.25,0.1]
lab = ['A','B','C','D']
ex = [0,0.1,0,0]
c = ['yellowgreen','darkorange','skyblue','lightyellow']
patches,text1,text2=plt.pie(x=data,explode=ex,colors=c,
                            labels=lab,autopct='%.1f%%',radius=1.2)
for i in text1:
    i.set_size(20)
    i.set_color('red')
for i in text2:
    i.set_size(14)
    i.set_color('grey')
plt.show()
```

输出结果如图 5-47 所示。

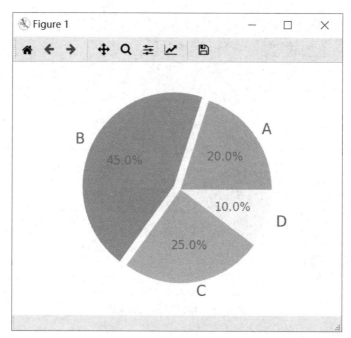

图 5-47　设置饼图文本示例结果

二、绘制圆环图

绘制圆环图时，可以在一个绘图窗口中，分别绘制两个饼图，嵌套在一起，并对两个饼图分别设置参数 radius（半径）和颜色（color），得到圆环图。外层饼图起到显示的效果，而内层饼图起到遮挡的效果。设置时，只需将内层饼图设置一个值而不会被分割，同时将内层饼图的背景颜色设为白色即可。设置圆环图的一般方法为：

```
data_0=[1]
plt.pie(x=data,radius=1)
plt.pie(x=data_0,colors = 'w',radius=0.6)
```

其中，data 表示外层饼图中每份饼片的数据，radius=1 表示外层饼图的半径为 1；data_0 表示外层饼图的数据，一般可以取[1]，colors = 'w'表示内层饼图的颜色为白色，起到遮挡的效果，radius=0.5 表示内层饼图的半径为 0.5，这个值可以调整，一般需要小于等于 0.6，否则会导致圆环的宽度过小。

示例代码如下：

```
data = [0.2,0.45,0.25,0.1]
lab = ['A','B','C','D']
c = ['yellowgreen','darkorange','skyblue','lightyellow']
plt.pie(x=data,labels = lab,autopct = '%.1f%%',colors = c,radius=1)
plt.pie(x=[1], colors = 'w',radius=0.5)
plt.show()
```

输出结果如图 5-48 所示。

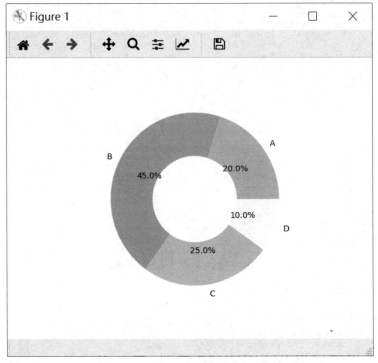

图 5-48　绘制圆环图示例结果

【任务实训】

任务 5-10：利用 read_excel 导入 score.xlsx（score.xlsx 存放在 C:\data 路径中），将导入数据命名为 data1，完成：

（1）将"area"列拆分成两个新列，将其中的省份生成新列"province"，查看前 5 行。

（2）统计不同省份的频数，将结果保存为 count_pro。

（3）设为绘图样式为"fivethirtyeight"，根据不同省份的频数绘制饼图，饼图数字显示方式为保留小数点 2 位，饼图的扇形标签设为不同的省份，最大省份对应的饼设为分裂效果。饼图的内部文本颜色、大小分别设为灰色、16，饼图的外部文本颜色、大小分别设为红色、20。

任务 5-10（1）具体代码如下：

```
import pandas as pd
pd.set_option('display.unicode.east_asian_width',True)
data1 = pd.read_excel("C:\data\score.xls")
data1['province'] = data1['area'].str.split('-',expand=True)[0]
print(data1.head())
```

输出结果如图 5-49 所示。

任务 5-10（2）具体代码如下：

```
result = data1['province'].value_counts(ascending=False)
print(result)
```

输出结果如图 5-50 所示。

```
Run:    5-6 ×
        C:\Users\liliang\Anaconda3\python.exe C:/Users/liliang/PycharmProjects/sjfx/5-6.py
            ID gender        area  math  chinese  english  computer province
        0  92101     女   江苏-苏州    88       97       73        94      江苏
        1  92102     男   江苏-常州    97       98       62        94      江苏
        2  92103     女   江苏-盐城    82       87       67        99      江苏
        3  92104     女   江苏-苏州    70       98       87        84      江苏
        4  92105     男  江苏-连云港    80       86       61        89      江苏

        Process finished with exit code 0
```

图 5-49　任务 5-10（1）输出结果

```
Run:    5-6 ×
        C:\Users\liliang\Anaconda3\python.exe C:/Users/liliang/PycharmProjects/sjfx/5-6.py
        江苏    35
        安徽    13
        四川     6
        山东     6
        Name: province, dtype: int64

        Process finished with exit code 0
```

图 5-50　任务 5-10（2）输出结果

任务 5-10（3）具体代码如下：

```
plt.rcParams['font.sans-serif'] = ['Simhei']
plt.style.use('fivethirtyeight')
ex = [0.1,0,0,0]
c = ['darkorange','yellowgreen','skyblue','lightyellow']
patches,text1,text2=plt.pie(x=result,explode=ex,
                            labels=result.index,autopct = '%.1f%%',colors = c)
for i in text1:
    i.set_size(20)
    i.set_color('red')
for i in text2:
    i.set_size(16)
    i.set_color('grey')
plt.show()
```

输出结果如图 5-51 所示。

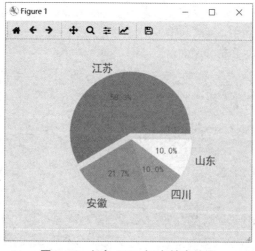

图 5-51　任务 5-10（3）输出结果

任务 5-11：根据任务 5-10 导入的数据，重新命名为 data2，完成：

（1）统计不同性别的频数，将结果保存为 count_gender。

（2）设为绘图样式为"fivethirtyeight"，根据不同性别的频数绘制圆环图，数字显示方式为小数点 2 位，标签设为不同的性别。内部文本颜色、大小分别设为灰色、16，饼图的外部文本颜色、大小分别设为红色、20。

任务 5-11（1）具体代码如下：

```
data2 = data1
result = data2['gender'].value_counts(ascending=False)
print(result)
```

输出结果如图 5-52 所示。

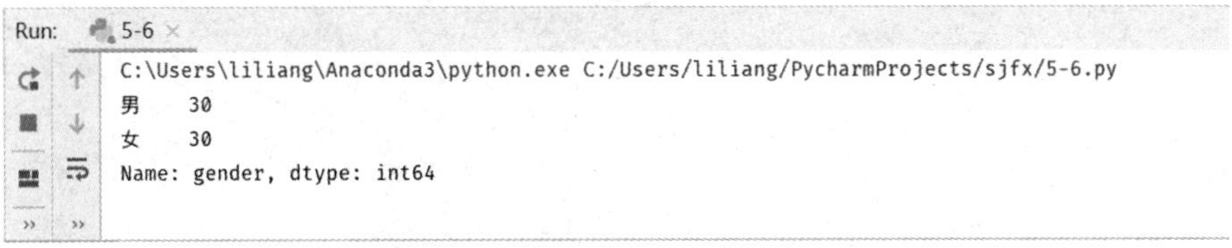

```
Run:      5-6 ×
    ↑    C:\Users\liliang\Anaconda3\python.exe C:/Users/liliang/PycharmProjects/sjfx/5-6.py
    ↓    男    30
         女    30
    ⇥    Name: gender, dtype: int64
```

图 5-52　任务 5-11（1）输出结果

任务 5-11（2）具体代码如下：

```
data2 = data1
result = data2['gender'].value_counts(ascending=False)
print(result)
plt.style.use('fivethirtyeight')
plt.rcParams['font.sans-serif']=['SimHei']
c = ['darkorange','skyblue']
patches,text1,text2 = plt.pie(x=result,labels=result.index,
                               autopct = '%.1f%%',colors = c,radius=1)
for i in text1:
    i.set_size(20)
    i.set_color('red')
for i in text2:
    i.set_size(16)
    i.set_color('grey')
plt.pie(x=[1],colors='w',radius=0.6)
plt.show()
```

输出结果如图 5-53 所示。

【巩固训练】

利用 read_excel 导入 score.xlsx，完成：

（1）将"math"列进行分段，成绩段分段方法为：0～59 为"不及格"，60～74 为"合格"，75～89 为"良好"，90～100 为"优秀"，并将结果生成新列"math_cut"。

（2）根据"math_cut"统计不同数学等级的频数，将结果保存为 math_count。

（3）根据不同数学等级的频数绘制圆环图。

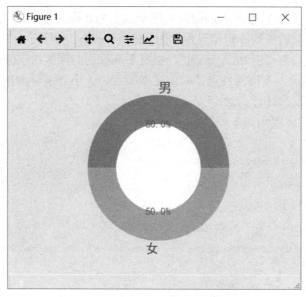

图 5-53　任务 5-11（2）输出结果

5.7　利用 Matplotlib 进行数据可视化测试题

一、选择题

1. 创建一个 6×4 的空白绘图窗口的正确的方法是（　　）。

A. plt.figure(figsize=(6,4))　　　　　　　　B. plt.figure(figsize=6,4)

C. plt.figure((6,4))　　　　　　　　　　　　D. plt.figure([6,4])

2. 下列表示将绘图窗口分为 1 行 2 列，并添加第 1 个子图的正确的方法是（　　）。

A. fig.add_subplot(2,1,1)　　　　　　　　　B. fig.add_subplot(2,1,0)

C. fig.add_subplot(1,2,1)　　　　　　　　　D. fig.add_subplot(1,2,1)

3. 在 rcParams 参数中，font.sans-serif 表示的是（　　）。

A. 图像的线宽　　　　　　　　　　　　　　B. 图像的显示字体

C. 图像是否显示负数　　　　　　　　　　　D. 字体大小

4. 在 rcParams 参数中，axes.unicode_minus 表示的是（　　）。

A. 图像的线宽　　　　　　　　　　　　　　B. 图像的显示字体

C. 图像是否显示负数　　　　　　　　　　　D. 字体大小

5. 在绘图中，color='r'表示（　　）。

A. 蓝色　　　　　　　B. 红色　　　　　　　C. 绿色　　　　　　　D. 白色

6. 表示添加 *x* 轴辅助线的是（　　）。

A. plt.xlim　　　　　　B. plt.xlabel　　　　　C. plt.axvline　　　　D. plt.axhline

7．在 matplotlib.pyplot 中，用来绘制条形图的方法是（　　）。

A. plt.scatter　　　　　B. plt.bar　　　　　　C. plt.barh　　　　　D. plt.pie

8. 在利用 scatter 绘制气泡图时，s、c、cmap 分别表示（　　）。

A. 气泡的大小、气泡的颜色深浅、气泡的颜色系列

B. 气泡的颜色深浅、气泡的大小、气泡的颜色系列

C. 气泡的颜色系列、气泡的颜色深浅、气泡的大小

D. 气泡的颜色系列、气泡的大小、气泡的颜色深浅

9. 在利用 patches,text1,text2=plt.pie 绘制饼图时，分别表示外层和内层文本的是（　　　）。

A. patches,text1　　　　　B. text1,text2　　　　　　C. text2,text2　　　　D. text1,text1

10. 在绘制饼图时，用来设置分裂饼图效果的参数是（　　　）。

A. explode　　　　　　　B. labels　　　　　　　　C. autopct　　　　　　D. radius

二、填空题

1. 在绘图时，用来添加图表标题的方法是_____。

2. 在绘图时，设置 x 轴刻度为 1，2，3 的方法是_____。

3. 在绘制柱形图时，设置柱子边框颜色的参数是_____。

4. 在绘制折线图时，设置线条样式的参数是_____。

5. 在绘制饼图时，设置显示数值为 1 位小数点百分比的方法是_____。

三、编程题

利用 read_csv 导入鸢尾花数据集 iris.csv 数据，完成：

（1）利用 rcParams，将图像显示的中文字体设置为黑体，将字号设为 20。

（2）按 "Iris_type" 列分组，再计算 "Sep_wid" 列的平均值，结果保留 2 位小数，根据分组统计结果绘制条形图，显示标题 "不同类别鸢尾花的平均花萼宽度条形图"，添加 x 轴辅助线，辅助线的值为 "Sep_wid" 列的总体平均值。

（3）根据 "Iris_type" 统计不同类别鸢尾花的频数，并根据不同类别鸢尾花的频数，绘制圆环图。

第6章 Python 数据分析与综合应用

本章安排了成绩数据预处理与分析、房产数据预处理与分析、餐饮数据分析与可视化、超市数据分析与可视化、工业数据分析与可视化 5 个案例。

6.1 成绩数据预处理与分析

学生成绩是体现学生学习能力水平的重要数据之一。如何从各学期、各科目的大量学生成绩中快速、准确读取和分析学生的综合能力，成为学校各项工作的重要数据支持。

一、数据源

本案例以某年级 1 班到 5 班的数学、语文、英语、计算机四门学科的期末成绩为例，对其进行数据分析，数据文件为 score.xls，如图 6-1 所示。

	A	B	C	D	E	F	G	H
1	学号	性别	地区	数学	语文	英语	计算机	
2	92101	男	江苏-无锡	85	31	34	65	
3	92102	男	安徽-黄山	70	46	21	50	
4	92103	男	安徽-芜湖	90	84	82	92	
5	92104	女	江苏-南京	94	85	51	90	
6	92105	女	江苏-连云港	82	88	61	85	
7	92106	女	山东-潍坊	80	85	61	92	
8	92107	女	江苏-南京	87	78	41	93	
9	92108	女	四川-成都	92	71	61	85	
10	92109	男	江苏-苏州	87	75	52	75	
11	92110	女	山东-济南	76	77	65	87	
12	92111	男	江苏-盐城	86	59	50	87	
13	92112	男	江苏-苏州	92	73	92	71	
14	92113	男	安徽-黄山	88	68	90	83	
15	92114	男	江苏-常州	92	81	85	90	
16	92115	男	四川-成都	85	56	92	83	
17	92116	男	江苏-盐城	87	78	93	87	
18	92117	男	江苏-苏州	77	62	85	81	
19	92118	女	安徽-合肥	81	54	61	79	
20	92119	男	江苏-常州	93	57	41	67	
21	92120	女	安徽-芜湖	98	53	39	77	
22	92121	女	江苏-常州	87	78	66	69	
23	92122	女	江苏-无锡	91	51	53	72	
24	92123	女	江苏-盐城	92	48	32	68	

图 6-1 数据源

二、要求

1. 查询语文和英语都较好的同学（分数≥85）。

2. 根据四科成绩，计算总分，对总分进行排名，查看名次的大概情况。

3. 计算总分的平均分和中位数，并进行比较。

4. 计算江苏省学生四门学科的平均分，并加以比较。

5. 根据总分生成总分段，并分析哪个总分段的比例最高（A：300 以上；B：250~299；C：200~249；D：199 以下）。

6. 总分等级为 C 的学生中，计算不同城市学生的平均分，并加以比较。

三、步骤

步骤 1：导入库，设置参数。导入所需要的库 Pandas，利用 pd.set_option 解除显示宽度的显示，设置数据对齐。步骤 1 代码如下：

```
import pandas as pd
pd.set_option('display.width',None)
pd.set_option('display.unicode.east_asian_width',True)
```

步骤 2：数据拼接。利用循环语句分别导入 1 班、2 班、3 班、4 班、5 班的数据，再利用 append 将其合并为一个数据，命名为 data，并查看数据的行数、列数和列名。步骤 2 代码如下：

```
data = pd.read_excel("c:/data/score.xls",sheet_name=0)
for i in range(1,5):
    data_append = pd.read_excel("c:/data/score.xls",sheet_name=i)
    data = data.append(data_append,ignore_index=True)
print("数据的行数  = %d\n 数据的列数  = %d"%(data.shape[0],data.shape[1]))
print("数据的所有列名为：",data.columns)
```

输出结果如图 6-2 所示。

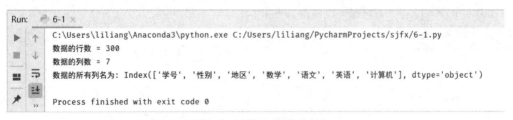

图 6-2　步骤 2 输出结果

步骤 3：数据查询。

（1）查询数据学号与四门学科的前 5 行。

（2）查询语文和英语都大于 85 分的数据。

步骤 3（1）代码如下：

```
print(data[['学号','数学','语文','英语','计算机']][:5])
```

输出结果如图 6-3 所示。

```
Run:    6-1 ×
C:\Users\liliang\Anaconda3\python.exe C:/Users/liliang/PycharmProjects/sjfx/6-1.py
      学号  数学  语文  英语  计算机
0  92101   85   31   34     65
1  92102   70   46   21     50
2  92103   90   84   82     92
3  92104   94   85   51     90
4  92105   82   88   61     85

Process finished with exit code 0
```

图 6-3　步骤 3（1）输出结果

步骤 3（2）代码如下：

```
print(data.loc[(data['语文']>85) & (data['英语']>85)])
```

输出结果如图 6-4 所示。

```
Run:    6-1 ×
C:\Users\liliang\Anaconda3\python.exe C:/Users/liliang/PycharmProjects/sjfx/6-1.py
        学号 性别        地区  数学  语文  英语  计算机
32   92133   女  江苏-连云港   82   88   93     85
65   92206   男    安徽-合肥   87   86   90     74
68   92209   女  江苏-连云港   83   86   93     82
102  92243   男    四川-成都   81   86   86     61
130  92311   男    江苏-盐城   59   86   90     87
132  92313   女    安徽-黄山   68   88   92     83
133  92314   男    江苏-常州   82   92   93     90
150  92331   男    安徽-芜湖   84   90   93     92

Process finished with exit code 0
```

图 6-4　步骤 3（2）输出结果

步骤 4：添加新列。

（1）生成新列“总分”，计算公式为：总分=数学+语文+英语+计算机。

（2）将“地区”列拆分为两列，分别命名为“省”“城市”。

步骤 4（1）代码如下：

```
data['总分'] = data['数学'] + data['语文'] + data['英语'] + data['计算机']
```

步骤 4（2）代码如下：

```
data['省'] = data['地区'].str.split('-',expand=True)[0]
data['城市'] = data['地区'].str.split('-',expand=True)[1]
print(data.head())
```

输出结果如图 6-5 所示。

```
Run:    6-1 ×
C:\Users\liliang\Anaconda3\python.exe C:/Users/liliang/PycharmProjects/sjfx/6-1.py
      学号 性别        地区  数学  语文  英语  计算机  总分   省   城市
0  92101   男    江苏-无锡   85   31   34     65  215  江苏    无锡
1  92102   男    安徽-黄山   70   46   21     50  187  安徽    黄山
2  92103   男    安徽-芜湖   90   84   82     92  348  安徽    芜湖
3  92104   女    江苏-南京   94   85   51     90  320  江苏    南京
4  92105   女  江苏-连云港   82   88   61     85  316  江苏  连云港

Process finished with exit code 0
```

图 6-5　步骤 4 输出结果

步骤 5：数据排名。根据总分按照降序排名，如果总分相同，按照最小排名计算，并输出

“学号”“总分”“总分排名”的前 5 行，将排名结果存放在新列“总分排名”。步骤 5 代码如下：

```
data=data.Sort_Values(by='总分', ascending=False)
data['总分排名'] = data['总分'].rank(method='min',ascending=False)
print(data[['学号','总分','总分排名']][:5])
```

输出结果如图 6-6 所示。

```
Run:   6-1 ×
C:\Users\liliang\Anaconda3\python.exe C:/Users/liliang/PycharmProjects/sjfx/6-1.py
     学号   总分   总分排名
0  92101   215    281.0
1  92102   187    294.0
2  92103   348      7.0
3  92104   320     37.0
4  92105   316     45.0

Process finished with exit code 0
```

图 6-6 步骤 5 输出结果

步骤 6：数据分段。根据总分进行分段，总分在 300 以上的为 A，250～299 为 B，200～249 为 C，199 以下为 D，将排名结果存放在新列“总分等级”。步骤 6 代码如下：

```
data['总分等级'] = pd.cut(data['总分'],
                          bins=[0,199,249,299,data['总分'].max()],
                          labels=['A','B','C','D'])
print(data.head())
```

输出结果如图 6-7 所示。

```
Run:   6-1 ×
C:\Users\liliang\Anaconda3\python.exe C:/Users/liliang/PycharmProjects/sjfx/6-1.py
     学号 性别       地区  数学  语文  英语  计算机  总分  省    城市  总分排名 总分等级
0  92101  男    江苏-无锡   31   85   34    65   215  江苏   无锡   272.0     B
1  92102  男    安徽-黄山   46   70   21    50   187  安徽   黄山   292.0     A
2  92103  男    安徽-芜湖   84   90   82    92   348  安徽   芜湖     1.0     D
3  92104  女    江苏-南京   85   94   51    90   320  江苏   南京    16.0     D
4  92105  女  江苏-连云港   88   82   61    85   316  江苏  连云港   25.0     D

Process finished with exit code 0
```

图 6-7 步骤 6 输出结果

步骤 7：描述性统计分析。

（1）计算总分的平均分和中位数。

（2）计算江苏省四门学科的平均分。

（3）统计总分不同等级比例，比例保留百分比两位小数。

步骤 7（1）代码如下：

```
print("总分的平均值 =%.25",data['总分'].mean())
print("总分的中位数 =%.25",data['总分'].median())
```

输出结果如图 6-8 所示。

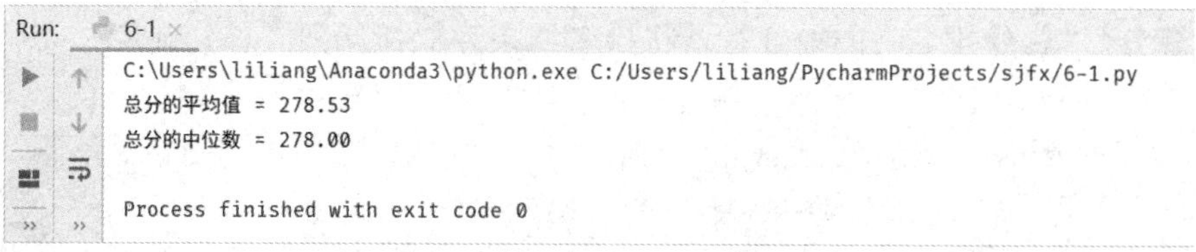

图 6-8　步骤 7（1）输出结果

步骤 7（2）代码如下：

```
data_loc = data.loc[data['省']=='江苏']
for i in ['数学','语文','英语','计算机']:
    mean = data_loc[i].mean()
    print("江苏省%s 的平均分 = %.2f"%(i,mean))
```

输出结果如图 6-9 所示。

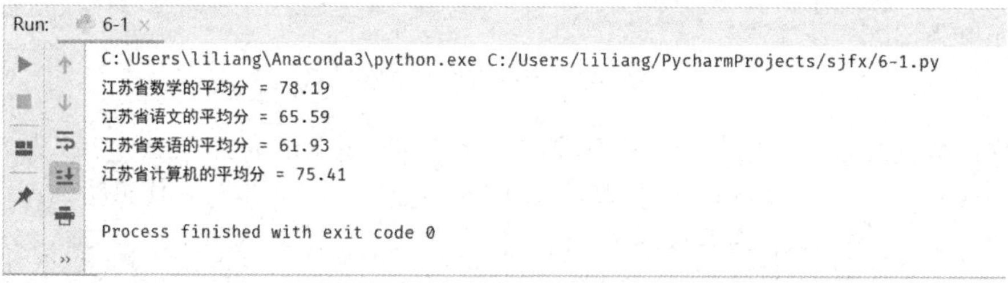

图 6-9　步骤 7（2）输出结果

步骤 7（3）代码如下：

```
count = data['总分等级'].value_counts(normalize=True,ascending=False)
count = count.apply(lambda x:"%.2f%%"%(x*100))
print("总分不同等级的比例为:\n",count)
```

输出结果如图 6-10 所示。

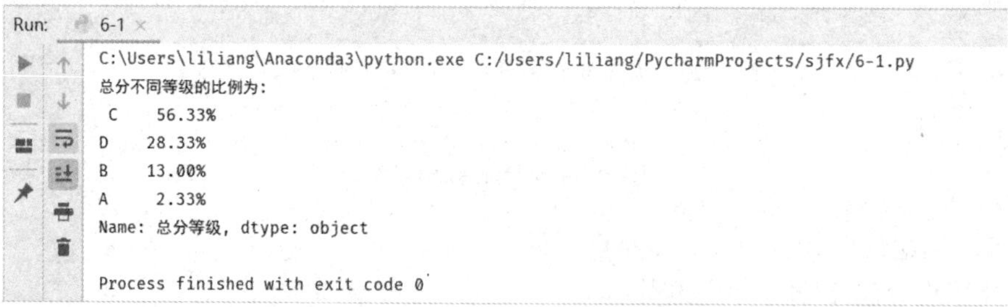

图 6-10　步骤 7（3）输出结果

步骤 8：分类汇总。统计总分为 C 等级的学生的不同城市的总分平均分。步骤 8 代码如下：

```
data_loc = data.loc[data['总分等级']=='C']
result2 = data_loc.groupby(by='城市')['总分'].mean()
result2 = round(result2,2)
print("总分等级为 C 等级的不同城市总平均分为:\n",result2)
```

输出结果如图 6-11 所示。

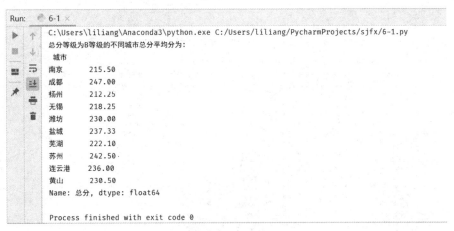

图 6-11　步骤 8 输出结果

四、结论

1. 从数据查询分析的结果可以看出，语文和英语都大于 85 分的学生只有 8 条，占总体的比例不高。

2. 从数据排名分析的结果可以看出，总分达 320 分的可以排进前 40 名，总分不足 187 分的排在最后 10 名。

3. 从描述性统计分析的结果可以看出，总分的平均分和中位数较为接近，说明总分较为正常，两端的极端值不是很多。

4. 从江苏省学生的四科平均分的结果可以看出，数学和计算机较好。

5. 总分不同等级比例中，等级 C 最多，占了 56.33%。

6. 总分等级为 C 的学生中，南京和成都的学生总分平均较高。

 6.2　房产数据预处理与分析

当今时代，房价问题一直处于风口浪尖，房价的上涨抑或下跌都牵动着整个社会的利益，即便是政府出台各种政策方针，也只能是暂时抑制楼市的涨势。对于需要买房的人来说，除了关注这些变化和政策外，最主要关心的问题是：在哪里买房？房价怎样？

普通客户会不停花大量精力逛链家、安居客等房地产网站，借助它们展示的内容进行筛选，但因地区众多，各个地段、房价差异的对比及入手时机的把握，都得一个个去查阅与分析，非常麻烦。如果可以通过数据的爬取，再按照用户希望的维度统计与分析，会让数据变得清晰明了。本案例旨在对房产数据进行预处理与分析，为刚需购房者提供有用信息。

一、数据源

本案例利用某爬虫软件爬取某房产网站中苏州地区的房产数据，数据文件为 house.xlsx，如图 6-12 所示。

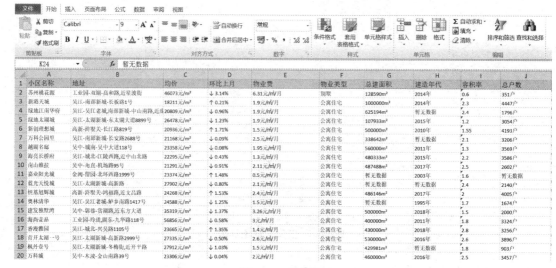

图 6-12　数据源

二、目标

1. 爬取数据时，数据缺失是常见的现象，通过某爬虫软件从网站爬取的数据时，如果没有爬取到的数据会返回"暂无数据"，这会影响后期的空值处理。将这些"暂无数据"转换为空值，并统计各列的空值频数，查看缺失数据情况。

2. 爬取的数据往往是带有单位的字符串，这也会影响后期的数据分析，所以需要将这些单位去掉，再转换为数值型数据。如将字符串"均价"的 40000 元/m² 转换为数值 40000。

3. 为了分析不同区的房产数据，从地址中提取出区的数据。为了分析房龄，从建造年代中提取出房龄数据。

4. 筛选出区为"工业园"，均价在 50000 元以下，容积率在 1.5 以下的房源数据。

5. 查询房价最贵小区的前 5 名。

6. 查询停车位最少小区的前 5 名。

7. 统计所有数据的平均房价及二手房房源数。

8. 分析均价在 40000 元以上小区中，房源最多的是哪个区。

三、步骤

步骤 1：导入库，设置参数。导入所需要的库 Pandas，利用 pd.set_option 解除显示宽度的显示，设置数据对齐。步骤 1 代码如下：

```
import pandas as pd
pd.set_option('display.width',None)
pd.set_option('display.unicode.east_asian_width',True)
```

步骤 2：导入数据并查看。利用 read_excel 导入 house.xlsx（house.xlsx 存放在 C:\data 路径中），将读入的数据命名为 data。查看 data 的行数、列数、列名以及数据的前 5 行。步骤 2

代码如下：

```
data = pd.read_excel("c:/data/house.xlsx")
print("数据的行数 = %d\n 数据的列数 = %d"%(data.shape[0],data.shape[1]))
print("数据的所有列名为:\n",data.columns)
print("数据的前 5 行为:\n",data.head())
```

输出结果如图 6-13 所示。

```
Run:  6-2
C:\Users\liliang\Anaconda3\python.exe C:/Users/liliang/PycharmProjects/sjfx/6-2.py
数据的行数 = 244
数据的列数 = 16
数据的所有列名为:
 Index(['小区名称', '地址', '均价', '环比上月', '物业费', '物业类型',
       '总建面积', '建造年代', '容积率', '总户数', '停车位', '绿化率',
       '二手房房源数', '租房源数', '开发商', '物业公司'],
      dtype='object')
数据的前5行为:
     小区名称                                 地址        均价  环比上月         物业费  物业类型   总建面积  建造年代  容积率  
0    苏州桃花源          工业园-双湖-高和路,近星波街  46073元/m²  ↓ 3.14%  6.31元/㎡/月      别墅   128590m²    2014年    0.6
1      新港天城            吴江-南部新城-长板路1号  18211元/m²  ↑ 0.21%   1.9元/㎡/月  公寓住宅  1000000m²    2014年    2.3
2  绿地江南华府  吴江-吴江老城,南部新城-中山南路,近庞杨路  20809元/m²  ↓ 0.96%   1.9元/㎡/月  公寓住宅   625194m²  暂无数据    2.4  1796
3    绿地太湖城         吴江-太湖新城-东太湖大道8899号  26478元/m²  ↓ 1.23%   1.9元/㎡/月  公寓住宅   107933m²    2015年    1.2
4    新创理想城            高新-浒墅关-长江路819号  20936元/m²  ↑ 1.71%   1.5元/㎡/月  公寓住宅   500000m²    2010年   1.55

Process finished with exit code 0
```

图 6-13　步骤 2 输出结果

步骤 3：数据空值处理。将数据中的“暂无数据”改为空值，统计出现空值的列及其空值数量，并按降序排序。步骤 3 代码如下：

```
import numpy as np
data = data.replace('暂无数据',np.nan)
nun_result = data.isnull().sum()
nun_result = nun_result[nun_result>0]
nun_result = nun_result.sort_values(ascending=False)
print("各列的空值数量为:\n",nun_result)
```

输出结果如图 6-14 所示。

```
Run:  6-2
C:\Users\liliang\Anaconda3\python.exe C:/Users/liliang/PycharmProjects/sjfx/6-2.py
各列的空值数量为:
 总建面积      125
二手房房源数    55
建造年代       52
容积率         51
停车位         48
总户数         48
绿化率         38
开发商         35
租房源数       33
物业费         29
物业公司       15
dtype: int64
```

图 6-14　步骤 3 输出结果

步骤4：数据单位处理。将所有数据的单位去掉，并转换为数值型数据。如将"均价"列中的单位去掉，并将剩下的数据转换为数值。步骤4代码如下：

```
data['均价'] = data['均价'].str.replace('元/m²','')
data['物业费'] = data['物业费'].str.replace('元/m²/月','')
data['总建面积'] = data['总建面积'].str.replace('m²','')
data['总户数'] = data['总户数'].str.replace('户','')
data['二手房房源数'] = data['二手房房源数'].str.replace('套','')
data['租房源数'] = data['租房源数'].str.replace('套','')
data['建造年代'] = data['建造年代'].str.replace('年','')
columns_list = ['均价','物业费','总建面积','停车位','二手房房源数','租房源数','建造年代']
print(data.head())
for column in columns_list:
    data[column] = data[column].astype("float")
```

输出结果如图6-15所示。

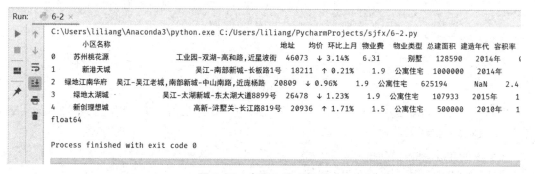

图6-15　步骤4输出结果

步骤5：添加新列。

（1）将"地址"列拆分为3个部分，第1个部分生成新列"区"。

（2）生成新列"房龄"，"房龄"列的计算公式为：房龄 = 当前年份（2020）-建造年代。步骤5（1）代码如下：

```
data['区'] = data['地址'].str.split('-',expand=True)[0]
print(data[['地址','区']][:5])
```

输出结果如图6-16所示。

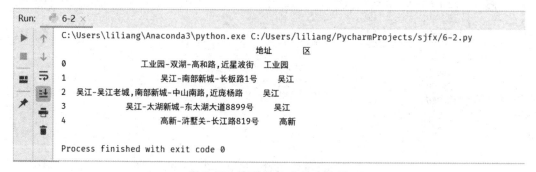

图6-16　步骤5（1）输出结果

步骤5（2）代码如下：

```
data['房龄'] = 2020 - data['建造年代']
print(data[['建造年代','房龄']][:5])
```

输出结果如图 6-17 所示。

```
Run:    6-2 ×
    C:\Users\liliang\Anaconda3\python.exe C:/Users/liliang/PycharmProjects/sjfx/6-2.py
        建造年代    房龄
    0   2014.0   6.0
    1   2014.0   6.0
    2     NaN    NaN
    3   2015.0   5.0
    4   2010.0  10.0

    Process finished with exit code 0
```

图 6-17 步骤 5（2）输出结果

步骤 6：数据筛选。筛选出区为"工业园"，均价在 50000 元以下，容积率在 1.5 以下的房源数据。步骤 6 代码如下：

```
data_loc = data.loc[(data['区']=='工业园') & (data['均价']<50000) & (data['容积率']<1.5)]
print(data_loc[['小区名称','区','均价','容积率']])
```

输出结果如图 6-18 所示。

```
Run:    6-2 ×
    C:\Users\liliang\Anaconda3\python.exe C:/Users/liliang/PycharmProjects/sjfx/6-2.py
            小区名称      区      均价    容积率
    0     苏州桃花源    工业园   46073.0    0.6
    158     新城花园    工业园   39061.0    1.2

    Process finished with exit code 0
```

图 6-18 步骤 6 输出结果

步骤 7：数据排序。

（1）按照"均价"降序排序，并输出"小区名称""区""均价"的前 5 条数据。

（2）按照"停车位"升序排序，并输出"小区名称""区""停车位"的前 5 条数据。

步骤 7（1）代码如下：

```
sort1 = data.sort_values(by='均价',ascending=False)
sort1 = sort1[['小区名称','区','均价']][:5]
print(sort1)
```

输出结果如图 6-19 所示。

步骤 7（2）代码如下：

```
sort2 = data.sort_values(by='停车位',ascending=True)
sort2 = sort2[['小区名称','区','停车位']][:5]
print(sort2)
```

输出结果如图 6-20 所示。

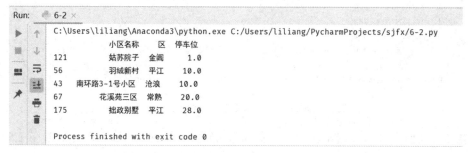

图 6-19　步骤 7（1）输出结果

```
Run:    6-2 ×
    C:\Users\liliang\Anaconda3\python.exe C:/Users/liliang/PycharmProjects/sjfx/6-2.py
               小区名称    区  停车位
    121        姑苏院子   金阊    1.0
    56         羽绒新村   平江   10.0
    43      南环路3-1号小区  沧浪   10.0
    67        花溪苑三区   常熟   20.0
    175        拙政别墅   平江   28.0

    Process finished with exit code 0
```

图 6-20　步骤 7（2）输出结果

步骤 8：描述性统计分析。

（1）计算所有房源平均房价、二手房房源总数。

（2）统计均价大于 40000 元的数据中不同区的频数。

步骤 8（1）代码如下：

```
mean = data['均价'].mean()
mean = round(mean,0)
sum = data['二手房房源数'].sum()
print("房屋总均价为  = ",mean)
print("二手房总房源数  = ",sum)
```

输出结果如图 6-21 所示。

```
Run:    6-2 ×
    C:\Users\liliang\Anaconda3\python.exe C:/Users/liliang/PycharmProjects/sjfx/6-2.py
    房屋总均价为  =  27099.0
    二手房总房源数  =  18525.0

    Process finished with exit code 0
```

图 6-21　步骤 8（1）输出结果

步骤 8（2）代码如下：

```
data_loc = data.loc[data['均价']>40000]
count = data_loc['区'].value_counts(ascending=False)
print("均价 40000 以上小区的各区频数统计结果为:\n",count)
```

输出结果如图 6-22 所示。

图 6-22　步骤 8（2）输出结果

四、结论

1. 工业园区中，均价 50000 元以下，容积率在 1.5 以下的房源数据包括苏州桃花源、新城花园。

2. 房价最贵小区的前 5 名为湖滨四季、九龙仓国宾 1 号(别墅)、和风雅致、金鸡湖花园、拙政别墅。

3. 停车位最少小区的前 5 名为姑苏院子、羽绒新村、南环路 3-1 号小区、花溪苑三区、拙政别墅。

4. 平均房价为 27099 元/米 ^{2}，二手房总房源数为 18525 户。

5. 均价 40000 元/米 ^{2} 以上小区中，工业园区最多。

 ## 6.3　餐饮数据分析与可视化

餐饮行业是一个历史悠久的行业,每一位餐饮经营者无时无刻不在盘算着门店的运营情况,但绝大部分只把情况放在脑海里,这也是为什么在餐饮行业里,一直会听到这样的困惑:"一家店盈利,三家店打平,再开下去就亏了。"只凭一人的脑力,很难计算如此多门店的利润。

一、数据源

不同视角可能会得到不同答案,为了能全面了解和分析经营情况,可以对菜品、就餐人数、销售金额等多种视角进行分析。本案例以某餐饮店 2019 年 7 月数据为例,对其进行数据分析与可视化,数据文件如图 6-23 所示。

```
info_id,name,number_consumers,dining_table_id,dishes_count,payable,start_time,lock_time,order_status
417,苗宇怡,4,1501,5,165,2016/8/1 11:05,2016/8/1 11:11,1
301,赵颖,3,1430,6,321,2016/8/1 11:15,2016/8/1 11:31,1
413,徐毅凡,6,1488,15,854,2016/8/1 12:42,2016/8/1 12:54,1
415,张大鹏,4,1502,10,466,2016/8/1 12:51,2016/8/1 13:08,1
392,孙熙凯,10,1499,24,704,2016/8/1 12:58,2016/8/1 13:07,1
381,沈晓雯,4,1487,7,239,2016/8/1 13:15,2016/8/1 13:23,1
429,苗泽坤,4,1501,15,699,2016/8/1 13:17,2016/8/1 13:34,1
433,李达明,8,1490,14,511,2016/8/1 13:38,2016/8/1 13:50,1
```

图 6-23　数据源

其中,各个字段的意义如下:info_id 表示订单编号。name 表示订餐客户姓名。number_consumers 表示就餐人数。dining_table_id 表示桌号。dishes_count 表示菜品数量。payable 表示消费金额。start_time 表示下单时间。lock_time 表示结账时间。order_status 表示订单状态,"1"表示订单结算成功,"0"表示没有结账成功。

二、目标

1. 数据中有些数据缺少结账时间,将这些数据去除。

2. 为了分析就餐时间,从下单时间和结账时间中提取就餐时间。

3. 统计双休日订单占比。

4. 统计大桌(就餐人数在 8 到 10 人之间)订单占比。

5. 计算平均销售金额、平均就餐人数、平均菜品数量、平均就餐时间等总体指标。

6. 统计不同就餐人数的订单数量频数,并加以比较,分析哪些就餐人数的订单较多。

7. 分析不同星期和不同就餐人数对于销售金额的影响。

8. 统计消费金额总和排名前 5 客户。

9. 计算周一到周日的菜品数量,并分析最高出现在周几。

10. 计算周一到周日的消费金额平均值。

11. 根据不同就餐人数统计频数绘制柱形图,分析哪些就餐人数出现的情况较多。

12. 根据周一到周日的消费金额的平均值绘制折线图。

三、步骤

步骤 1:导入库,设置参数。

(1)导入所需要的库 Pandas、matplotlib.pyplot。

(2)利用 pd.set_option 解除显示宽度的显示,设置数据对齐。

(3)利用 rcParams 设置相关参数,将显示字体设置为黑体,大小设置为 15。

步骤 1 代码如下:

```
import pandas as pd
import matplotlib.pyplot as plt
pd.set_option('display.width',None)
pd.set_option('display.unicode.east_asian_width',True)
plt.rcParams['font.sans-serif']=['Simhei']
plt.rcParams['font.size']=15
```

步骤 2:导入数据并查看。利用 read_csv 导入 meal_info.csv(meal_info.csv 存放在 C:\data 路径中),将读入的数据命名为 data。查看 data 的行数与列数及数据的前 5 行。步骤 2 代码如下:

```
data = pd.read_csv("C:\data\meal_info.csv",encoding='gbk')
print("数据的行数 = %d\n 数据的列数 = %d"%(data.shape[0],data.shape[1]))
```

```
print("数据的前 5 行为:\n",data.head())
```

输出结果如图 6-24 所示。

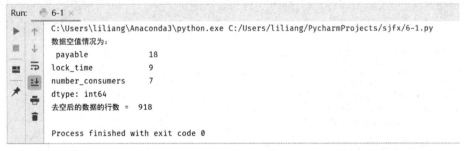

图 6-24 步骤 2 输出结果

步骤 3：数据去空。

（1）查看含有空值的列名及对应的空置个数。

（2）删除没有消费金额或没有结账时间的数据，即"payable"和"lock_time"两列中均出现空值的行，结果在原数据中显示，并查看数据的行数。

步骤 3 代码如下：

```
null_result = data.isnull().sum()
null_result = null_result.loc[null_result>0]
null_result = null_result.sort_values(ascending=False)
print("数据空值情况为: \n",null_result)
data = data.dropna(axis=0,subset=['payable','lock_time'],how='any')
print("去空后的数据的行数 = ",data.shape[0])
```

输出结果如图 6-25 所示。

```
Run:    6-1 ×
C:\Users\liliang\Anaconda3\python.exe C:/Users/liliang/PycharmProjects/sjfx/6-1.py
数据空值情况为:
 payable              18
lock_time            9
number_consumers     7
dtype: int64
去空后的数据的行数 = 918

Process finished with exit code 0
```

图 6-25 步骤 3 输出结果

步骤 4：时间序列处理。

（1）将下单时间（"start_time"）和结账时间（lock_time）转换成时间格式。

（2）生成新列"meal_time"，表示就餐时间，其公式为：meal_time=lock_time−start_time。

（3）从开始时间（"start_time"）中抽取出"星期"，生成新变量"weekday"（"星期"）。

步骤 4（1）代码如下：

```
data['start_time'] = pd.to_datetime(data['start_time'])
data['lock_time'] = pd.to_datetime(data['lock_time'])
```

步骤 4（2）代码如下：

```
data['deal_time'] = data['lock_time'] - data['start_time']
```

步骤 4（3）代码如下：

```
data['weekday'] = data['start_time'].dt.weekday_name
print("数据的前 5 行为:\n",data.head())
```

输出结果如图 6-26 所示。

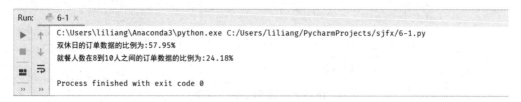

图 6-26　步骤 4 输出结果

步骤 5：数据筛选。

（1）筛选双休日的订单数据（Saturday 和 Sunday），计算筛选结果的行数，并计算其比例。

（2）筛选就餐人数在 8 到 10 人之间的订单数据，计算筛选结果的行数，并计算其比例。

步骤 5（1）代码如下：

```
loc_result1 = data.loc[(data['weekday']=='Saturday') | (data['weekday']=='Sunday')]
print("双休日的订单数据的比例为:%.2f%%"
        %(loc_result1.shape[0]/data.shape[0]*100))
```

步骤 5（2）代码如下：

```
loc_result2 = data.loc[(data['number_consumers']>=8) & (data['number_consumers']<=10)]
print("就餐人数在 8 到 10 人之间的订单数据的比例为:%.2f%%"
        %(loc_result2.shape[0]/data.shape[0]*100))
```

输出结果如图 6-27 所示。

```
Run:    6-1 ×
    C:\Users\liliang\Anaconda3\python.exe C:/Users/liliang/PycharmProjects/sjfx/6-1.py
    双休日的订单数据的比例为:57.95%
    就餐人数在8到10人之间的订单数据的比例为:24.18%

    Process finished with exit code 0
```

图 6-27　步骤 5 输出结果

步骤 6：描述性统计分析。

（1）计算平均销售金额、平均就餐人数、平均菜品数量、平均就餐时间。

（2）统计不同就餐人数的订单数量频数，并按降序排序。

步骤 6（1）代码如下：

```
pay_mean = round(data['payable'].mean(),2)
con_mean = round(data['number_consumers'].mean(),2)
dish_mean = round(data['dishes_count'].mean(),2)
```

```
time_mean = data['deal_time'].mean()
print("平均销售金额为：",pay_mean)
print("平均就餐人数为：",con_mean)
print("平均菜品数量为：",dish_mean)
print("平均就餐时间为：",time_mean)
```

输出结果如图 6-28 所示。

图 6-28　步骤 6（1）输出结果

步骤 6（2）代码如下：

```
count_result = data['number_consumers'].value_counts(ascending=False)
print("不同就餐人数的订单数量频数:\n",count_result)
```

输出结果如图 6-29 所示。

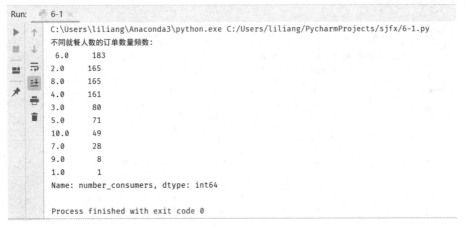

图 6-29　步骤 6（2）输出结果

步骤 7：交叉透视表分析。

（1）制作数据交叉表，统计不同星期的不同就餐人数的频数。

（2）制作数据透视表，统计不同星期不同就餐人数的销售金额平均值。

步骤 7（1）代码如下：

```
tab_result1 = pd.crosstab(index = data['number_consumers'],
                          columns = data['weekday'],
                          margins=True)
print("不同星期的不同就餐人数的数据交叉表为:\n",tab_result1)
```

输出结果如图 6-30 所示。

```
Run:    6-1 ×
C:\Users\liliang\Anaconda3\python.exe C:/Users/liliang/PycharmProjects/sjfx/6-1.py
不同星期的不同就餐人数的数据交叉表为:
weekday           Friday  Monday  Saturday  Sunday  Thursday  Tuesday  Wednesday  All
number_consumers
1.0                    0       0         1       0         0        0          0    1
2.0                   12      14        41      45        14       25         14  165
3.0                    9      10        20      20         3       11          7   80
4.0                   16      17        47      47         9        8         17  161
5.0                    6       4        22      26         8        2          3   71
6.0                   18      10        59      59        10       12         15  183
7.0                    1       6         7       5         2        3          4   28
8.0                   12      17        58      41        10        8         19  165
9.0                    0       1         2       2         2        0          1    8
10.0                   5       6        15      11         3        3          6   49
All                   79      85       272     256        61       72         86  911

Process finished with exit code 0
```

图 6-30　步骤 7（1）输出结果

步骤 7（2）代码如下：

```
import numpy as np
tab_result2 = pd.pivot_table(data,index = 'number_consumers',columns = 'weekday',
                             values='payable',aggfunc=np.mean,margins=True)
tab_result2 = round(tab_result2,2)
print("不同星期的不同就餐人数的销售金额的平均值的数据透视表为:\n",tab_result2)
```

输出结果如图 6-31 所示。

```
Run:    6-1 ×
C:\Users\liliang\Anaconda3\python.exe C:/Users/liliang/PycharmProjects/sjfx/6-1.py
不同星期不同就餐人数的销售金额平均值的数据透视表为:
weekday           Friday  Monday  Saturday  Sunday  Thursday  Tuesday  Wednesday     All
number_consumers
1.0                  NaN     NaN    404.00     NaN       NaN      NaN        NaN  404.00
2.0               349.25  294.36   421.78  391.47    453.86   303.64     274.93  369.79
3.0               398.56  351.10   410.15  351.10    332.00   301.36     308.29  359.90
4.0               359.19  390.65   408.19  507.02    526.56   376.12     384.12  432.80
5.0               403.33  336.00   573.77  498.35    452.62   432.00     469.67  496.31
6.0               596.22  658.50   498.90  600.27    545.80   530.92     533.33  557.36
7.0               752.00  492.50   627.43  721.60    723.00   461.00     461.50  585.07
8.0               589.75  557.35   571.40  658.34    480.90   637.00     682.74  603.41
9.0                  NaN  255.00   340.50  579.00    721.50      NaN     301.00  479.75
10.0              502.40  767.50   704.00  609.27    736.00   804.00     447.83  646.65
All               468.58  464.61   499.69  528.52    509.41   417.24     462.23  492.42

Process finished with exit code 0
```

图 6-31　步骤 7（2）输出结果

步骤 8：分类汇总。

（1）按客户姓名统计消费金额的总和，查看消费金额总和排名最高前 5 个客户。

（2）按星期统计菜品数量和，按降序方式查看不同星期菜品数量和。

（3）按星期统计消费金额的平均值，查看不同星期的消费金额平均值，结果四舍五入保留整数。

步骤 8（1）代码如下：

```
group_result1 = data.groupby(by='name')['payable'].sum()
group_result1 = group_result1.sort_values(ascending=False)
```

```
print("消费金额总和排名最高前 5 个客户",group_result1.head())
```

输出结果如图 6-32 所示。

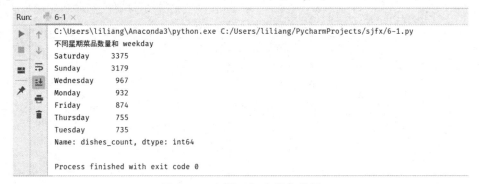

图 6-32　步骤 8（1）输出结果

步骤 8（2）代码如下：

```
group_result2 = data.groupby(by='weekday')['dishes_count'].sum()
group_result2 = group_result2.sort_values(ascending=False)
print("不同星期菜品数量和", group_result2)
```

输出结果如图 6-33 所示。

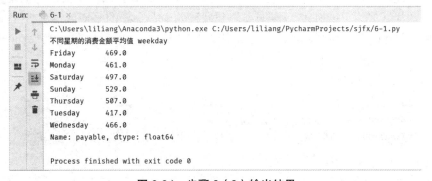

图 6-33　步骤 8（2）输出结果

步骤 8（3）代码如下：

```
group_result3 = data.groupby(by='weekday')['payable'].mean()
group_result3 = round(group_result3,0)
print("不同星期的消费金额平均值",group_result3)
```

输出结果如图 6-34 所示。

```
Run:    6-1 ×
    C:\Users\liliang\Anaconda3\python.exe C:/Users/liliang/PycharmProjects/sjfx/6-1.py
    不同星期的消费金额平均值 weekday
    Friday       469.0
    Monday       461.0
    Saturday     497.0
    Sunday       529.0
    Thursday     507.0
    Tuesday      417.0
    Wednesday    466.0
    Name: payable, dtype: float64

    Process finished with exit code 0
```

图 6-34　步骤 8（2）输出结果

步骤9：绘制柱形图。

（1）统计不同就餐人数统计频数。

（2）根据不同就餐人数统计频数绘制柱形图，柱子颜色为天蓝色，柱子边缘色为棕色，柱子宽度为0.3。图标标题设为"不同就餐人数频数统计"，x轴表示就餐人数，y轴表示统计频数。

步骤9代码如下：

```
result1 = data['number_consumers'].value_counts(ascending=False)
x = result1.index
height = result1
width = 0.3
plt.bar(x,height,width,color='skyblue',edgecolor='brown')
plt.title("不同就餐人数频数统计",color='r')
plt.show()
```

输出结果如图6-35所示。

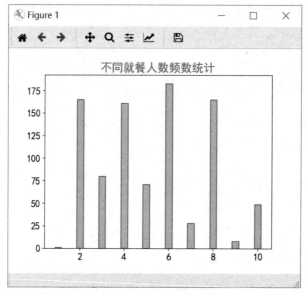

图6-35　步骤9输出结果

步骤10：绘制折线图。

（1）将绘图窗口设为（8，8），统计周一到周日的消费金额的平均值，并保留整数。

（2）绘图样式采用"ggplot"，根据周一到周日的消费金额的平均值绘制折线图，线型的颜色为红色。图标标题设为"周一到周日平均消费金额"，x轴表示星期，y轴表示平均消费金额，并添加棕色数据标签。

步骤10（1）代码如下：

```
plt.rcParams['figure.figsize']=(8,8)
result2 = data.groupby(by='weekday')['payable'].mean()
result2 = round(group_result2,0)
```

步骤10（2）代码如下：

```
plt.style.use('ggplot')
```

234

```
result2 = result2.reindex(['Monday','Tuesday','Wednesday',
                           'Thursday','Friday','Saturday','Sunday'])
x = result2.index
y = result2
plt.plot(x,y)
plt.title("周一到周日平均消费金额",color='r',size=25)
for i,j,k in zip(x,y,y):
    plt.text(i,j+2,j,color='brown',size=16)
plt.show()
```

输出结果如图 6-36 所示。

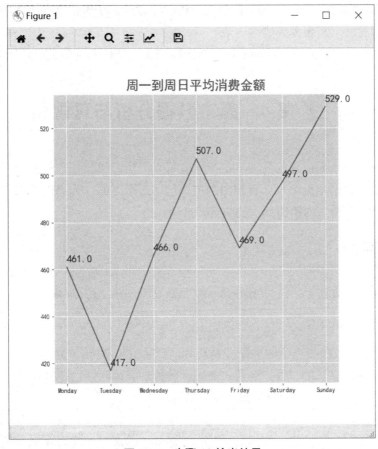

图 6-36 步骤 10 输出结果

四、结论

1. 从数据空值统计的分析结果中可以看出,在 945 条数据,缺少消费金额的数据有 18 条。

2. 从数据筛选的分析结果中可以看出,双休日订单数据占比较多,该比例为 57.95%。

3. 就餐人数在 8~10 人占比较少,该比例为 24.18%,所以可适当减少 8~10 人桌的数量。

4. 从描述性统计的分析结果中可以看出,平均销售金额为 491.54 元,平均就餐人数为

5.21 人，平均菜品数量为 11.78 个，平均就餐时间约为 48 分钟。根据平均就餐时间可以预估出翻桌的频率。

5. 就餐人数为 6 人的订单数量最多，其次是 2 人、8 人和 4 人，均超过了 160 个订单，远远大于其他就餐人数的订单。

6. 从分类汇总的分析结果中可以看出，销售金额排名前 5 的重点客户为习有汐、余江涛、卓永梅、王锦鹏、王柯萌。可以针对这些客户进行针对性营销。

7. 从不同星期和不同就餐人数的交叉表可以看出，周六和周日的 6 人和 8 人较多。

8. 从分类汇总的分析结果中可以看出，周一到周日的菜品数量和为：932、735、967、755、874、3375、3179，所以周六或周日菜品数量大约是平时的 3～4 倍。

9. 从柱形图的结果中看出，偶数就餐人数情况要远远高于奇数就餐人数的情况，所以在设计不同人数套餐时，需要考虑到这一点。

10. 从周一到周日的消费金额的平均值折线图来看，整体上是向上的，但是也有波动。

 # 6.4　超市数据分析与可视化

随着互联网与大数据技术的发展，电商行业每天产生海量数据，挖掘出其中的价值尤为重要。在电商超市数据分析中，分析的内容主要包括三个方面：为高管提供盈利性分析、为运营部门提供产品分析、为销售部门提供客户分析。

一、数据源

本案例包括三个数据集：supermarket.csv、category.xlsx、region.txt。

1.　supermarket.csv

supermarket.csv 数据集包括的字段有利润率、产品 ID、产品名称、利润、发货日期、国家、城市、子类别、客户 ID、客户名称、折扣、数量、省、细分、订单 ID、订单日期、邮寄方式、销售额。supermarket.csv 数据源如图 6-37 所示。

```
利润率,产品 ID,产品名称,利润,发货日期,国家,城市,子类别,客户 ID,客户名称,折扣,数量,省,细分,订单 ID,订单日期,邮寄方式,销售额
-47%,办公用-用品-10002717,"Fiskars 剪刀, 蓝色",-60.704,2018/4/29,中国,杭州,用品,曾惠-14485,曾惠,0.4,2,浙江,公司,US-2018-1357144,2018/4/27,二级,129.696
34%,办公用-信封-10004832,"GlobeWeis 搭扣信封, 红色",42.56,2018/6/19,中国,内江,信封,许安-10165,许安,0.2,2,四川,消费者,CN-2018-1973789,2018/6/15,标准
13%,办公用-装订-10001505,"Cardinal 孔加固材料, 回收",4.2,2018/6/19,中国,内江,装订机,许安-10165,许安,0.4,2,四川,消费者,CN-2018-1973789,2018/6/15,标准级
-8%,办公用-用品-10003746,"Kleencut 开信刀, 工业",-27.104,2018/12/13,中国,镇江,用品,宋良-17170,宋良,0.4,4.00,江苏,公司,US-2018-3017568,2018/12/9,标准级
40%,办公用-器具-10003452,"KitchenAid 搅拌机,黑色",550.2,2017/6/2,中国,汕头,器具,万兰-15730,万兰,0.3,00,广东,消费者,CN-2017-2975416,2017/5/31,二级,13
34%,技术-设备-10001640,"柯尼卡 打印机, 红色",3783.78,2016/10/31,中国,景德镇,设备,俞明-18325,俞明,0.9,1,江西,消费者,CN-2016-4497736,2016/10/27,标准级,1
36%,办公用-装订-10001029,"Ibico 订书机, 实惠",172.76,2016/10/31,中国,景德镇,装订机,俞明-18325,俞明,0.2,1,江西,消费者,CN-2016-4497736,2016/10/27,标准级,8
31%,家具-椅子-10000578,"SAFCO 扶手椅, 可调",2684.08,2016/10/31,中国,景德镇,椅子,俞明-18325,俞明,0.4,2,江西,消费者,CN-2016-4497736,2016/10/27,标准级,8
8%,办公用-纸张-10001629,"Green Bar 计划信息表, 多色",46.9,2016/10/31,中国,景德镇,纸张,俞明-18325,俞明,0.5,1,江西,消费者,CN-2016-4497736,2016/10/27,标
22%,办公用-系固-10004801,"Stockwell 橡皮筋, 整包",33.88,2016/10/31,中国,景德镇,系固件,俞明-18325,俞明,0.2,1,江西,消费者,CN-2016-4497736,2016/10/27,标准
1%,技术-设备-10000001,"爱普生 计算器, 耐用",4.2,2015/12/24,中国,榆林,设备,谢雯-21700,谢雯,0.2,1,陕西,小型企业,CN-2015-4195213,2015/12/22,二级,434.28
```

图 6-37　supermarket.csv 数据源（部分）

2. region.txt

region.txt 数据集包括的字段有地区、省。region.txt 数据源如图 6-38 所示。

图 6-38　region.txt 数据源（部分）

3. category.xlsx

category.xlsx 数据集包括的字段有子类别、类别。category.xlsx 数据源如图 6-39 所示。

图 6-39　category.xlsx 数据源（部分）

二、目标

1. 统计销售金额排名前 5 的产品，找出热销商品。
2. 计算所有年份的利润，分析利润变化趋势。
3. 计算 2016 年中南地区办公用品的平均每月利润。
4. 计算 2015—2018 年的利润环比。
5. 分析不同地区的不同类别对于销售金额的影响。

6. 根据不同地区的平均销售额绘制条形图，分析哪些地区的平均销售额较高。

7. 根据不同月份的平均销售额、平均利润、平均利润率，在同一个绘图窗口中绘制多子图的柱形图与折线图，并分析哪些月份销售和利润情况较好。

8. 根据不同邮寄方式的利润绘制环形图，并分析哪些邮寄方式的利润和较高。

三、步骤

步骤 1：导入库，设置参数。

（1）导入所需要的库 Pandas、NumPy、matplotlib.pyplot。

（2）利用 pd.set_option 解除显示宽度的显示，设置数据对齐。

（3）利用 rcParams 设置相关参数，将显示字体设置为黑体，字体大小设置为 15。

步骤 1 代码如下：

```
import pandas as pd
import matplotlib.pyplot as plt
pd.set_option('display.unicode.east_asian_width',True)
pd.set_option('display.width',None)
plt.rcParams['font.sans-serif']=['Simhei']
plt.rcParams['font.size']=15
```

步骤 2：读入数据，合并数据，显示数据形状。

（1）导入超市的销售数据 supermarket.csv、地区分布数据 region.txt、商品类别数据 category.xlsx（三个文件均存放在 C:\data 路径中），将导入的数据命名为 data1、data2、data3。其中，region.txt 文件的分隔符是 Tab，category.xlsx 的数据在 Sheet1 工作表内。

（2）利用 merge 函数将 data1、data2、data3 三个数据按照合适的关键字进行合并，合并方式为外连接，命名为 data。

（3）输出 data 的行数、列数、列名及前 5 行。

步骤 2（1）代码如下：

```
data1 = pd.read_csv("C:/data/supermarket.csv")
data2 = pd.read_csv("C:/data/region.txt",sep='\t')
data3 = pd.read_excel("C:/data/category.xlsx",sheet_name='Sheet1')
```

步骤 2（2）代码如下：

```
data = pd.merge(data1,data2,how='outer',on='省')
data = pd.merge(data,data3,how='outer',on='子类别')
```

步骤 2（3）代码如下：

```
print("数据的行数 = %d\n 数据的列数 = %d"%(data.shape[0],data.shape[1]))
print("数据的前 5 行为:\n",data.head())
```

输出结果如图 6-40 所示。

步骤 3：数据预处理。

（1）将利润率中%格式改为小数形式，如 5%改为 0.05。

（2）删除数据中"订单 ID""产品 ID""客户 ID"三个字段相同数据的行，保留第一次出现的值。

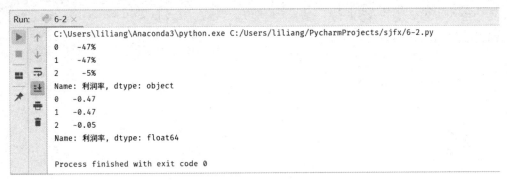

图 6-40　步骤 2 输出结果

步骤 3（1）代码如下：

```
print(data['利润率'].head(3))
data['利润率'] = data['利润率'].apply(lambda x:x.replace("%",""))        #去掉利润率中的%
data['利润率'] = data['利润率'].astype("float")/100        #将去掉%的数据再除以 100
print(data['利润率'].head(3))
```

输出结果如图 6-41 所示。

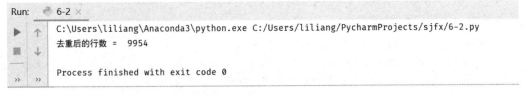

图 6-41　步骤 3（1）输出结果

步骤 3（2）代码如下：

```
data = data.drop_duplicates(subset=['订单 ID','产品 ID','客户 ID'],keep='first')
print("去重后的行数  = ",data.shape[0])
```

输出结果如图 6-42 所示。

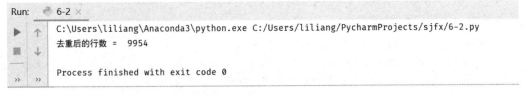

图 6-42　步骤 3（2）输出结果

步骤 4：时间序列处理。

（1）将发货日期和订单日期转换为日期格式。

（2）从开始时间（"订单日期"）中分别抽取出年和月信息，并生成新变量"年""月"。

步骤 4（1）代码如下：

```
print(data[['发货日期','订单日期']].dtypes)
data['发货日期'] = pd.to_datetime(data['发货日期'])
data['订单日期'] = pd.to_datetime(data['订单日期'])
print(data[['发货日期','订单日期']].dtypes)
```

输出结果如图 6-43 所示。

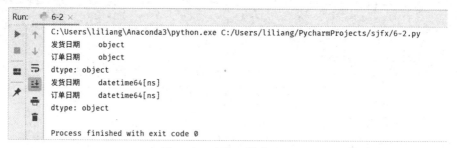

```
C:\Users\liliang\Anaconda3\python.exe C:/Users/liliang/PycharmProjects/sjfx/6-2.py
发货日期       object
订单日期       object
dtype: object
发货日期      datetime64[ns]
订单日期      datetime64[ns]
dtype: object

Process finished with exit code 0
```

图 6-43　步骤 4 输出结果

步骤 4（2）代码如下：

```
data['年'] = data['订单日期'].dt.year
data['月'] = data['订单日期'].dt.month
print(data[['订单日期','年','月']][:5])
```

输出结果如图 6-44 所示。

```
C:\Users\liliang\Anaconda3\python.exe C:/Users/liliang/PycharmProjects/sjfx/6-2.py
    订单日期       年     月
0 2018-04-27  2018   4
1 2017-06-07  2017   6
2 2015-02-02  2015   2
3 2015-11-13  2015  11
4 2017-11-25  2017  11

Process finished with exit code 0
```

图 6-44　步骤 4 输出结果

步骤 5：描述性统计分析。

（1）统计销售金额排名前 5 的产品。

（2）计算所有年份的利润，并降序排序。

（3）计算 2016 年中南地区办公用品的平均每月利润。

步骤 5（1）代码如下：

```
group_result1 = data.groupby(by='产品名称')['销售额'].sum()
group_result1 = group_result1.sort_values(ascending=False)
print("销售金额排名的前 5 的产品:\n",group_result1.head())
```

输出结果如图 6-45 所示。

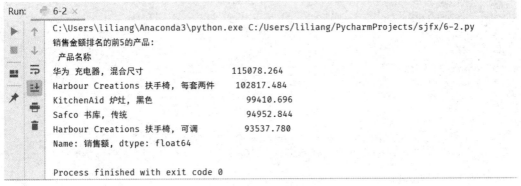

图 6-45　步骤 5（1）输出结果

步骤 5（2）代码如下：

```
group_result2 = data.groupby(by='年')['利润'].sum()
print("每年的利润为:\n",group_result2)
```

输出结果如图 6-46 所示。

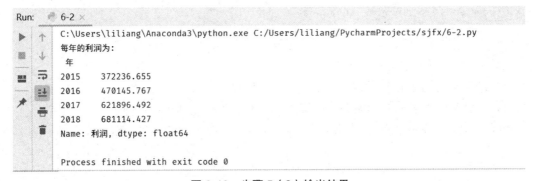

图 6-46　步骤 5（2）输出结果

步骤 5（3）代码如下：

```
loc_result = data.loc[(data['年']==2016)
                        & (data['地区']=='中南') & (data['类别']=='办公用品')]
mean = loc_result['利润'].sum()/12
mean = round(mean,2)
print("2016 年中南地区办公用品的平均每月利润为:",mean)
```

输出结果如图 6-47 所示。

图 6-47　步骤 5（3）输出结果

步骤 6：计算 2015—2018 年的利润环比。

步骤 6 代码如下：

```
years = group_result2.index
values = group_result2
n = len(values)
hb_list = []
for i in range(n):
    if i ==0:
        hb = 0
    else:
        hb = (values.iloc[i]-values.iloc[i-1])/values.iloc[i-1]    #计算利润环比
    print("%d 年的环比  = %.2f%%"%(years[i],hb*100))
```

输出结果如图 6-48 所示。

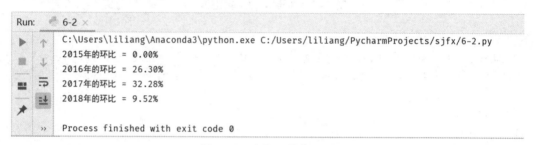

图 6-48　步骤 6 输出结果

步骤 7：交叉透视表分析。

（1）绘制不同地区的不同类别的订单频数的频数交叉表。

（2）绘制不同地区的不同类别的销售额平均值的数据透视表。

步骤 7（1）和步骤 7（2）代码如下：

```
import numpy as np
tab1 = pd.crosstab(index=data['子类别'],columns=data['地区'])
print("不同地区的不同类别的订单频数\n",tab1)
tab2 = pd.pivot_table(data,index='子类别',columns='地区',
                        values='销售额',aggfunc=np.mean)
tab2 = round(tab2,0)
print("不同地区的不同类别的销售额平均值\n",tab2)
```

输出结果如图 6-49 和图 6-50 所示。

步骤 8：绘制条形图。将窗口大小设为（10，8），统计不同地区的平均销售额。根据不同地区的平均销售额绘制条形图，条形的宽度为 0.3，图标标题设为"不同地区的平均销售额"，添加销售额总平均值作为辅助线，辅助线为红色虚线。

步骤 8 代码如下：

```
plt.rcParams['figure.figsize']=(8,6)
result1 = data.groupby(by='地区')['销售额'].mean()
rusult1_mean = data['销售额'].mean()
y = result1.index
width = result1
hight = 0.3
plt.barh(y,width,hight)
```

```
plt.title("不同类别的平均销售额")
plt.axvline(rusult1_mean,color='r',linestyle=':')
plt.show()
```

输出结果如图 6-51 所示。

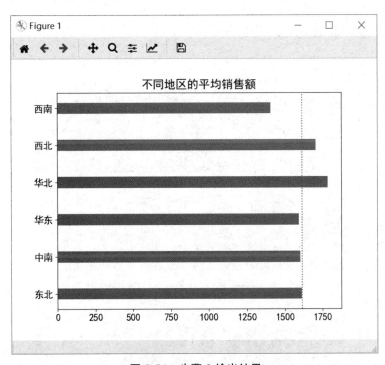

```
C:\Users\liliang\Anaconda3\python.exe C:/Users/l
不同地区的不同类别的订单频数
```

地区	东北	中南	华东	华北	西北	西南
子类别						
书架	97	137	190	100	22	62
信封	116	149	189	81	24	58
器具	93	158	165	79	27	36
复印机	104	157	168	67	23	49
收纳具	116	213	235	130	40	59
标签	86	160	167	68	30	47
桌子	35	42	43	27	12	12
椅子	132	228	257	108	46	87
用具	117	156	167	77	36	51
用品	101	159	177	72	31	61
电话	105	139	172	69	38	60
系固件	110	166	167	72	22	49
纸张	89	139	166	87	24	48
美术	77	143	160	89	22	45
装订机	131	226	274	125	44	83
设备	52	84	85	55	16	25
配件	105	161	161	62	21	50

```
Process finished with exit code 0
```

图 6-49　步骤 7（1）输出结果

```
C:\Users\liliang\Anaconda3\python.exe C:/Users/liliang/Pych
不同地区的不同类别的销售额平均值
```

地区	东北	中南	华东	华北	西北	西南
子类别						
书架	3043.0	3968.0	3817.0	4392.0	4261.0	3327.0
信封	434.0	459.0	479.0	506.0	355.0	496.0
器具	4380.0	3609.0	3631.0	4127.0	5141.0	3281.0
复印机	3250.0	3658.0	3555.0	4197.0	2936.0	2720.0
收纳具	1398.0	1430.0	1517.0	1470.0	1456.0	1353.0
标签	178.0	185.0	179.0	141.0	164.0	163.0
桌子	5273.0	5232.0	3813.0	7164.0	3682.0	4679.0
椅子	2779.0	2290.0	2508.0	2047.0	3345.0	2017.0
用具	634.0	861.0	853.0	825.0	678.0	753.0
用品	471.0	526.0	439.0	521.0	536.0	406.0
电话	2673.0	3088.0	3233.0	3565.0	3051.0	2863.0
系固件	215.0	243.0	199.0	227.0	215.0	216.0
纸张	531.0	455.0	469.0	512.0	461.0	405.0
美术	335.0	347.0	365.0	409.0	330.0	406.0
装订机	345.0	355.0	308.0	346.0	402.0	250.0
设备	2630.0	2774.0	2805.0	3025.0	1643.0	2942.0
配件	1722.0	1533.0	1292.0	1422.0	1010.0	1171.0

```
Process finished with exit code 0
```

图 6-50　步骤 7（2）输出结果

图 6-51　步骤 8 输出结果

步骤 9：绘制多子图的柱形折线叠加图。

（1）将窗口大小设为（10，8），创建 3 行 1 列子图。

（2）在 3 个子图中，根据不同月份的平均销售额、平均利润、平均利润率，绘制多子图的柱形图与折线图，其中横坐标为月份，纵坐标分别为平均销售额、平均利润、平均利润率，横坐标刻度为 1 到 12，柱形图的颜色为天蓝色，折线图设为红色虚线。

步骤 9（1）代码如下：

```
plt.rcParams['figure.figsize']=(10,8)
fig,axes = plt.subplots(3,1)
ax = axes.ravel()
```

步骤 9（2）代码如下：

```
y = ['销售额','利润','利润率']
names = ['平均销售额','平均利润','平均利润率']
for i,j,k in zip(range(3),y,names):
    result2 = data.groupby(by='月')[j].mean()
    x = result2.index
    y = result2
    ax[i].bar(x,y,color='skyblue')
    ax[i].plot(x,y,color='brown',linestyle = '--')
    ax[i].set_ylabel(k)
    ax[i].set_xticks(np.arange(1,13))
plt.show()
```

输出结果如图 6-52 所示。

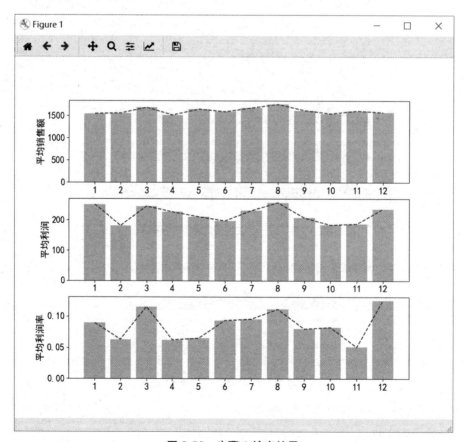

图 6-52　步骤 9 输出结果

步骤 10：绘制环形图。统计不同邮寄方式的利润和，根据不同邮寄方式的利润和绘制环形图，内部文本颜色、大小分别设为深绿色、16，饼图的外部文本颜色、大小分别设为红色、20，设置标题为"不同邮政方式的利润和"。

步骤 10 代码如下：

```
result3 = data.groupby(by='邮寄方式')['利润'].sum()
c = ['darkorange','yellowgreen','skyblue','lightyellow']
patches,text1,text2 = plt.pie(x=result3,labels=result3.index,
                               autopct = '%.1f%%',colors = c,radius=1)
for i in text1:
    i.set_size(20)
    i.set_color('red')
for i in text2:
    i.set_size(16)
    i.set_color('darkgreen')
plt.pie(x=[1],colors='w',radius=0.6)
plt.title("不同邮政方式的利润和",color='b')
plt.show()
```

输出结果如图 6-53 所示。

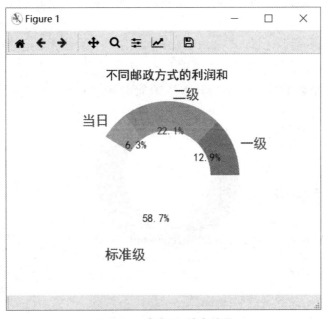

图 6-53　步骤 10 输出结果

四、结论

1. 从数据去重的分析结果中可以看出，"订单 ID""产品 ID""客户 ID" 三个字段相同数据的行很少，说明绝大部分的数据均是可用的。

2. 从数据描述性统计的分析结果中可以看出，销售金额排名前 5 的产品中有两件产品是扶手椅，分别排名第 2 名和第 5 名。

3. 从 2015 年到 2018 年的利润环比情况看，利润是逐年递增的，并且 2016 年、2017 年、2018 年与上一年的利润环比分别为 26.3%、32.28%、9.52%。

4. 从交叉透视表分析结果可以看出，销量数量较多的包括椅子（华东地区与中南地区）、装订机（华东地区与中南地区），平均销售金额较多的包括桌子（华北地区、东北地区和中南地区）、复印机（华北地区）、器具（西北地区、东北地区与华北地区）。说明一些商品虽然销量大，但利润却不高。

5. 从条形图的结果可以看出，在所有地区中，西北和华北平均销售额超过了总体平均销售额，说明这两个地区的销售情况较好。

6. 从多子图的柱形折线叠加图的结果中可以看出，1 月、3 月、8 月和 12 月的销售和利润情况较好，其他月份较差。

7. 从不同邮寄方式的利润环形图可以看出，标准级的邮寄方式所贡献的利润最大，占比达到 58.7%。

6.5 工业数据分析与可视化

相对煤炭、石油等能源来说，作为清洁能源的太阳能是可再生、无污染的，只要有太阳就有太阳能，所以太阳能的利用被很多国家列为重点开发项目。

太阳能具有波动性和间歇性的特性，太阳能电站的输出功率受光伏板本体性能、气象条件、运行工况等多种因素的影响，具有很强的随机性，由此带来的大规模并网困境严重制约着光伏发电的发展。因此挖掘光伏发电数据中的价值，对光伏数据进行分析尤为重要。

一、数据源分析

本案例包括三个数据集：photovoltaic.csv、wind_direction.xlsx、wind_speed.txt。

1. photovoltaic.csv

数据集包括的字段及含义说明如下：

ID 表示记录编号，板温表示光伏电池板背测温度。现场温度表示光伏电站现场温度。转换效率 A 表示数据采集点 A 处的光伏板转换效率。转换效率 B 表示数据采集点 B 处的光伏板转换效率。转换效率 C 表示数据采集点 C 处的光伏板转换效率。电压 A 表示数据采集点 A 处汇流箱电压值。电压 B 表示数据采集点 B 处汇流箱电压值。电压 C 表示数据采集点 C 处汇流箱电压值。电流 A 表示采集点 A 处汇流箱电流值。电流 B 表示采集点 B 处汇流箱电流值。电流 C 表示采集点 C 处汇流箱电流值。功率 A 表示采集点

A 处的功率 P_a，（功率计算公式为 $P=UI$）。功率 B 表示采集点 B 处的功率 P_b。功率 C 表示采集点 C 处的功率 P_c。发电量表示光伏电厂现场发电量。photovoltaic.csv 数据源如图 6-54 所示。

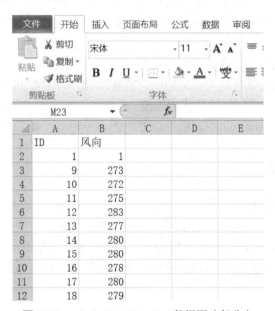

图 6-54 photovoltaic.csv 数据源（部分）

2. wind_direction.xlsx

数据集中的字段及含义为 ID 表示记录编号，风向表示光伏电厂现场风的来向。wind_direction.xlsx 数据源如图 6-55 所示。

图 6-55 wind_direction.xlsx 数据源（部分）

3. wind_speed.txt

数据集中的字段及含义为 ID 表示记录编号。风速表示光伏电厂现场风速测量值。wind_speed.txt 数据源如图 6-56 所示。

wind_speed.txt - 记事本

文件(F) 编辑(E) 格式(O) 查看(V) 帮助(H)

ID	风速
1	0.1
9	0.3
10	0.6
11	0.8
12	1.1
13	0.9
14	0.9
15	1.1
16	0.9
17	0.7
18	1.0
19	1.5
20	1.5

图 6-56　wind_speed.txt 数据源（部分）

二、目标

1. 根据三个点 A、B、C 的转换效率、电流、电压、功率，计算出综合转换效率、电流、电压、功率。

2. 筛选出板温在 10～30℃之间，发电量排名前 10 对应的发电量、板温、光照强度、转换效率、风速，查看是否存在一些因素对发电量有影响作用。

3. 计算不同月份总发电量，分析哪些月份的总发电量较高。

4. 计算不同小时段的平均发电量，分析哪些小时段平均发电量最高。

5. 计算发电量与光照强度、转换效率、板温之间的相关系数，分析哪些因素是发电量的主要因素。

6. 根据板温绘制直方图，查看板温的数据分布。

7. 根据发电量和光照强度两列数据绘制双重折线图，并查看其关系，因为两列数据的数据量纲不同，可以先对数据进行标准化再画图。

8. 将板温进行数据分段，再绘制板温段的饼图，分析哪个板温段占比多。

三、分析步骤

步骤 1：导入库，设置参数。

（1）导入所需要的库 Pandas、NumPy、matplotlib.pyplot。

（2）利用 pd.set_option 解除显示宽度的显示，设置数据对齐。

（3）利用 rcParams 设置相关参数，将显示字体设置为黑体，设置显示负号，字体大小设置为 15。

步骤 1 代码如下：

```
import pandas as pd
import matplotlib.pyplot as plt
pd.set_option('display.unicode.east_asian_width',True)
pd.set_option('display.width',None)
plt.rcParams['font.sans-serif']=['Simhei']
plt.rcParams['axes.unicode_minus']=False
```

```
plt.rcParams['font.size']=15
```

步骤 2：读入数据，合并数据，显示数据形状。

（1）导入光伏数据的 photovoltaic.csv、wind_direction.xlsx、wind_speed.txt（三个文件均存放在 C:\data 路径中），将导入的数据命名为 data1、data2、data3。其中，wind_speed.txt 文件的分隔符是 Tab，wind_direction.xlsx 的数据在 Sheet1 工作表内。

（2）利用 merge 函数将 data1、data2、data3 三个数据按照关键字段"ID"进行合并，合并方式为内连接，命名为 data。

（3）输出 data 的行数、列数、列名及前 5 行。

步骤 2（1）代码如下：

```
data1 = pd.read_csv("C:/data/photovoltaic.csv")
data2 = pd.read_excel("C:/data/wind_direction.xlsx")
data3 = pd.read_csv("C:/data/wind_speed.txt", sep='\t')
```

步骤 2（2）代码如下：

```
data = pd.merge(data1,data2,on='ID')
data = pd.merge(data,data3,on='ID')
```

步骤 2（3）代码如下：

```
print("数据的行数 = %d\n 数据的列数 = %d"%(data.shape[0],data.shape[1]))
print("数据的列名为:\n",data.columns)
print("数据的前 5 行为:\n",data.head())
```

输出结果如图 6-57 所示。

```
Run:      6-5 ×
     C:\Users\liliang\Anaconda3\python.exe C:/Users/liliang/PycharmProjects/sjfx/6-5.py
     数据的行数 = 17409
     数据的列数 = 20
     数据的列名为:
     Index(['时间', 'ID', '光照强度', '功率A', '功率B', '功率C', '板温', '现场温度',
            '电压A', '电压B', '电压C', '电流A', '电流B', '电流C', '转换效率A',
            '转换效率B', '转换效率C', '发电量', '风向', '风速'],
           dtype='object')
     数据的前5行为:
                      时间  ID  光照强度     功率A     功率B      功率C     板温   现场温度  电压A    电压B    电压C   电流A   电流B   电流C  转换
     0  2018-06-01 08:07:30   1       1     0.00    0.00     0.00   0.01          0.1    0.0    0.0   0.00   0.00   0.00
     1  2018-06-01 08:31:30   9      13   909.72  148.05  1031.03 -19.33        -17.5  722.0  705.0  721.0   1.26   0.21
     2  2018-06-01 08:34:30  10      34   976.86  155.98  1087.50 -19.14        -17.4  729.0  709.0  725.0   1.34   0.22
     3  2018-06-01 08:37:30  11      30  1128.40  172.08  1132.56 -18.73        -17.3  728.0  717.0  726.0   1.55   0.24
     4  2018-06-01 08:40:30  12      41  1279.25  166.06  1310.40 -17.54        -17.0  731.0  722.0  720.0   1.75   0.23

     Process finished with exit code 0
```

图 6-57 步骤 2 输出结果

步骤 3：添加新列。

（1）生成新列"转换效率"，计算公式为：转换效率=（转换效率 A+转换效率 B+转换效率 C）/ 3。

（2）生成新列"电压"，计算公式为：电压=（电压 A+电压 B+电压 C）/ 3。

（3）生成新列"电流"，计算公式为：电流=（电流 A+电流 B+电流 C）/ 3。

（4）生成新列"功率"，计算公式为：功率=（功率 A+功率 B+功率 C）/ 3。

步骤 3 代码如下：

```
data['转换效率'] = (data['转换效率 A'] + data['转换效率 B'] + data['转换效率 C'])/3
data['电压'] = (data['电压 A'] + data['电压 B'] + data['电压 C'])/3
data['电流'] = (data['电流 A'] + data['电流 B'] + data['电流 C'])/3
data['功率'] = (data['功率 A'] + data['功率 B'] + data['功率 C'])/3
print(data[['转换效率','电压','电流','功率']][:5])
```

输出结果如图 6-58 所示。

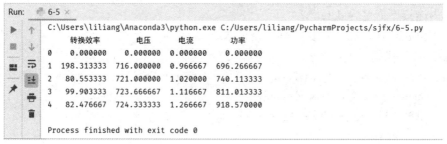

图 6-58　步骤 3 输出结果

步骤 4：时间序列处理。

（1）将"时间"列转换为日期格式。

（2）从"时间"列中分别抽取出月、日、小时数据，并生成新变量"月""日""时"。

步骤 4（1）代码如下：

```
data['时间'] = pd.to_datetime(data['时间'])
```

步骤 4（2）代码如下：

```
data['月'] = data['时间'].dt.month
data['日'] = data['时间'].dt.day
data['时'] = data['时间'].dt.hour
print(data[['月','日','时']][:5])
```

输出结果如图 6-59 所示。

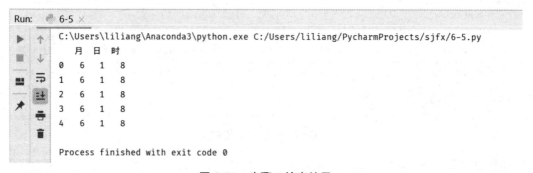

图 6-59　步骤 4 输出结果

步骤 5：数据筛选。筛选出板温在 10 到 30℃之间，发电量排名前 10 对应的发电量、板温、光照强度、转换效率、风速。步骤 5 代码如下：

```
data_loc = data.loc[(data['板温']>=10) & (data['板温']<=30)]
data_loc = round(data_loc.sort_values(by='发电量',ascending=False),1)
print(data_loc[['发电量','板温','光照强度','转换效率','风速']][:10])
```

输出结果如图 6-60 所示。

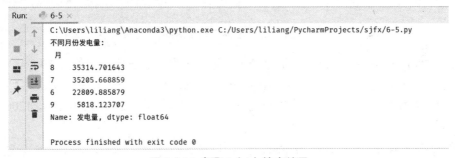

图 6-60　步骤 5 输出结果

步骤 6：描述性统计分析。

（1）计算不同月份发电量，并按降序排序。

（2）计算不同小时段的平均发电量，并按降序排序。

步骤 6（1）代码如下：

```
group_result1 = data.groupby(by='月')['发电量'].sum()
group_result1 = group_result1.sort_values(ascending=False)
print("不同月份发电量:\n",group_result1)
```

输出结果如图 6-61 所示。

```
Run:    6-5 ×
C:\Users\liliang\Anaconda3\python.exe C:/Users/liliang/PycharmProjects/sjfx/6-5.py
不同月份发电量:
 月
8     35314.701643
7     35205.668859
6     22809.885879
9      5818.123707
Name: 发电量, dtype: float64

Process finished with exit code 0
```

图 6-61　步骤 6（1）输出结果

步骤 6（2）代码如下：

```
group_result2 = data.groupby(by='时')['发电量'].sum()
group_result2 = group_result2.sort_values(ascending=False)
print("不同小时段的平均发电量:\n",group_result2)
```

输出结果如图 6-62 所示。

步骤 7：相关性分析。计算发电量与光照强度、转换效率、板温之间的相关系数。步骤 7 代码如下：

```
data_corr = data[['发电量','光照强度','转换效率','板温']]
print(data_corr.corr())
```

输出结果如图 6-63 所示。

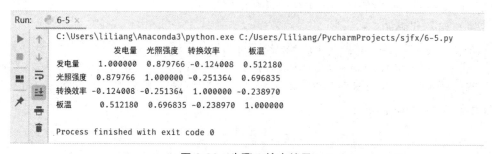

图 6-62　步骤 6（2）输出结果

```
Run:    6-5 ×
    C:\Users\liliang\Anaconda3\python.exe C:/Users/liliang/PycharmProjects/sjfx/6-5.py
                发电量    光照强度    转换效率        板温
    发电量      1.000000   0.879766  -0.124008   0.512180
    光照强度    0.879766   1.000000  -0.251364   0.696835
    转换效率   -0.124008  -0.251364   1.000000  -0.238970
    板温        0.512180   0.696835  -0.238970   1.000000

    Process finished with exit code 0
```

图 6-63　步骤 7 输出结果

步骤 8：绘制板温直方图。根据板温绘制极湿直方图，直方图柱子设为 30 个，柱子颜色设为天蓝色，边缘颜色设为黑色，直方图标题设为"板温直方图"，x 轴标题设为"板温"，y 轴标题设为"频数"，y 轴标题旋转度数设为 0，y 轴刻度设为[0，300，600，900，1200，1500]。

步骤 8 代码如下：

```
plt.hist(data['板温'],bins=30, color='skyblue',edgecolor='k')
plt.title('板温直方图')
plt.xlabel('板温')
plt.ylabel('频数',rotation=0)
plt.yticks(np.arange(0,1501,300))
plt.show()
```

输出结果如图 6-64 所示。

步骤 9：绘制双重折线图。

（1）将"发电量"和"光照强度"两列的数据进行标准化，数据标准化的方法为：（数据−平均值）/标准差。

（2）根据"发电量"和"光照强度"两列的标准化数据绘制线性关系双重折线图，x 轴为 ID，x 轴范围为 0 到 1000，颜色分别设为棕色和黄绿色，添加图例。

252

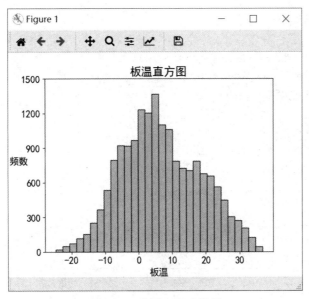

图 6-64　步骤 8 输出结果

步骤 9（1）代码如下：

```
y1 = data['发电量']
mean1 = data['发电量'].mean()
std1 = data['发电量'].std()
y1_std = (y1-mean1)/std1
y2 = data['光照强度']
mean2 = data['光照强度'].mean()
std2 = data['光照强度'].std()
y2_std = (y2-mean2)/std2
print("发电量标准化前 5 行数据为：\n",y1_std[:5])
print("光照强度标准化前 5 行数据为：\n",y2_std[:5])
```

输出结果如图 6-65 所示。

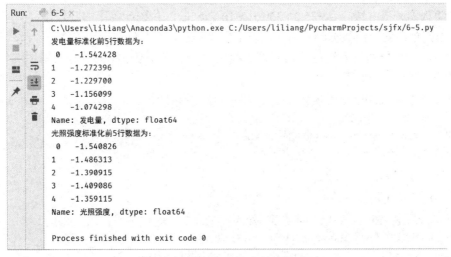

图 6-65　步骤 9（1）输出结果

步骤 9（2）代码如下：

```
x = data['ID']
plt.plot(x,y1_std,color='brown',label='发电量')
plt.plot(x,y2_std,color='yellowgreen',label='光照强度')
plt.legend(loc = 'upper right')
plt.xlabel('ID')
plt.xlim(0,1000)
plt.show()
```

输出结果如图 6-66 所示。

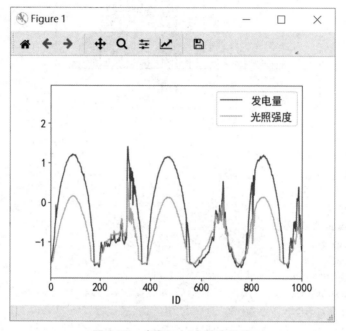

图 6-66　步骤 9（2）输出结果

步骤 10：绘制饼图。

（1）将板温分成 6 段，从–25 到 35 每隔 10 为一段，并统计各段的频数，并降序排序。

（2）根据板温的分段数据绘制饼图，内部文本颜色、大小分别设为深绿色、14，饼图的外部文本颜色、大小分别设为红色、16，设置标题为"不同板温数据段的频数饼图"。

步骤 10（1）代码如下：

```
data['板温段'] = pd.cut(data['板温'], [-25, -15, -5, 5, 15, 25, 35])
result = data['板温段'].value_counts()
result = result.sort_values(ascending=False)
print("各板温段频数为:\n",result)
```

输出结果如图 6-67 所示。

步骤 10（2）代码如下：

```
c = ['darkorange','yellowgreen','skyblue','lightyellow','lightgreen','pink']
patches,text1,text2 = plt.pie(x=result,labels=result.index,
                              autopct = '%.1f%%',colors = c,radius=1)
for i in text1:
```

```
        i.set_size(16)
        i.set_color('red')
for i in text2:
        i.set_size(14)
        i.set_color('darkgreen')
plt.title("不同板温段的频数",color='b')
plt.show()
```

输出结果如图 6-68 所示。

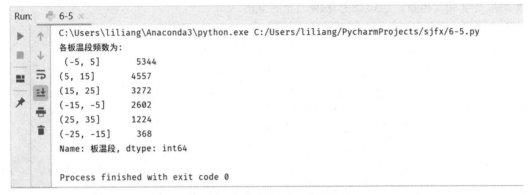

图 6-67　步骤 10（1）输出结果

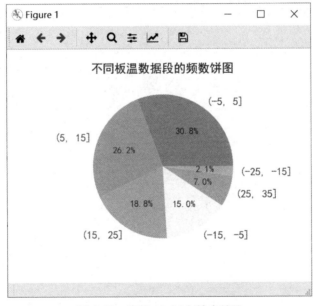

图 6-68　步骤 10（2）输出结果

四、结论

1. 从数据筛选分析的结果可以看出，发电量排名前 10 条数据中，在可能影响发电量的 4 个因素中，转换效率和风速变化没有明显的规律，说明这两个因素可能不是影响发电量的主要因素。

2. 从描述性统计分析的结果中可以看出，在所有统计的月份中，8 月的总发电量最高。

3. 在统计小时段中，12:00—12:59 时间段的平均发电量最大。

4. 从相关性分析的结果中可以看出，发电量与光照强度的相关系数最高，说明光照强度大可以增加发电量。

5. 从板温直方图的结果中可以看出，板温基本集中在-20 到 30℃，在 0 到 10℃之间的数据最多，而且数据有左偏的趋势。

6. 从发电量和光照强度双重图折线的结果中可以看出，发电量与光照强度紧密相关，所以如果想要提高发电量，应该想办法增加光照强度。

7. 从板温数据段的频数饼图的结果中可以看出，（-5，5]的数据最多，占了 30.8%。

附录 A　函数方法表

函数或方法名称	函数作用	章节
input	输入字符串	2-1
print	输出，格式化输出	2-1
if	判断语句	2-2
while	循环语句	2-3
for	循环语句	2-3
range	生成可迭代数字序列，常用于循环语句	2-3
zip	常多个变量循环语句	2-3
list[index]	访问列表的单个元素	2-4
list[start:last:step]	切片列表	2-4
list.append(value)	添加列表元素	2-4
list[index]=value	修改列表元素	2-4
del list[index]	按索引删除列表元素	2-4
list.remove[value]	按值删除列表元素	2-4
len(list)	查询列表长度	2-4
str[index]	访问字符串中的单个字符	2-5
str[start:last:step]	访问切片字符串	2-5
str. count (substr)	查询字符串中字符的出现次数	2-5
str.split(sep,maxsplit)	字符串拆分	2-5
str.replace(oldstr,newstr)	字符替换	2-5
dict.keys()	访问字典所有关键字	2-6
dict[key]	访问字典元素	2-6
dict[key] = new_value	更新字典元素	2-6
dict.pop[key]	按关键字删除字典元素	2-6
np.array([value1, value2,…])	创建一维数组	2-8
np.array([[value11, value12,…],[value21, value22,…],…])	创建二维数组	2-8

函数或方法名称	函数作用	章节
np.arange (start,stop,step)	按间隔生成数组	2-8
np.linspace (start,stop,n)	按个数生成数组	2-8
array[index]	按索引访问一维数组元素	2-8
array[start:last:step]	一维数组切片	2-8
array[row_index,column_index]	按索引访问二维数组的元素	2-8
array[row_start: row_last, column_start: column_last]	二维数组切片	2-8
np.random.rand	生成 0 到 1 之间的随机数	2-8
np.random.randint	生成随机整数	2-8
np.random.randn	生成正态分布随机数	2-8
array.reshape	数组变形	2-8
Series.head	访问 Series 的头部数据	3-1
Series.tail	访问 Series 的尾部数据	3-1
len(Series)	访问 Series 的元素个数	3-1
Series[index]	访问 Series 的单个元素	3-1
Series[[index1, index2,…]]	访问 Series 的多个元素	3-1
Series[index_ start:index_ stop]	访问 Series 切片数据	3-1
Series.reindex	重排 Series 索引	3-1
DataFrame.shape	DataFrame 形状	3-1
DataFrame.size	DataFrame 元素个数	3-1
DataFrame.columns	DataFrame 的列名	3-1
DataFrame.index	DataFrame 的行索引	3-1
DataFrame.reindex	重排 DataFrame 索引	3-1
DataFrame.set_index	重设 DataFrame 索引	3-1
DataFrame.reset_index	还原 DataFrame 索引	3-1
DataFrame[column]. astype(dtype_new)	强制转化某列数据的类型	3-1
DataFrame.head	访问 DataFrame 的头部数据	3-2
DataFrame.tail	访问 DataFrame 的尾部数据	3-2
pd.set_option('display.width', n)	设置显示列宽，如果 n 为 None，表示解除显示列宽限制	3-2
pd.set_option('display.unicode. east_asian_width', True)	设置数据对齐	3-2
pd.set_option('display. max_rows',n)	设置显示数据行数，如果 n 为 None，表示解除显示行数限制	3-2

函数或方法名称	函数作用	章节
pd.set_option('display.max_columns',n)	设置显示数据列数，如果 n 为 None，表示解除显示列数限制	3-2
pd.read_csv	导入文本文件	3-2
pd.read_excel	导入 Excel 文件	3-2
DataFrame[column].str.split	拆分数据列	3-3
DataFrame.drop	删除 DataFrame 数据	3-3
DataFrame[column]	选取单列	3-4
DataFrame[[columns]]	选取多列	3-4
DataFrame.loc[行筛选条件]	按行筛选条件选取数据	3-4
DataFrame[[columns]][index]	选取多列多行	3-4
DataFrame.isnull().sum()	统计各列的空值频数	3-5
DataFrame.dropna	删除空值	3-5
DataFrame.duplicates	查看重复值	3-5
DataFrame.drop_duplicates	删除重复值	3-5
DataFrame.fillna	空值填充	3-6
DataFrame.replace	批量替换	3-6
DataFrame.append	数据的纵向拼接	3-7
pandas.merge	数据的横向合并	3-7
pd.to_datetime	转化 DataFrame 时间数据	3-8
Timestamp.dt.时间属性名称	提取时间信息	3-8
sort_index	按索引排序	4-1
sort_values	按列排序	4-1
rank	数据排名	4-1
DataFrame[column].统计指标	计算某数值列的统计指标	4-2
DataFrame[column].describe	计算多个统计指标	4-2
value_counts	统计分类型字段的频数或频率	4-2
DataFrame.groupby	数据分组	4-3
pandas.cut	数据分段	4-3
pd.crosstab	频数交叉表	4-4
pd.pivot_table	数据透视表	4-4
kstest	正态分布的 K-S 检验	4-5
DataFrame.corr	相关系数矩阵	4-6
plt.figure	创建绘图窗口	5-1
fig.add_subplot	创建子图	5-1

函数或方法名称	函数作用	章节
plt.show	显示绘图窗口	5-1
fig,axes=plt.subplots	创建多个子图	5-1
plt.title	设置标题	5-1
plt.legend	设置图例	5-1
plt.xlabel	设置 x 轴名称	5-1
plt.ylabel	设置 y 轴名称	5-1
plt.xlim	设置 x 轴的范围	5-1
plt.ylim	设置 y 轴的范围	5-1
plt.xticks	设置 x 轴刻度	5-1
plt.yticks	设置 y 轴刻度	5-1
plt.axvline	设置 x 轴辅助线	5-1
plt.axhline	设置 y 轴辅助线	5-1
plt.text	设置数据标签	5-1
plt.rcParams['font.sans-serif']	图表中文字体	5-1
plt.rcParams[' axes. unicode_minus ']	设置是否显示负数	5-1
plt.bar	绘制柱形图	5-2
plt.barh	绘制条形图	5-3
plt.plot	设置折线图	5-4
plt.scatter	绘制散点图	5-5
pd. plotting.scatter_matrix	绘制散点图矩阵	5-5
plt.scatter (x,y,s,c,cmap,alpha)	绘制气泡图	5-5
plt.style.use(style_name)	设置绘图美化样式	5-5
plt.pie	绘制饼图和圆环图	5-6

# 附录 B 颜色表

常用黑白色系列		常用绿色系列		常用蓝色系列	
颜色	颜色名称	颜色	颜色名称	颜色	颜色名称
黑	black 或 k	深绿	darkgreen	深蓝	darkblue
深灰	dimgrey	绿	green 或 g	蓝	blue 或 b
灰	grey	亮海绿	seagreen	皇室蓝	royalblue
淡灰	lightgrey	春绿	springgreen	深天蓝	deepskyblue
白	white 或 w	淡绿	lightgreen	天蓝	skyblue
常用红色系列		常用黄色系列		常用紫色系列	
深红	darkred	黄	yellow	紫	purple
红	red 或 r	深橙	darkorange	深蓝花紫	darkorchid
番茄	tomato	橙	orange	深紫罗蓝	darkviolet
珊瑚	coral	金	gold	紫罗蓝	violet
薄雾玫瑰	mistyrose	淡黄	lightyellow	紫红	plum
其他颜色		其他颜色		其他颜色	
棕	brown	珊瑚	coral	亚麻灰	linen
粉	pink	黄土赭	sienna	蔚蓝	azure
青	cyan	橄榄绿	olive	淡粉	lightpink
米黄	beige	靛青	indigo	青橙绿	lime
蓝绿	teal	黄绿	yellowgreen	亮褐	peru

 # 参考文献

1. 刘卫国. Python 语言程序设计[M]. 北京：电子工业出版社，2016.
2. 黄红梅. Python 数据分析与应用[M]. 北京：人民邮电出版社，2018.
3. 张良均. Python 数据分析与挖掘实战[M]. 北京：机械工业出版社，2015.
4. 黑马程序员. Python 数据分析与应用[M]. 北京：中国铁道出版社，2019.
5. Pandas 教程 https://pandas.pydata.org/pandas-docs/stable.